寻找
西北航道

一部不为人知的北极探险史

Dead Reckoning

The Untold Story of
the Northwest Passage

[加拿大] 肯·麦古根 著 马睿 译

广西师范大学出版社
·桂林·

copyright © 2017 by Ken McGoogan

Published by arrangement with Beverley Slopen Literary Agency, through The Grayhawk Agency Ltd.

著作权合同登记号桂图登字:20－2021－189 号

图书在版编目(CIP)数据

寻找西北航道:一部不为人知的北极探险史／(加)肯·麦古根著;马睿译.—桂林:广西师范大学出版社,2024.1
书名原文:Dead Reckoning:The Untold Story of the Northwest Passage
ISBN 978－7－5598－6448－2

Ⅰ.①寻… Ⅱ.①肯… ②马… Ⅲ.①北极－探险－普及读物
Ⅳ.①N8－49

中国国家版本馆 CIP 数据核字(2023)第 197662 号

审图号:GS(2023)3972 号

寻找西北航道:一部不为人知的北极探险史
XUNZHAO XIBEI HANGDAO:YIBU BUWEIRENZHI DE BEIJI TANXIANSHI

出 品 人:刘广汉	特约策划:王海宁
策划编辑:李芘芘	责任编辑:宋书晔
装帧设计:李婷婷	

广西师范大学出版社出版发行

(广西桂林市五里店路 9 号　　邮政编码:541004)
(网址:http://www.bbtpress.com)

出版人:黄轩庄

全国新华书店经销

销售热线:021－65200318　021－31260822－898

山东新华印务有限公司印刷

(济南市高新区世纪大道 2366 号　邮政编码:250104)

开本:720 mm×1 000 mm　1/16

印张:24.75　　　　　　字数:350 千

2024 年 1 月第 1 版　　2024 年 1 月第 1 次印刷

定价:82.00 元

谨以本书献给

那些早已被世人遗忘的北极探险英雄

航位推算：

　　航位推算是指通过测算某个已知的过去方位的（各个）航程和速度来确定自己当前的方位，并通过测算某个已知的当前方位的（各个）航程和速度来确定某一未来方位的过程……

　　　　　　　　　　　　　　　　——美国国家地理空间情报局

译者序

  由格陵兰岛经加拿大北部的北极群岛到阿拉斯加北岸的航道，被称为西北航道，这是大西洋和太平洋之间距离最短的航道，位处北极圈以北 800 千米处，距北极点不到 1 930 千米。经由这条航道从欧洲行驶到东亚，航程能缩短 1 400 千米，尤其是 16 世纪中期西班牙和葡萄牙大帆船控制了通过好望角或麦哲伦海峡到达传说中的富庶东方（中国和印度）的南部贸易通道，伦敦的商人们于是梦想找到一条航道，可保他们安然无虞地从大西洋航行至太平洋。就这样，大航海时代的"走向东方"与北极探险结合起来。本书讲述的，就是航海探险家们面对短暂航行季节、多变天气、简陋设备、匮乏猎获以及他们永远的敌人——冰，克服坏血病、冻伤、截肢和饥饿带来的困难，在荒凉寂寥的北极寻找那条捉摸不定的航道的故事。

  作者还未开篇就专门解释了"航位推算"这个名词。在航海中，"航位推算"是指通过测算某个已知的过去方位的（各个）航程和速度来确定自己当前的方位，并通过测算某个已知的当前方位的（各个）航程和速度来确定某一未来方位的过程。在序章中，作者特别说明就寻找西北航道的历史而言，"已故作

1

家皮埃尔·伯顿用他那部《北极圣杯》建立了一个起点,一个已知的过去方位。但自从该著作在 1988 年出版以来,近三十年过去了。要在这波涛汹涌的怒海中确定我们当前的位置,就必须把我们自那时起所知的一切纳入考量"。换言之,本书是肯·麦古根在既有研究的基础上,整合了他本人撰写的四部北极著作,以及其他作家、历史学家、海洋考古学家、人类学家、法医等关于北极探险的考察细节和成果,写出的一部寻找西北航道的编年史。另一方面,既然关于北极探险和西北航道已经有了那么丰富的多角度、多层面叙事,何况自约翰·富兰克林爵士的两艘船——幽冥号和恐怖号分别于 2014 年和 2016 年被找到以来,又不断有新的篇章问世,关于这条航道,真的还有"不为人知"的故事吗?这部"不为人知的北极探险史"将以怎样的视角更新我们的认知,或者说作者质疑的是怎样的"正史"?他雄心勃勃地声言这是一部 21 世纪的北极探险史,它又有着怎样的历史观念和未来视野?

在这部涵括四个多世纪的编年史中,作者一个贯穿始终的宗旨是凸显原住民——特别是生活在加拿大北极的因纽特人——的重要作用。他认为,如果没有这些向导、猎人、救助者和翻译的帮助,欧洲航海家们探索发现的历程只会更加险恶和漫长,死难者也必会大大增加;如果没有因纽特人的口述历史,富兰克林探险队的命运这个 19 世纪北极探险的一大谜题恐怕会长期无解;如果没有因纽特人,约翰·富兰克林的船至今仍然会静静地沉在北冰洋底,无人问津。当今因纽特人的祖先图勒人于公元 11 世纪到达加拿大北极地区,从那时起,他们就在这片土地上狩猎采集为生,甸尼人、欧及布威人、克里人以及因纽特人等各个族群部落的互动、争端、融合,乃至他们与欧洲殖民者的合作和贸易,都是那片广袤北地不可分割、不可忽视的图景。全书暗埋的一条叙事线,是约翰·富兰克林爵士的失败和与之相对的约翰·雷伊医生的成功。约翰·富兰克林总共为寻找西北航道进行了三次探险,他第一次探险能够侥幸生还,依赖的是耶洛奈夫-甸尼人阿凯丘的帮助,第二次陆路探险再次有惊无险,全靠来自哈得孙湾北部流域的因纽特人达丹努克阻止了又一场灾祸，而约翰·富兰克林之所以屡战屡败，是"大英帝国的种族优越感和傲慢态度'使得富兰克林根本不可能对耶洛奈夫印第安人和加拿大包运船户的传统智慧有任何尊重，哪怕探险队的成功必须仰仗他们的帮助'"（第八章）。最明显的证据就是，富兰克林第一次陆路探险全身而退，仰仗的本是团队构成的种族多样性：耶洛奈夫原住民、法裔加拿大和梅蒂包运船户、苏格兰毛皮贸易商、因纽特翻译。然而这些人全都不习惯海军军官的等级制度，也不习惯盲目服从命令，于是在第二次探险中，富兰克林"打算主要倚仗那些绝对不会质疑他的指令的人"（第九章）。与大英帝国海军傲慢的官僚主义态度相反，苏格兰人约翰·雷伊医生在开始寻找富兰克林的探险之前，就已经在北极地区生活了十四年，他积极学习原住民的生活方式，学习打猎和保存食物、穿着因纽特人的衣装雪靴、在极地冰上建造雪屋、采纳因纽特人的出行方式和加拿大包运船户的行程安排。他在最后一次北极探险中，与一名因纽特人和一名欧及布威人共同发现了西北航道上至关重要的雷伊海峡，又因为倾听和相信因纽特人的口述历史，发现了"富兰克林的命运"，一举解决了 19 世纪北极探险的两大谜题。尊重原住民的智慧和文化，依靠多民族、多种族的合作，是这部漫长的探险史中每一点滴成功和进步的关键，这就是作者所说的 21 世纪更加包容的北极探险叙事，也是他写作本书的初衷：为无名英雄树碑立传。

近几十年来，随着经济发展和全球化，包容已经是我们熟悉的叙事，隔山望海地尊重原住民看似也不难，然而真正的包容和尊重对我们的要求不止于此。我常常会看到读者在阅读北极探险的相关书籍时，对原住民和探险家们猎杀动物表示不适，提出不满。这让我想到钱穆先生曾经在《国史大纲》引论中强调的，对以往历史的"温情与敬意"。我们必须记住，今天的环境危机——资源匮乏、物种灭绝、气候变暖，乃至南北极冰区的急剧缩小——无论如何都不能归咎于人口稀少、靠天吃饭的采集狩猎者，我们不能在享受过现代社会的种种便利继而看到工业发展的弊端之后，从现代人的视角居高临下地指责其他种族维系近千年的生活方式。这也是本书作者在最后强调的，就北极的未来而言，探险旅游不但不成其为问题，反而可能是一种解决方案。无论我们是否喜欢，气候变化都已经是摆在我们面前的事实，也要求我们调整和适应。与其让原油轮行驶在加拿大北极圈，随时可能导致原油泄漏的环境灾难，还不如让那些海面上充塞着驾驶小船、带着友好乘客（每条船上最多也就两百人）航行的探险旅游业者，这样的调整不仅有助于当地经济繁荣，还能强化加拿大控制环境的理论依据。探险旅游的批评者称其"建立在残忍的种族化殖民统治基础上并常常赞美那种统治，以一种精心管控的消费者与'原始野性'和'本土文化'的邂逅，重新开启了白人优越论者对'自然'和'原住民'的征服"（后记）。然而作者指出，很多进入北极的旅游者关注的重点并非历史、考古和野生动物，而是为了与那里的人相遇。我们在全书中看到，在寻找西北航道的漫长历史中，正是不分肤色、不分种族的人与人的相遇、相知和相交，无数次在关键时刻扭转了危局、创造了奇迹，想必在举世皆为环境危机而焦虑的当今，我们唯一的解决方案，也只能是不分国家、不分民族的人与人之间的尊重和谅解、包容与合作。

翻译这本书正赶上21世纪20年代的第一个早春，每一个善良的人都在祈祷雪融冰释、雁过花开。我忽然想到，人类用了四百多年、克服了那么多困难才找到一条可通航的航道——没错，它的初衷不是为了握手，我还不至于那么无知——然而邂逅永远意味着更多更丰富的可能性。但愿待我们守得云开雾散，还记得相遇的来之不易，但愿人类不再因为傲慢与偏见、狭隘与自负而走向割裂，重蹈覆辙。

目 录

序章
质疑"正史"

幽冥号和恐怖号的发现再度燃起了人们对北极探险史的兴趣，失踪多年的约翰·富兰克林探险队尤其令世人好奇。考古学家对两艘船的搜查尚未结束，就有分析家迫不及待地剖析搜查结果有何深意了。1848 年，富兰克林的队员们抛弃了遭遇冰封的船只，在威廉王岛西北岸登陆，留下了一份仅一页篇幅的记录。先前的搜寻者是否误读了那份记录？是否有船员再度回到船上？他们是一路向南漂流，还是主动驾驶着一艘或两艘船航行？这一点要义为何？"富兰克林迷"们渴望知晓这些问题的答案。

另一方面，有些思想家认为，一味聚焦此事，"深陷富兰克林灾难不能自拔"，扭曲了我们对探险历史的认知。阿德里安娜·克拉丘恩在《撰写北极灾难》中指出，富兰克林对北极探索的贡献微乎其微。她质疑讴歌"英国人一次失败的探险"是否明智，"那次探险的发起者的本意，就是炫耀英国人的科学完胜因纽特人的智慧"。

《寻找西北航道——一部不为人知的北极探险史》（以下简称《寻找西北航道》）在这两个极端之间开启了一段航程。这是一场探索之旅。已故作家皮埃尔·伯顿用他那部《北极圣杯》建立了一个起点，一个已知的过去方位。但自从该著作在 1988 年出版以来，近三十年过去了。要在这波涛汹涌的怒海中确定我们当前的位置，就必须把我们自那时起所知的一切纳入考量——例如气候变化，以及因纽特人的口述历史。伯顿笔下的历史始于 1818 年英国皇家海军的一项提议，这表明他接受正统的英国叙事框架。自《北极圣杯》问世以来，无数加拿大作家提请世人注目因纽特人的贡献。但迄今为止，还没有人试图把那些人物纳入一部全面的北方探险编年史中。

✦

为《寻找西北航道》做研究的这些年，我走访了苏格兰、英格兰、塔斯马尼亚、挪威和美国。我曾有幸与因纽特历史学家路易·卡穆卡克一起行走在北极那片疆域。自 2007 年起，每年夏天我都会作为史料顾问，跟随加拿大探险旅行社在西北航道上航行。在船上，我如果不需要演讲，就会跟一些因纽特文化主义者学习，包括政治家塔珈克·柯利、律师兼活动家阿尤·彼得和音乐唱作人苏珊·阿格鲁卡克。我的同伴里还有考古学家、地质学家、鸟类学家、人类学家，以及历史学家和野生生物学家。在航行中，我总是沉浸在关于气候变化、探险旅游以及谁控制了西北航道这些问题的激烈讨论中。

整个航程中，我最爱的莫过于探访历史遗迹。有一次，我们在布西亚半岛附近的一个海湾看到了一座巨大的堆石标，我后来才知道那是当年随加拿大探险家亨利·拉森航行的一个厨子的坟茔。还有一次，我们在格陵兰海滨考察了伦斯勒湾，那是伊莱沙·肯特·凯恩陷入冰区，度过两个寒冬的地方。早在开始这些航行之前的 1999 年，我曾和几个朋友一起远赴北地，找到了探险家约翰·雷伊于 1854 年建起的一座堆石标，我们拖着一块笨重的纪念牌，行走在那茫茫沼泽和冻土上。

那次经历让我至今难忘。但我也清楚地记得第一次跟随加拿大探险旅行社探访比奇岛的情形。1846年，约翰·富兰克林在最后一次探险中把首批死去的三位队员埋在那里。我们乘坐一艘快艇上了岸，站在那里，凝视着那些墓碑，一位风笛手吹奏起《奇异恩典》①，大片的雪花缓缓飘落，触到地面就融化了。我被所闻所见感动了——悠扬的风笛声中，天地苍茫一片。然而即便在阅读木板（即那些原件的复制品）上的文字之后，更让我震惊的，却是我没有看到的东西——那里已经没有冰了。

1999年，本书作者拖着一块纪念牌来到了俯瞰雷伊海峡的约翰·雷伊堆石标。

快捷探险号，今名为海洋探险号，是一艘频繁往返于西北航道的远航客轮。

---

① 《奇异恩典》（*Amazing Grace*）是世界著名的基督教圣诗之一，创作于1779年。歌词为英国诗人及牧师约翰·牛顿（1725—1807）所填，出现在威廉·科伯及其他作曲家创作的赞美诗集《奥尔尼圣诗集》中。

那时我正在写《极海竞赛》，知道我们到达比奇岛的日子要比凯恩 1850 年到达的日期晚两周。然而就在他的船陷入浮冰中动弹不得、他在冰雪中辗转挣扎才蹒跚上岸的地方，我却只看到了流动的海水、光秃秃的岩石和碎石坡。我站在富兰克林探险队的三座坟墓所在之处，意识到气候变化让一部数百年的传奇戛然而止。那些 19 世纪的北极探险故事比以往任何时候都更有意义——它们成为不可取代的试金石，让我们得以比较和对照、倾听和理解西北航道娓娓道来的故事。

就文风和结构而言，《寻找西北航道》更像文学而非论著，更重叙事而非分析——不过，的确，我决意把北极探索的故事拽入 21 世纪。登上比奇岛之前

比奇岛上的墓地。远处的三块墓碑都是复制品，上面标注说它们是在约翰·富兰克林率领的最后一次探险中首批去世的三人之墓。近景中是英国皇家海军调查者号军舰上的托马斯·摩根之墓，他于 1854 年在这里去世。

那十年的大部分时间，我都在研究和撰写北地探险史。然而我仍然会遇到一些人坚信约翰·富兰克林才是"西北航道的发现者"。在 20 世纪，就连一些加拿大历史学家也会步英国同行的后尘去创造一种"正史"，其高潮既不是阿蒙森凯旋的西北航道之行，也不是推动这位挪威探险者航海成功的雷伊海峡的发现，而是富兰克林 1845 年的不幸远征。

"正史"不情不愿地首肯了它无法完全忽视的非英国航海家们的贡献——阿蒙森、凯恩和查尔斯·弗朗西斯·霍尔等。然而它继续对另一部 20 世纪 80 年代中期的著作——彼得·C. 纽曼的《探险家团队》——中的突出人物视若无睹，他们是凭借与原住民合作而做出巨大贡献的毛皮贸易商探险家，包括塞缪尔·赫恩、亚历山大·马更些，以及因纽特口述历史的首位伟大拥护者约翰·雷伊。雷伊是一位无与伦比的伟大探险家，而在约翰爵士的遗孀富兰克林夫人领导的运动之后，他却没有得到应有的认可。讽刺的是，因为策划了一场彻底改变加拿大北方列岛版图的北极搜救，她也在本书中占据了举足轻重的地位。

21 世纪的我们需要对北极探险展开更加包容的叙事——能够涵盖被忽视的探险家和被遗忘的原住民的叙事。我希望能在《寻找西北航道》中为那些无名英雄树碑立传。当然，富兰克林、詹姆斯·克拉克·罗斯和威廉·爱德华·帕里等英国海军军官在世界之巅追求荣耀的道路上历尽饥饿与艰难险阻，往往还要面对牺牲的危险，然而绝非只有他们如此。《寻找西北航道》认可了毛皮贸易探险者的贡献，承认了甸尼人、欧及布威人、克里人以及最重要的，因纽特人的贡献，因纽特的图勒人祖先①在加拿大北极地区居住了近千年。如果没有因纽特人，约翰·富兰克林的船至今仍然静静地沉在北冰洋底，无人问津。

---

① 图勒人是所有现代因纽特人的祖先，他们于公元 1000 年左右发展壮大于阿拉斯加地区，13 世纪到达格陵兰并取代了多尔塞特文化。有确切证据表明他们与维京人有联系。

第一部分

北极梦境

第一章

噩梦与炽梦

考古学家指出，在本书所涉的时间范围之前，早已有好几个民族到过加拿大北极地区。例如，多尔塞特人曾在公元前 500 年前后横穿白令陆桥①，后来，当今因纽特人的祖先图勒人于公元 11 世纪来到这里。北欧海盗出现的时间足够早，与多尔塞特人和图勒人都打过交道。然而欧洲人寻找一条穿越北美洲顶端的西北航道则是后来的事了，那个探索梦的诞生地远在英格兰。

到 19 世纪中期，也就是约翰·富兰克林造成阿德里安娜·克拉丘恩所谓的"历史上最糟糕的极地灾难，英国探险史上的最大浩劫"之时，欧洲探险家们已经在寻找西北航道的征途中行走了三个世纪。他们经历了坏血病、冻伤、截肢和饥饿，许多人失去了生命，这场找寻有多艰难就有多诱人，成功就意味着

① 白令陆桥，位于白令海，延伸至极限时长达 1 600 千米。白令陆桥连接现今的美国阿拉斯加西岸和俄罗斯西伯利亚东岸，更新世（前 180 万—前 1 万年）时连接的地方数量和变化无法估计。在冰河时期，白令海的水面降低，白令海峡成为白令陆桥。考古学家认为，美洲印第安人的祖先是来自亚洲的猎人，末次冰期跟着兽群越过白令陆桥到达北美洲定居。

名利双收、美人送抱。那些引领探索的人总是幻想着功成名就，他们想象自己越过北冰洋进入太平洋，成为那个时代飞龙乘云的冒险家。

在长达几个世纪的时间里，这个幻梦的细节时有变化。然而到 16 世纪中期，西班牙和葡萄牙大帆船控制了通过好望角或麦哲伦海峡到达传说中富庶东方（中国和印度）的南部贸易通道，伦敦的商人们于是梦想找到一条航道，可保他们安然无虞地从大西洋航行至太平洋。他们带着澎湃的激情，坚信这一地理发现一定会让他们富甲天下。有了这样的财富，权力和美女就会接踵而至。1576 年，一个名为"莫斯科公司"的英国商人财团派出资深海员马丁·弗罗比舍前去寻找这条难以捉摸的航道。

科尔内留斯·克特尔创作的《马丁·弗罗比舍爵士》，1577 年前后。

众所周知，马丁·弗罗比舍其人野心勃勃、作风强硬，但作家詹姆斯·麦克德莫特在《马丁·弗罗比舍：伊丽莎白时代的海盗》中告诉我们，他曾在海上躲过不止一次几近灾难的危险："如果弗罗比舍总因独裁死板的做派受到批评，他一心一意地直面……危险也值得称颂，八面玲珑的人大概很难有那种专注。"

弗罗比舍这个虚张声势的海盗——事实上还是个获得政府首肯的海盗——驾驶着三条船从英格兰向西北进发。五个星期后，他的两条船在一场风暴中葬身海底。在《未知海岸：英国北极殖民史海钩沉》中，作家罗伯特·鲁比写到这位船长如何挽救了他自己的那条船："弗罗比舍本人夺过前帆，死死抓住，直到大风把帆和桅杆一起撕成碎片。他设法保持住平衡，爬到船尾，用一把斧子砍断后桅，以减少风暴对船的推挤——在那种情形下，船帆越少越好。他一意孤行，专横是他最优秀的品质。"

只剩下一条孤船的弗罗比舍继续前行。7 月 28 日，他看到了拉布拉多海岸，又在 8 月中旬到达日后被称为巴芬岛的那片陆地，进入如今以他名字命名的海湾的入海口。冰封前路，狂风呼啸，他们无法继续北行，于是他向西航行进入这条狭长的内湾，驶向如今的伊卡卢伊特，用鲁比的话说，他想看看"他能否穿越这条内湾，到达它背面的开放海面"。

然后此处就上演了第一个跨文化误会，在为北极绘制地图的漫长年岁中，这样的误解比比皆是。弗罗比舍确定自己进入的是一个海湾而非海峡后，看到岸上有一群因纽特猎人，便招呼其中一人上了他的船。他设法用手势给探险队在该地区安排了一场环行导览。他让来客和手下的五位船员一起乘一条小船上岸，警告他们不要离其他猎人太近。船员们疏忽大意，被俘虏了。

在当地寻找了几天未果，又见凛冬将至，弗罗比舍把那个本打算用作向导的人带上船作为人质（他没过多久就死了），启程回国了。根据因纽特人的口述历史，那五位水手和当地人一起住了几年，后来他们用一条临时凑合的小船从巴芬岛启程出海，再也没有人见过他们。

与此同时，弗罗比舍于 1576 年 10 月到达伦敦，拿出一块"像半便士一个的面包那么大"的黑色顽石。他的一位船员以为那是可燃的煤炭就捡了回来。四位专家检查了那块岩石，其中一位认为其中可能含有金子。弗罗比舍和他以莫斯科公司的迈克尔·洛克为首的支持者们利用这一说法，为下一次航行筹得了经费。

此外，他们还得到了伊丽莎白女王的支持，主要目标是开采贵重金属矿产，因此弗罗比舍又向西穿越大西洋航行了不止一次而是两次，分别在 1577 年和 1578 年。1577 年的这次航海中，弗罗比舍在北极地区延续了长期以来的欧洲传统，全然不顾亲眼见到许多定居者的事实，声称他"新发现"的土地属于英国。他回国后，伊丽莎白女王给这片新的领土取名梅塔因科格尼塔，意思是"未知疆土"。

弗罗比舍在他的最后一次北冰洋航行中带领十五艘船从普利茅斯出发——直到今天，那仍是有史以来规模最大的一支北极探险队。他打算建立一个一百人的采矿殖民地。驶近巴芬岛时，浮冰和暴风天气摧毁了一艘船，把他向南推进一个潮水汹涌的航道入口，那条航道日后被命名为哈得孙海峡。他沿着这条"错误的海峡"驶出了将近100千米，然后不情不愿地掉转船头，向北行进。

待他到达弗罗比舍湾时，更多的船只已遇难，所剩物资不够在那里建立殖民地了。他在那个内湾入口附近的科德鲁纳恩岛上建起一座石屋，后来多亏因纽特人的口述历史，美国人查尔斯·弗朗西斯·霍尔在将近三百年后发现了它的遗迹。这一次，弗罗比舍带回了能堆成一座小山的黑色岩石，后来它们被证明一文不值。这次惨败毁了迈克尔·洛克的前途，他发表了一篇题为《弗罗比舍船长滥用公司的信任，公元1578年》的文章加以谴责。

不屈不挠的弗罗比舍与弗朗西斯·德雷克爵士一起航行至西印度群岛，后来因为在1588年与西班牙无敌舰队作战时的英勇表现而获封爵位。他在包围布雷斯特①附近的一座西军堡垒时中枪，坚持一段时日后，于1594年去世。

在英格兰这边，一位没那么传奇但行事更为谨慎的航海家于16世纪80年代末接过了寻找西北航道的大任。约翰·戴维斯三次横渡大西洋，绘制了第一份完整的北美洲东北高纬度地区和格陵兰西岸的地图。1585年，他在行船取道如今以他的名字命名的巨大海峡之前，与几名格陵兰因纽特人建立了友谊。在巴芬岛东北岸，戴维斯进入坎伯兰湾并开始探险。眼看冬天来临，他没有时间

①　布雷斯特，法国布列塔尼半岛西端一城市，是重要的港口和海军基地。

了，便返航回国，满以为他已经发现了那条西北航道的入口。

第二年，他再次出航，绕巴芬岛而行，却未能穿过他所以为的"坎伯兰海峡"，也没有任何新发现。1587 年，戴维斯第三次尝试。他沿着格陵兰海岸向北航行到达如今的乌佩纳维克①附近的巨大地岬，并为它取名为桑德森角。他遇到了另一群格陵兰因纽特人，与他们交上了朋友。

穿过戴维斯海峡后，戴维斯再次到访坎伯兰湾，但这一次他意识到，那根本不是什么西北航道的入口。他一路向南，注意到了弗罗比舍湾，却没有意识到它的意义，然后他穿过一个"巨大"的内湾入口，那里潮水高涨而湍急——就是后来的哈得孙海峡。

根据加拿大历史学家莱斯利·H. 尼特比的描述，戴维斯在这里看到了他所谓的"海水以强大的湍流呼啸着倾泻入海湾，划出各种漩涡样的圆弧，仿佛水流以排山倒海之势穿过桥拱"。这就是涨潮时的哈得孙海峡入口，大西洋的海水向西倾入巨大的海湾，造就世界上最高的潮水。

虽然戴维斯被"奔涌湍流""极大地震撼了"，他却没有进入那条海峡。或许这位精明的航海家已经明智地知晓，如果有任何可通航的航道存在，它只会位于后来被称为巴芬岛的那个地方以北。他继续沿着拉布拉多海岸南行，继而返航回到英格兰。他在日志中写道，格陵兰和巴芬岛之间"是一片通途，向北行驶没有任何障碍"。

戴维斯之后，英国和荷兰的探险家们开始寻找一条通过东北航道到达东方的路线。他们试图越过挪威，横渡巴伦支海，然后航行穿越北极，当时的地理学家假设北极存在着所谓的"开放极海"。遗憾的是，虽然这些理论盛极一时，航海家们的探险之路却始终受到浮冰的阻隔。

---

① 乌佩纳维克，格陵兰西海岸一小镇。1824 年，在乌佩纳维克镇外发现了青吉托尔苏阿克卢恩石刻（Kingittorsuaq Runestone），上面有维京人镌刻的北欧文字。

✦

　　然而就在这时，亨利·哈得孙在我们的故事中登场了。数个世纪以来，寻找一条可通行的西北航道的冒险引发了无数灾难。延斯·芒克和詹姆斯·奈特带领的探险队均以众所周知的灾难告终，约翰·富兰克林又贡献了两起举世皆晓的浩劫。然而除了最后的富兰克林悲剧，没有哪一次像亨利·哈得孙的惨死那样在公众的想象中阴魂不散。了解噩梦连连的北极探险史的人，脑海中总能浮现出哈得孙带着七个男人和一个孩子在一条小船上无望漂流的形象，挥之不去。在那片冷冽冰海上发生了一场哗变，他们就是灾祸的受害者。

　　满脑子充斥着发现西北航道的狂热梦想的哈得孙无所畏惧，打算冒险行事，认为资助他航行的商人们都是受到上帝宠幸的神算子。17 世纪开头的几年里，他为寻找一条穿过俄罗斯北端的东北航道，到达了距离北极点不到 1 070 千米的区域，继而被浮冰击退。在荷兰东印度公司的支持下，这个英国人于 1609 年再度出海，却和其他人一样，在巴伦支海遭遇了坚不可摧的浮冰。

　　哈得孙单方面认为发现西北航道的希望更大，便对自己得到的指令置之不理。他掉转船头，向南越过格陵兰，然后沿着北美大陆的海岸线航行，寻找那个捉摸不定的入口。他沿途路过新斯科舍，到达了特拉华河的入海口，又勘察了从如今的美国纽约城到奥尔巴尼的哈得孙河。总之，正如作家道格拉斯·亨特在《神的恩典：竞争、背叛与发现之梦》中所说，哈得孙随时都会"公然违抗航路指南"，朝着自己认为最合适的方位航行。

　　亨利·哈得孙是比伊丽莎白时代的科学家威廉·吉尔伯特年轻一些的同代人，后者于 1600 年出版了一部《论磁石》，试图解释水手的罗盘在航行到北部时为何总会出现异常——两个世纪以后，这一现象将会激发人们尝试找到不断变化的磁北极的位置。吉尔伯特的书问世十年后，哈得孙从那部著作中收获了足够的知识，开启了又一次航行，事实证明，这也是他一生中的最后一次。他从伦敦出发，这座城市当时的人口已经达到二十万，早已溢出了它的中世纪城墙。

渴望从远东获得香料的英国商人敦促他找到一条穿过让弗罗比舍和戴维斯如此震惊的"奔涌湍流"的航道。1610年4月17日，他驾驶着一条7吨重的小木船沿着泰晤士河出发了。那条船名为探索号，除他之外，船上有二十一个男人和两个男孩，其中一个男孩是他未成年的儿子。

十七个月后的1611年9月，探索号回到英格兰，船上只剩下七个男人和一个男孩，他们是刚刚结束的新世界探索之旅仅有的幸存者。哈得孙父子都不在返程的船上，甲板上血迹斑斑。

和后来的富兰克林悲剧一样，哈得孙的传奇也引发了无数解读。显然，只有那八位幸存者能解释所发生的一切。他们都是变节的叛徒，至少也是哗变的支持者，其中包括船上的领航员阿巴库克·普里克特，他记录的航海日志被认为是最可靠的信源。普里克特指认亨利·格林和罗伯特·朱特煽动了哗变，两人均已死无对证。

船出港还不到一个月，刚刚离开冰岛海岸，麻烦就开始了。脾气暴躁的格林早先本是哈得孙的心腹，他与船上的高阶军官、外科医生爱德华·威尔逊发生了争执。哈得孙选择原谅这次犯上行为，大副罗伯特·朱特公开表示愤慨。哈得孙无视一切抗议，继续航行。

6月下旬，在格陵兰海岸附近与浮冰搏斗一番之后，他驾驶探索号进入了那片奔涌的湍流。这里的巨浪有时高达15~20米，卷裹着巨大的冰块击打着船只。哈得孙不顾异议，对有些人提出的返航要求充耳不闻，继续紧贴海岸线航行。哈得孙海峡长达725千米，但船最终进入了一片"旋流的广大海域"，在那里，水手们看到了北极熊在浮冰中间游泳的旷世奇景。

罗伯特·朱特认为，向西行驶试图找到一条通往东方的航道的想法实属荒诞不经，哈得孙一番说教，又拿出航海图作答，却没能说服任何人。航行经过他称之为伍尔斯滕霍姆的高耸岬角之后，哈得孙派遣一支侦察小队上岸了。他们在那里发现了大量野生动物和因纽特人的一个仓库，里面堆满了食物。他们想留下来，把仓库里的食物吃光，但哈得孙固执己见，认为自己的地理目标已近在咫尺，命令众人立即出发。他继续向南驶入詹姆斯湾，但他们在里面来回航行，找不到任何出口。

船员们的不满日益累积。罗伯特·朱特再次奚落船长，这一次哈得孙指责他对上司不忠。朱特要求在全体船员面前展开公审，船长同意了。令朱特恼怒的是，好几个船员证实了他确有叛逆言论。哈得孙把朱特和他的几位助阵者降了职作为处罚。他指出如果他们表现好，还可以恢复原职，但梁子已经结下了。新任大副是非常能干的罗伯特·拜洛特。

整个 10 月，哈得孙一直在詹姆斯湾探察，全然不顾冰期临近。1610 年 11 月 10 日，探索号在查尔顿岛附近被牢牢冻住了。哈得孙开始定量分配食物，有些船员抱怨没从伍尔斯滕霍姆角的那个仓库里多拿一些食物。一位船员去世了，关于他的斗篷应该归谁所有，哈得孙和他曾提携过的亨利·格林陷入了无谓的争执，继而决裂。接着，船长又因为是否该在冰天雪地中建一处屋舍，和船上的木匠菲利普·斯塔夫发生了口角。

接踵而至的寒冬带来了暴雪、饥饿和坏血病。就在冰面开始融化之时，一位原住民出现了。哈得孙表达了和他交易的愿望，送给他一些不值钱的小玩意儿。那人带回了一些毛皮和肉。但英国人的回应太小气，缺乏继续交易的诚意，那人便再也没有回来。

回暖的春天融化了部分海水，可以钓鱼了。第一天，船员们钓上五百多条鱼，他们欢天喜地，但后来再也没有那么好的运气，食物再度匮乏。哈得孙希望恢复与原住民的交易，于是带上足够消耗八九天的食物，和几个船员一起乘坐一条小船前去寻找机会——这是个冒险的决定，几个桀骜不驯的船员控制了探索号。当地人不想和这些不请自来的陌生人打交道，为阻止他们靠近，甚至一度在森林里放起了火。

回到船上，哈得孙没有任何理由就降了能干的领航员罗伯特·拜洛特的职，提拔了一个外行代替他——此人对领航一无所知，因此不可能对船长的计划提出任何质疑。这一举措使他实现了对航行路线的绝对控制。船困在詹姆斯湾的冰面上度过了一个可怕的严冬，九死一生，惊魂未定，他似乎就已经决心冒险再来一次，继续寻找西北航道——这让许多船员无法接受。

坚冰融化，船只起航后，哈得孙决定把剩下的食物定量分配给每个人。有些人一天就吃完了两周的定量。许多人怀疑船长私藏食物并有所偏袒，后来事实证明他们的怀疑没有错。哈得孙也有他自己的怀疑。他开始搜查，找出了三四十"块"藏匿的食物。

1611 年 6 月 23 日周六的深夜，朱特和格林发起了哗变。日志记录者阿巴库克·普里克特在那里转弯抹角、含糊其词，对他们说即便他们成功归国，也会被当作叛变者处以绞刑。格林说绞死也比饿死强。朱特发誓他会在当局面前为哗变辩护。普里克特声称他让同谋者们以《圣经》的名义发誓他们不会伤害任何人。

清晨，叛乱者控制住了亨利·哈得孙和他最亲近的盟友。由于探险队随船还带着一条配有桨和帆的小船，经过一番推搡，他们把哈得孙和另外八个人（其中包括他的儿子约翰·哈得孙）强推到了这条小船上。两个被推到小船上的人还病着，另外两人恳求留在探索号上，却未成功。木匠菲利普·斯塔夫拒绝支持哗变，获准带着他的箱子、毛瑟枪和一口铁锅登上了小船。

叛乱者们放下小船，在众目睽睽下扬帆北去。普里克特写道，哈得孙和他的朋友们"没有食物、饮用水、火、衣物或其他任何必需品"，在世上最可怕的海景中无望地漂流。那些被流放到小船上的人起锚划桨，追着扬帆的大船，绝望地试图通过交涉回到大船上。但看见他们如此紧追不舍，叛乱者们装上船

约翰·科利尔 1881 年的油画作品《亨利·哈得孙最后的远航》。1611 年，叛乱者们迫使哈得孙和八位支持者——其中包括他的儿子约翰——登上一条小船后，扬帆起航。

帆，掉转船头向东北驶去，把小船远远地甩在后面。

6月26日傍晚，多亏罗伯特·拜洛特的领航技术，探索号到达位于哈得孙海峡最西端的伍尔斯滕霍姆角。此前，他们在归航途中已经把附近那个因纽特人的仓库洗劫一空。这次他们遇到了几名看上去很友好的猎人——被洗劫的仓储无疑属于他们。第二天，他们乘坐一条小船上岸交易时，误入一个埋伏圈。两名水手在岸上被杀，其他人受了伤，总算回到了船上。但亨利·格林死于乱箭，三名受伤的水手回到船上后也一命呜呼了。

只有八个人和一名小侍者还活着。他们病饿交加，只能吃小鸟充饥，还得航行穿过哈得孙海峡，然后横穿波涛翻滚的大西洋。罗伯特·拜洛特仅凭落后的仪器再次担起领航大任并不负众望。叛乱者们先是到达了西爱尔兰，后来终于在9月中旬到达伦敦（又有一人在途中死去了）。

伦敦的一些市民听说了哗变之事，纷纷要求将作恶者处死。但拜洛特和普里克特都声称他们发现了西北航道。尤其是拜洛特，他掌握了至关重要的信息，表现出非凡的专业技能。叛乱者们被释放了。商人们决心寻找飘忽不定的航道，最终钻了法律的空子。幸存者们被指控的罪名并非哗变而是谋杀，遂被判谋杀罪名不成立。

另一方面，罗伯特·拜洛特的确有用。他回国后第二年就与托马斯·巴顿船长一同航行，再度进入哈得孙湾。他们在那里度过了一个严冬，为哈得孙湾西岸的大部分地区绘制了地图，其中包括丘吉尔河入海口。拜洛特在下一次航行中的身份是莫斯科公司资助的探索号的船长，他航行穿过哈得孙海峡，转而向北探索那些海域。他一直行至"弗罗曾海峡"（意为"冰封海峡"）东端，在那里遭到了浮冰的阻隔。

1616年，马丁·弗罗比舍首次航海之后四十年，拜洛特又一次扬帆西航。这一次，他带着技艺高超的领航员威廉·巴芬一同出海。拜洛特和巴芬一起向北穿过戴维斯海峡之后，绘制了后来被称为巴芬湾的海湾的轮廓。他们发现了通往史密斯海峡的入口，那是前往北极的主要通道，还到达了将近78°的高北纬地区，这个记录保持了两百三十六年。最后，他们还发现了兰开斯特海峡。后来证明，这正是西北航道的入口，虽然由于当时冰封水路，两位航海家并没有意识到这一点。

回到英格兰，纸上谈兵的航海家们仍然致力于发现西北航道。他们对拜洛特和巴芬绘制的地图表示怀疑，并在他们出版的地图上标注出自己的疑虑。两个世纪后的1818年，约翰·罗斯爵士"重新发现"巴芬湾时，他们一行人被拜洛特-巴芬地图的准确性惊呆了。大部分功劳被归于巴芬，表面看来是因为他是第一个使用月球观测的方法来计算经度的人，但实际很可能是因为拜洛特参与了"哈得孙哗变"而声名狼藉。就此从世间消失的哈得孙本人成为第一个不幸的凶兆。航海家们进入这些北部水域的道路充满艰难险阻。

第二章
灾难笼罩了延斯·芒克

探险家们没有被亨利·哈得孙的经历吓倒，他们继续寻找通过哈得孙湾从东进入西北航道的入口。罗伯特·拜洛特和托马斯·巴顿在哈得孙湾查找了一番却没找到任何出路。在其后不久的 1619 年，丹麦-挪威探险家延斯·芒克仍不甘心，带领六十四人驾驶两艘船进入了哈得孙湾。护卫舰独角兽号上配备有四十八人，单桅帆船七鳃鳗号上有十六人。

39 岁的芒克已是一位老资格的水手，他从少年时代就开始航海，还在与瑞典的一次战争中立下过战功。近些年，他因为一次北极高纬度地区捕鲸计划的失败赔了很多钱，名声也受到了不小的影响。芒克试图通过寻找西北航道来恢复自己受损的声誉。在这方面他算是约翰·富兰克林的先驱，后者两个多世纪后的那次冒险怀有同样的动机。我们会看到，笼罩着这两次探险的灾难还将以其他方式在历史的幽谷中回响。

1619 年夏末，芒克从哥本哈根出发，探索了巴芬岛上的弗罗比舍湾后，冒险穿过了暗藏危险的哈得孙海峡，他以自己的君主克里斯蒂安四世①之名，为其更名为"克里斯蒂安海峡"。7月18日，在海峡北岸狩猎北美驯鹿时，他与几名因纽特人有过一次归根结底还算友好的交流。

在由沃尔特·凯尼恩翻译成现代英文的《延斯·芒克日记，1619—1620年》中，我们读到芒克在独角兽号上看到了那几位猎人，便和几个水手一起跳上了一条小船。他写道："他们看到我准备登陆时，把武器和其他工具藏在了岩石后面，站在那里等着我。"登陆后，芒克不顾因纽特人的阻止，大步走过去拿起了那些武器，仔细地一一查看。他在日记中说："我查看它们时，土著人试图让我相信，他们宁可丢了衣服赤身裸体，也不愿失去那些武器。他们指着自己的嘴，示意说他们要用那些武器获得食物。"芒克把武器放下后，"他们拍起手来，抬头看天，一副喜出望外的样子"。

芒克送了几把刀和其他金属制品给猎人。他给了其中一人一面镜子，后者不知道那是什么。"我把镜子从他手中拿过来，举在他的眼前，他从中看到了自己，便一把夺过镜子，藏在衣服下面。"猎人们给了芒克很多礼物，包括好几种鸟和海豹肉。"那些土著人全都过来拥抱我的一个手下，"他接着写道，"那人肤色黝深，发色乌黑——他们认为他无疑是他们的同胞。"

几天后再次回到这个海港，芒克希望能见到更多的因纽特人，那里却空无一人。他以典型的欧洲人风格竖起了一块标牌，上面写着"国王克里斯蒂安四世陛下的领土"，因为那次愉快的狩猎之旅，他把这个海港命名为驯鹿海湾。他在因纽特人的渔网附近留下几把小刀和一些小玩意儿，然后继续自己艰难的航行，进入了未知海域无力地漂流，"任凭风和冰的使唤，极目望去，看不到任何

---

① 克里斯蒂安四世（Christian IV，1577—1648）出身奥尔登堡王朝的丹麦国王和挪威国王（1588—1648年在位）。他被认为是丹麦历史上最成功的君主之一。在他的统治时期，丹麦的知识和文化得到极大发展，前期国势更臻于极盛。他在位年间适逢新旧教之间因历史遗留问题而大规模爆发的三十年战争。

开阔水域"。

冬天快来时，芒克终于穿过了哈得孙湾，他称之为"克里斯蒂安新海域"。9月7日，他"极其艰难"地进入了丘吉尔河入海口，"因为那里大风肆虐，雪花纷飞，冰雹四溅，浓雾弥漫"。在这里，他把两艘船停泊在"延斯·芒克湾"，准备安营过冬。几个人病倒了，于是他就把他们送上了岸。他生起篝火以便让病患舒服些，但为期两天的可怕暴风雪来临，最后全队都猫在帐篷里挨了过去。

随后这一刻值得注意。"第二天清早，"芒克写道，"一头大白熊来到岸边，打算吃掉我前一天捕到的白鲸。我开枪射杀了那头熊，把肉分给船员，命令他们稍微煮一下即可，然后泡在醋汁里过夜。我甚至命人为船长室烤了两三块肉。味道很好，相当不错。"

芒克派人去附近的树林察看。9月19日，与船官商量之后，他驾驶着独角兽号和那艘单桅帆船尽可能地向上游驶去。10月1日，他把两艘船停泊在一个很安全的避风处，命令全体船员带着各自的熊肉上了独角兽号，这样就不用两个厨房同时开伙了。不久他开始进行科学考察，记录了自己关于鸟类迁徙和冰山来源的想法。芒克一直有在海上生活的打算，就鼓励手下们去捕猎雷鸟和山鹑。

11月21日，芒克写道："我们埋葬了一位水手，他病了很长时间。"这成为后来一系列灾难的先兆。12月12日，两位船医中的一位死去了，"我们不得不把他的尸体在船上放两天，因为霜冻太严重，谁也无法上岸去给他下葬"。圣诞前夜，芒克仍是一副若无其事的样子，他给了手下"一些葡萄酒和高浓度啤酒，都冻成冰块了，他们得煮开了才能喝"。接下来那几天，水手们玩扑克打发时间。"现在，"芒克写道，"船员们身体健康，精神振奋。"

1月10日，灾难正式来临，牧师和剩下的那位船医"病了一段时间后，开始卧床不起。同一天我的厨师长去世了。然后越来越多的人病势凶险，情况越来越糟。那种病症很古怪，病人通常都会在死前三周染上痢疾"。

　　这幅风格独特的丘吉尔河入海口地图最初由哈克卢特学会①于 1897 年出版，描绘了 1619 年延斯·芒克探险队刚刚到达那里过冬时的情景。图中显示，芒克的两艘船停靠在港口的西侧。这是一派田园牧歌式的温馨呈现，有两座结实的房子，几个人在伐木，两个人刚刚打猎归来，肩上挂着死驯鹿，还有几个人准备埋葬探险队的一位同志——这是一个凶兆，预示着即将发生的灾难。根据《马尼托巴历史地图集》，这是马尼托巴当地的第一幅大型地图。1783 年，法国舰队摧毁附近的威尔士亲王堡之后，塞缪尔·赫恩在这里建起了丘吉尔堡。

----

① 哈克卢特学会（Hakluyt Society）是一个致力于文本出版的非营利组织，成立于 1846 年，总部位于英国伦敦，主要出版有关历史航海、旅行和其他地理材料的原始记录的学术版本。除出版外，该学会还组织和参加与地理探索和文化遭遇史有关的会议和专题讨论会。

　　健康人员的数目日益减少，他们继续去打猎，为其他人提供食物。但是到1月21日，总共已有十三个人病倒，包括"那时已经病入膏肓"的那位仅存的船医。芒克问那人"是否还有药物可以疗愈病患，哪怕能缓解痛苦也行。他回答说，他已经用光了带来的所有药物，除了请求上帝的帮助，他已经无能为力了"。

　　两天后，一位大副病了五个月后去世了。同一天，"牧师在铺位上坐起来布道，那是他在这世上最后一次布道"。芒克请求将死的医生给点建议，却只得到了同样的回答。2月16日，芒克写道，只有七个人"还足够健康，可以去取食物和水，做些船上不得不做的事"。第二天，死亡人数达到了二十人。

　　芒克在他的日记里记录了接二连三的死亡。天寒地冻，谁也无法到岸上去取食物和水。一只水壶因为里面的水结了冰而爆裂。芒克和队员们从未经历过这样的冬天。偶尔会有人到岸上射杀几只雷鸟，为大家补充一点儿食物。有些人"已经吃不了肉了"，芒克写道，"他们的嘴肿得厉害，因为得坏血病而发炎，但他们还是喝下了分给他们的肉汤"。

　　3月下旬，天气好转，但"大部分船员病得很重，抑郁寡言，惨不忍睹"。此时，疾病肆虐到了"大多数还活着的人已经病得无力埋葬死者"的程度。芒克翻检了军医的药箱，但他根本看不懂自己找到的东西："我拿性命打赌，就算是医生本人也不知道那些药物该怎么用，因为所有的标签都是拉丁文的，每次他想要阅读哪个标签，还得叫牧师来为他翻译。"

　　芒克写道，3月底，他"最难过和悲惨"的日子开始了，"很快，我就像一只孤独的野鸟。我有义务亲自为患病的人们准备和喂食饮用水，并为他们提供我觉得可能会有营养或者让他们感觉舒服的任何东西"。4月3日，天气又转成刺骨严寒，谁都下不了床，"我也没有人可以命令，因为他们都在等待着上帝的安排"。截至此时，健康的人屈指可数，"我们甚至很难召集一个葬礼"。

　　到耶稣受难日那天，除了芒克本人外，只剩下四个人"身体够好，能在铺位上坐起来听布道"。芒克写道,这时"我也很难过,你们可以想象那种感觉,我觉得自己被整个世界抛弃了"。4月下旬,天气已经足够暖和,有些人可以爬出铺位,晒晒太阳、暖暖身子,"但他们身体很虚弱,很多人晕倒了,我们几乎无力把他们抬回床铺"。

人们仍在陆续死去,有时一天就会死两三个人。活着的人如今"也十分羸弱,我们已经无力把死者的尸体抬去墓穴,只能用拉柴火的小雪橇拖着他们"。到5月10日,只有十一个人还活着,包括芒克在内全都病了。看到又有两人死去,芒克写道:"只有上帝知道,我们把他们拉到墓地前的那段路程经历了怎样痛苦的折磨。他们是我们掩埋的最后几具尸体。"现在死去的人只能曝尸船上。

到5月底,还有七个人活着。芒克写道:"我们日复一日地躺在那里,满面愁容地彼此对望,盼着雪快点融化,冰早日退去。我们身染的疾病罕见地凶险,症状十分古怪。我们的四肢和关节都缩在一起,腰疼得好像有千万把刀插向那里。与此同时,身体开始变色,就像眼眶青肿的那种颜色,四肢无力。嘴部的情况也很糟糕,牙齿全部松动,所以也吃不了东西。"

很快,活着的人只剩下四个,"我们只能躺在那里,什么也做不了。胃口和消化道都没问题,但牙齿太松,什么也吃不了"。死尸横七竖八地躺在船上。两个人上了岸,却没有回来。芒克挣扎着爬出铺位,在甲板上待了一夜,"身上裹着那些已死之人的衣服"。

第二天,他惊异地看到那两个先前上岸的人直起身子正在走动。他们穿过冰面,把他搀扶上岸。后来有一段时间,这三个人就"住在岸上的一个灌木丛下面,每天在那里升起一团火"。他们只要看到绿色植物就会连根拔起,从主根部吸吮它的汁液。慢慢地,三个人的健康状况开始好转,真令人难以置信。他们回到船上,发现剩下的人全都死了。他们找了一把枪,回到岸上,在那里打鸟维生。

三个幸存者渐渐恢复了健康。他们再次登上独角兽号,把腐烂的尸体扔下船，"因为臭气熏天，令人无法忍受"。然后他们又花了很大功夫轰走成群的黑蝇，在小船七鳃鳗号上储存了他们回国所需的食物。最终在 7 月 16 日，芒克写道："我们扬起船帆，以上帝的名义，从港口起航。"

凭借着延斯·芒克的领航技巧，在与浓雾、坚冰和狂风的一番番搏斗之后，他带领着自己的船经过哈得孙海峡的涡流，又跨越了狂风暴雨的大西洋。他和剩下的两名队员于 9 月底到达挪威，圣诞节当天回到了哥本哈根的母港。

大多数关于这场灾难的报道都惊异于寒冷和坏血病居然能造成如此严重的影响，从一个六十五人的团队中夺走了六十二人的生命。但德尔伯特·扬在几十年前发表于《河狸》杂志的一篇文章中指出，罪魁祸首可能是北极熊肉烹制不熟，或者干脆就是生肉。在如今马尼托巴的丘吉尔附近登陆后不久，芒克记录说，每次满潮时都会有白鲸到达入海口。他的船员捉住一头，把它拖到了岸上。

第二天，如前所述，一头"大白熊"出现了，打算以白鲸为食。芒克射杀了它。他的手下享用了熊肉。再如前所述，芒克命令厨子"稍微煮一下即可，然后泡在醋汁里过夜"。他自己吃的肉是烤过的，他还写道："味道很好，相当不错。"

德尔伯特·扬指出，丘吉尔位于北极熊之乡的中心。水手们很可能吃了不少北极熊肉。芒克在漫长的航海生涯中见过不少海员死于坏血病，知道如何治疗那种疾病。他记录说有些水手得了坏血病，牙齿松动，皮肤瘀青。但当水手们开始大量死亡时，他却不知所措。主厨 1 月初就死了，从那以后"凶险的疾病……日益横行"。

大量分析之后，扬指出，凶手可能是毛线虫病——那是一种寄生虫病，到 20 世纪才被发现，是北极熊特有的传染病。被感染的肉如果没有经过充分的烹制，胚胎幼虫就会沉积在人的胃里。这些微小的寄生虫会自行嵌入肠道，它们繁殖并进入血液，几周内就会把自己包裹在人全身的肌肉组织中。它们会造成芒克描述的那些可怕症状，如不治疗，会在感染后的四到六周内致死。有没有可能生食北极熊肉引发的毛线虫病也是后来富兰克林探险队中某些人死亡的原因之一？后文还会详细阐述。

真不可思议，在北极地区经历了这么大的一场灾难之后，延斯·芒克又开始规划另一次前往同一地区的探险，这一次他打算建立一个毛皮贸易殖民地。但他无法吸引到足够的财务支持或船员加入，这丝毫不足为奇。于是他转而从事海军活动，指挥舰队保护丹麦的船运，最终在席卷中欧的三十年战争（1618—1648）中担任海军上将。

第三章
塔纳德奇尔的功劳

延斯·芒克探险惨败半个世纪后的 1670 年 5 月 2 日，英格兰国王查理二世权杖一挥，把哈得孙湾流域的独家贸易垄断权授予"哈得孙湾贸易之英格兰探险总督同公司"。他那份七千字的《皇家特许状》① 列举了该公司的权利和义务，其中一项义务就是寻找西北航道。

18 世纪初，哈得孙湾公司开始在马尼托巴的丘吉尔建立威尔士亲王堡之时，有三个本地民族已经为争夺它以西和以北拥有大量哺乳动物的狩猎场的控制权而打斗了好几个世纪。这三个民族就是克里人、甸尼人和因纽特人。

大致说来，如果把因通婚和领养而产生的多样性，以及阿西尼博因人和欧及布威人时而闯入这片领土考虑在内的话，约两千名沼泽克里人是居住在哈得孙湾

---

① 皇家特许状（Royal Charter）也称作"皇家宪章"，是由英国君主签发的正式文书，类似于皇室制诰，专门用于向个人或法人团体授予特定的权利或权力，不少英国城市以及公司、大学等重要机构都是通过签发皇家特许状而设立的（部分连同都会特许状）。皇家特许状一般永久有效，在这一点上不同于令状（Warrant）及任命状（Appointment）。

公司贸易站附近"守望家园的印第安人"的主体。他们是西部克里人，说阿尔冈昆语，与居住在哈得孙湾以东的东部克里人截然不同。他们是技术高超的猎人和敏锐精明的商人，需索能在冬天使用的毛瑟枪，喜欢挑起法国商人和英国商人之间的争端。到 18 世纪 60 年代，西部克里人的人口已达三万，地盘从丘吉尔一直向西延伸到位于如今萨斯喀彻温和艾伯塔两省北部边界的阿萨巴斯卡湖。

在这片说阿尔冈昆语的民族占领的广袤领土以北和以西，是所谓"北方印第安人"的地盘。他们自称甸尼人，说阿萨巴斯加语，与克里人是长期的对手和仇敌。他们在当今加拿大西北地区的大部分地区打猎捕鱼，领土扩展到如今努纳武特①的所在地。

甸尼人的亚族群是当时所谓的多格里布人和斯拉维人（两者有时被看成一个部落）以及奇普怀恩人，后者的名称源于克里人的一个阿尔冈昆语词，意指身穿河狸皮上衣，其背面到臀部裁剪成一个倒三角，就像当代的燕尾服。耶洛奈夫印第安人或称"黄铜印第安人"也是奇普怀恩人的一个区域亚族群，因使用黄铜工具而得此名，他们也在争夺传统上由因纽特人控制的领土。

和克里人一样，甸尼人也主要以自治大家族为社会单位应对严峻的自然环境。当地人的群落包括大概六到三十位猎人，总共三十到一百四十人。因为通婚、领养和窃妻盛行，这些群落往往呈现出鲜明的文化多样性。

在更靠北的那些荒芜而严寒的土地上，因纽特人生活在从阿拉斯加到格陵兰的广大北极地区。正如克努兹·拉斯穆森②在 20 世纪初所述，这些当时

---

① 努纳武特是加拿大十三个一级行政区（十个省和三个地区）中三个地区中的一个，也是加拿大所有一级行政区中最晚成立的一个，1999 年由原西北地区的东部分割而出。努纳武特的首府为伊卡卢伊特，位于巴芬岛上。努纳武特境内有 85% 的人口是加拿大北极地区的因纽特人。

② 克努兹·拉斯穆森（1879—1933）是格陵兰-丹麦极地探险家和人类学家。他被称为"爱斯基摩学之父"，是第一个乘雪橇穿过西北航道的欧洲人。他在格陵兰、丹麦和加拿大因纽特人中家喻户晓。

所谓的"爱斯基摩人"是一个独立的民族。他们能够听懂彼此的话，因为他们说的都是同族语言：西部的尤皮克语、东部的伊努克提图特语和格陵兰的卡拉亚苏语。因纽特人捕猎北美驯鹿，也钓鱼和抓捕海豹、海象、白鲸等海洋哺乳动物。

　　因纽特人有时会来到南方的丘吉尔寻找木材和金属。然而他们与甸尼人关系不睦，后者早已开始从欧洲人那里购买毛瑟枪并小心翼翼地守护着自己毛皮商人的角色。正是在这样的背景下，18 世纪两位截然不同的奇普怀恩-甸尼人在欧洲人寻找西北航道以及他们所谓"远方金属河"（即今天的科珀曼河）的历程中发挥了至关重要的作用。第一位是名叫塔纳德奇尔的女性。

　　因纽特人的武器只有鱼叉和刀，冬季狩猎海象尤其艰难，因为这种狡猾的动物总会顺着冰洞逃走。

　　1713 年春，一群全副武装的克里人袭击了某奇普怀恩－甸尼人部落，掳走了三个年轻女人。那年秋天，其中两个女人逃走了，她们向西狂奔，想重回自己的部落。她们熬过了一个冬天，然后就迷路了。1714 年秋，她们又冷又饿，其中一人还病了，于是决定逃向哈得孙湾公司一个著名的贸易站，它位于丘吉尔以南几百千米的地方。那就是约克堡，后来因为一位首席代理商驻扎在那里，更名为约克法克托里（意为"约克代理店"）。一个女人死在了路上。

　　五天后的 11 月 24 日，另外那个女人，也就是 17 岁的塔纳德奇尔，在荒野中遇到了哈得孙湾公司的人手。她跟这几个人一起来到约克堡。总督詹姆斯·奈特年逾古稀，此前曾担任过一个商船队的指挥官，他很快就意识到这个女人或许有用。由于守望家园的克里人拥有更多的毛瑟枪，奇普怀恩毛皮贸易商已经不敢再来哈得孙湾公司的贸易站了。奈特希望将贸易扩大到西北地区，正在寻找一个翻译员出面调解两个民族之间的矛盾。

　　塔纳德奇尔非常聪明，能够与克里人和甸尼人顺畅交流。其后那几个月，她还学会了一些英语。因此，1715 年 6 月，奈特就派她与公司能干的雇员威廉·斯图尔特带领一百五十名守望家园的克里人一起出发，到西边去完成调解任务。

　　奈特委派塔纳德奇尔去通知奇普怀恩人，说哈得孙湾公司不久将在丘吉尔建立一个大型毛皮贸易站。此外，总督对传说中存在于遥远西部的那些铜矿和"黄色金属"（即黄金）矿产念念不忘，还请她立即询问矿产的事。一行人出发西行，行程却并不顺利。猎获太少，随着冬天的来临，整个队伍必须分成若干个小组才能存活。

　　会说多种语言的塔纳德奇尔利用自己的口才出面调解宿敌的关系。《和平大使：1715 年一个奇普怀恩女人出面与克里人讲和》，木板油画，弗朗西斯·阿巴克尔作于1952 年。

有一个小组遇上并杀死了九名奇普怀恩人,但杀人者后来声称是自卫。塔纳德奇尔和斯图尔特赶到现场时,两人都吓呆了。年轻的塔纳德奇尔坚信有些没有被杀的奇普怀恩人一定向西去了,就让和她一起来的无辜的克里人等在原地,自己带几个人去追赶那些幸存者。她遇到了几百名正在集结、准备报复的奇普怀恩人。展示口才的机会来了。塔纳德奇尔说了好几个小时,总算说服奇普怀恩人和她一起回来,与等在那里的克里人见面。他们到达后,两个部族的人握手言和,几名奇普怀恩人和塔纳德奇尔一起返回约克堡,于 1716 年 5 月抵达目的地。

詹姆斯·奈特激动地发现塔纳德奇尔居然能凭着自己的"滔滔不绝",让守望家园的克里人和奇普怀恩-旬尼人这两大宿敌重归于好。这一非正式协议将为奈特本人铺平进入广大西北疆域的道路。那年晚些时候,塔纳德奇尔欢迎总督亲临现场宣布在丘吉尔建立哈得孙湾公司贸易站的想法,以此来巩固新达成的和解。而后她却在圣诞节前后病倒了。辗转病榻一段时日后,她于 1717 年 2 月 5 日去世,奈特万分难过。

奈特在公司日志上写下悼念塔纳德奇尔的文字,怀念她的勃勃生气、坚定信念和非凡勇气。但他没有停止自己的计划。她带到约克堡的奇普怀恩勇士们带来了刀和黄铜装饰品,作为翻译的塔纳德奇尔转达过他们的回答,说铜和"黄色金属"都可以在"远方金属河"沿岸找到。

奈特继续执行在丘吉尔河河口建立贸易站的计划,与奇普怀恩人,或许还将与因纽特人开展贸易。他在延斯·芒克当年的过冬处附近建了一个简陋的毛皮贸易木屋,就位于哈得孙湾公司后来建造的威尔士亲王堡所在地上游几千米处,随后他又在那里度过了一个冬天。

长期以来,奈特一直对欧洲人想象出来的那些西北航道地图很感兴趣,那些地图把西北航道标注为"海峡"或"亚泥俺海峡"①，从美国加利福尼亚北部横穿整个大陆，直达哈得孙湾东北角。在塔纳德奇尔的帮助下，他请来访的奇普怀恩-甸尼人画过一幅哈得孙湾流域的地图。他们在地图上画出了十七条河流。奈特认为最北的那条河流就是亚泥俺海峡的东入口，也就是西北航道的入口。

1718 年 9 月，奈特起航回到英格兰，决心组建一支探险队去寻找亚泥俺海峡，以及"远方金属河"沿岸的金矿和铜矿。如今已是自由人的奈特经过协商得到了哈得孙湾公司的资助。理事会同意派他从北纬 64°穿过哈得孙湾去寻找那虚无缥缈的海峡和航道。他还将扩大贸易，研究有无可能开展捕鲸作业，并探寻他手中那些铜块的来源，他以那些铜块为证据，提出在一条遥远河流的入海口存在着宝贵的金属矿藏。

1719 年 6 月 4 日，须眉皓然但冲劲十足的奈特从泰晤士河位于伦敦东南部的格雷夫森德港口出发了。他此行带着四十个人和两艘船，一艘名为奥尔巴尼号的护卫舰和一艘名为探索号的单桅帆船。奈特和船员们驶入了哈得孙湾，从那以后，再也没有白人见到过他们。

三年后的 1722 年，一个名叫约翰·斯克罗格斯的哈得孙湾公司上尉到哈得孙湾北部流域进行了一番敷衍了事的搜救。他在马布尔岛上找到了一些船骸，那里距离切斯特菲尔德因莱特附近的西海岸 25 千米远，他便据此得出结论，说奈特的两艘船都已沉入冰海，"所有的人都被爱斯基摩人杀死了"。

---

① 亚泥俺海峡（Strait of Anián）是欧洲地理大发现时代一条半神话性质的海峡，当时的欧洲地图学家们相信这是一条分割东北亚洲和西北美洲大陆、连接北冰洋和太平洋的狭窄航道，因此也成了当时欧洲探险家们为向西前往亚洲而苦苦寻找的西北航道的重要一部分。这条神秘海峡的存在早在 16 世纪就已在欧洲地图家和探险家之间流传，后也有过数次试图寻找它的远航，直到 1728 年丹麦探险家维图斯·白令发现了白令海峡，才终结了有关亚泥俺海峡的猜想。

斯克罗格斯的结论没有任何证据。但后来的几十年里，从未有人质疑过他的种族主义猜测。后来，探险家塞缪尔·赫恩在三次考察马布尔岛之后，对奈特的下落给出了截然不同的解读。在《去往北方海域的航程》中，赫恩写道，他在那里看到了枪支、船锚、绳索、砖头、一个铁匠用的铁砧和一所房子的地基，以及若干墓地。赫恩还发现了"护卫舰和单桅帆船的船底，它们沉在近10米的水底，位置就在港口附近"。

他不认同探险队员之死与因纽特人有任何关系，指出奈特及其队员对任何人都没有威胁。他们的武器也比因纽特人的精良，算得上是所向披靡。赫恩写道，他采访了几个因纽特目击者，他们说奈特的船只失事后，大批船员都死于疾病和饥饿。只有五名船员熬过了第一个冬天。第二年夏天，有三个人食用生鲸脂之后暴毙。赫恩写道，最后两个人"虽然很虚弱，却还是轮流埋葬了"自己的同伴。"那两人在其他人全都死后又熬了很多天，频繁地登上附近一处岩石的顶端，热切地眺望着南边和东边，仿佛期待有船只来救他们。他们一起在那里盼望了很久，目力所及之处，什么也没有。他们紧紧地靠在一起，悲苦地啜泣。最后，两人中的一人死了，另一个人根本走不动，试图在原地为同伴挖一个坟墓，却倒下去世了。那两个人的头骨和其他大块骨头如今散落在房子附近的地面上。"

其后两个多世纪，赫恩的场景再现一直是权威论断。谁能与目击者争辩呢？谁又能忘却那最后两位幸存者眺望着地平线渴望被救的惨相？这个动人解读的唯一问题就在于，它是塞缪尔·赫恩在考察马布尔岛二十年后，坐在伦敦的书桌前写下的，纯属瞎编。在《死寂：北极探险的最大迷思》一书中，作家约翰·盖格和欧文·贝蒂详细阐述了这一观点。如他们所说，其最终结果是创造了"北极探险竞技场上一个最令人难忘的惨败画面"。

从21世纪的有利视角回望，我们会发现，虽然赫恩驳斥了斯克罗格斯的种族主义分析，他对探险队命运的陈述却过于简单化。后来的调查表明，奈特的两艘船在马布尔岛多岩的浅水港遭到了严重破坏。年迈的奈特很可能在随后的那个冬天就已去世，但岛上唯一的墓地却是因纽特人的。

如果奈特活着，这位偏执的老人大概会带着他的人上岸，然后起程经由陆路到达"远方金属河"，最终死于他所谓的"不毛之地"。然而最有可能的情形却是，1720 年春，看到他们的船无法航行，奈特探险队中幸存的船员挤进敞篷船，开始划船前往约 500 千米以南的丘吉尔，最终消失在海上的风浪中。

第四章
马托纳比引领赫恩到达海岸

塔纳德奇尔死后约四十年，另一位杰出的"北方印第安人"，一个名叫马托纳比的人，出现在北极探险的传说中。18世纪50年代末，马托纳比沿袭塔纳德奇尔的传统，以哈得孙湾公司非官方大使的身份缓解了原住民民族之间的敌意。他出生于1737年前后，母亲是被克里人掳走的奇普怀恩-甸尼人，他的青少年时代在丘吉尔附近度过，频繁往来于说英语的毛皮贸易商、克里人和奇普怀恩人之间。到18世纪60年代初，他已经是个"印第安人领袖"了。

马托纳比从住在西部很远地方的奇普怀恩-甸尼人那里收购毛皮，带领"团伙"把它们运到丘吉尔的威尔士亲王堡，然后再度起程去交易物品。1770年秋，马托纳比带着十几个人在返回哈得孙湾的途中顶着严寒和咆哮的狂风前行，惊异地看到一个哈得孙湾公司的人穿着单薄的衣衫，正和几个守望家园的克里人一起在雪地上蹒跚呢。

那年25岁、身材高大的塞缪尔·赫恩发现马托纳比能跟他说英语，也大吃一惊。赫恩身高超过一米八，而这位非凡的奇普怀恩人——"我遇到过的最漂亮、身材比例最好的男人之一"——几乎能够平视他的眼睛。当马托纳比问他怎么会受困于这些海峡时，年轻的探险家几乎不敢相信自己的耳朵。这就是他原本就想找的那位原住民领袖吗，不但到访过"远方金属河"，还从它的河岸带回过铜块的那位？

露丝·杰普森所绘的这幅马托纳比（约1737—1782）肖像赞颂这位甸尼人领袖是塞缪尔·赫恩史诗般航海历程中的关键人物。没有马托纳比，英国探险家根本不可能确立西北航道南部水路上的第一个定位点。

✦

1745 年，塞缪尔·赫恩出生于伦敦，随寡母在英格兰西南部多塞特郡的贝明斯特长大。1757 年，已经长成壮硕少年的赫恩加入皇家海军，被著名的作战指挥官、未来的第一海军大臣塞缪尔·胡德收入麾下。作为一名海军军官，"年轻的绅士"赫恩跟随胡德上校一直作战到"七年战争"① 结束。他接受了 18 世纪的良好教育，同时又学到了追击和占领敌船所需的一切知识技巧。

1763 年，战争的结束彻底阻断了他升迁的念想，赫恩遂转向商船领域。1766 年年初，年轻的海员赫恩为寻找冒险的乐趣和成名的机会，加入了从事毛皮贸易的哈得孙湾公司，该公司当时正试图将业务拓展到捕鲸业。他成了一艘捕鲸船的大副。其后三年，赫恩以威尔士亲王堡为基地，展示了自己的航海技术，并开始跟着他接触的那些原住民——克里人、甸尼人和因纽特人——学习当地的语言。

当时的哈得孙湾公司总督摩西·诺顿也染上了詹姆斯·奈特式的痴迷，梦想得到传说中"远方金属河"沿岸的财富。当时有批评家指责哈得孙湾公司没有履行特许状中规定的探索附近乡村的义务，他希望以此举的成功回击批评。1769 年，他把寻找西北航道的机会给了年轻的赫恩。

11 月，赫恩带着几个贸易商同伴从丘吉尔出发了。他们付钱给一个名叫查韦纳霍的向导，请他带队去寻找马托纳比，但查韦纳霍中途抛弃了他们，由他们自生自灭。赫恩回到威尔士亲王堡，后于 1770 年 2 月再度出发，这次他还带

---

① "七年战争"（Seven Years' War）发生在 1754—1763 年，主要冲突集中于 1756—1763 年。当时世界上的主要强国均参与了这场战争，影响覆盖欧洲、北美、中美洲、西非海岸以及印度和菲律宾等国。

着两个守望家园的克里人和一群甸尼人，由康尼齐斯带队。向西北方向跋涉数
月后，他们被沿途的陌生人抢劫，赫恩在意外中丢了象限仪。由于象限仪对测
绘不可或缺，他起程返回丘吉尔，却遇上了恶劣的天气。由于没穿雪鞋，他在
风雪中颤抖挣扎，没承想却与自己寻寻觅觅的原住民领袖不期而遇，后者不仅
能领会他为何来到这里，还知道他打算实现怎样的目标。

　　马托纳比深得克里人和甸尼人的敬重，能在这两群人中间应付裕如，也深
知该如何在北方大地上行走。他带领的随行人员始终在流动，其中包括他的五
六个妻子，负责扛运补给、做饭、缝补衣物和制作雪鞋。1770 年 12 月 7 日，与
赫恩一起返回威尔士亲王堡短住两周后，马托纳比带领年轻的英国人从丘吉尔
出发了。

　　在这第三次探险中，前皇家海军军官终于学会了"入乡随俗"。他带着新
的象限仪和其他补给，打算去考察"远方金属河"的入海口，要么找到西北航
道，要么证明它根本就不存在。他后来写道："我决心完成这次探险，哪怕付出
生命的代价也在所不惜。"

　　马托纳比带队追踪着驯鹿和野牛的脚印，朝西北方向行进。赫恩一路上详
细记了笔记，后来把那次痛苦的冒险经历写成了一部举世公认的探险文学经典
著作，即著名的《去往北方海域的航程》。赫恩在书中称马托纳比谈吐大方、
有趣而得体，"却又极其谦虚；他在饭桌上的举止高贵典雅，哪怕世上一流的名
人也会赞叹不绝，因为除了法国人的活泼、英国人的真诚之外，他还有土耳其
人的庄严和高贵；这一切完美地融为一体，与他相伴和谈话始终令人愉快"。

　　马托纳比"非常喜欢西班牙红酒"，赫恩补充说，"但他从不饮酒过度；另
一方面，他不喝烈性酒，无论是质量上佳还是简单勾兑的都不喝，因而绝不会

丧失理智。人无完人，他自然也应该有缺点，但就我所知，他最大的缺点就是妒忌，有时那会让他变得野蛮起来"。

　　向西北行进的路上，赫恩和同伴们陷入了"要么饱餐，要么挨饿"的循环，往往跋涉两三天没有任何吃的，只能吸烟草、喝雪水。然后某个同伴会猎到几头鹿，大家就坐下来饕餮一番。有一次，马托纳比由于吃得太多而生了病，不得不躺在雪橇上由别人拖着走。赫恩学会了吃鹿的内脏和生麝牛肉，还学会了忍受那种长期禁食带来的"最磨人的痛苦"。他写他们一行人穿过稀疏的树林，里面有生长不良的松树、矮小的桧柏以及小柳树和白杨。旅人们追赶着鹿群穿过池塘和沼泽，但如果猎物丰富，他们也会一连休息好几天时间。

　　然而赫恩的书之所以珍贵，首先是因为它生动描述了 18 世纪奇普怀恩-甸尼人的生活：

　　"当地自古以来的风俗是，男人要靠打架才能得到他们喜欢的女人。当然，最强壮的一方永远会获得奖赏。一个孱弱的男子如果不是个好猎手并受人尊敬的话，就很难留住妻子，只要比他强壮的人觉得那个女人有点儿姿色，他就会失去她：因为无论何时，只要那些打架高手的妻子们负载的毛皮或补给过重，他们就会毫不犹豫地把别人的妻子从他的怀里抢走，让她来给自己驮运行李。

　　"这一风俗在每个部落里都很盛行，年轻人也竞相模仿。从童年时代起，只要有机会，他们就会锻炼打架的力量和技巧，如此方能保护自己的财产，尤其是使妻子免受有力的强夺者的劫掠。有些人几乎干脆以从弱者那里强取豪夺为生，想拿就拿，根本不会归还。而强者屈尊提出的不公平交易反倒被看成慷慨的行为，因为通常来说，被夺走财物的人只会受到虐待和羞辱。"

　　赫恩还写道，很少有哪一天不发生这样的角斗比拼。"每当看到被争夺的对象坐在那里，一言不发、心事重重地等待着自己的命运被决定，眼睁睁看着她的丈夫和对手把自己当作战利品来争夺，我都会很难过。真的，我不仅为那些可怜的受害者感到悲哀，有时我看到她们被自己恨之入骨的人赢去，也会极度悲愤。在那种情况下，她们会非常痛苦和不情愿地跟从自己的新主人，以至于整个过程往往以最残暴的方式结束，因为在撕扯中，我见到过可怜的女孩子被扒光衣服，蛮横地拖拽到新住处。"

其后，赫恩注解道："在整篇叙述中，我对那些女人的称呼都是'女孩'，这是个恰当的词，因为被争夺的对象多半都很年轻，没有家人保护。"

虽然这些 18 世纪的北方印第安人与他们的当代后裔没有多少相像之处，乐于抢夺同行旅伴的物品乃至妻子，但赫恩写道："他们在其他方面还算是最温和的部落或民族，我后来到哈得孙湾附近时就发现了这一点：他们不管受到的冒犯或损失有多大，都绝不会通过打架角斗以外的方式去报复任何人。至于在南方印第安人部落中很常见的谋杀，在他们中间却很少听说。杀人者会被全部落的人回避和厌恶，不得不四处流浪，甚至被自己的亲戚和故友遗弃、放逐。"

赫恩后来惊恐地发现，这种和平观念并没有延伸到其他民族。1771 年 5 月，在一个名叫克罗伊湖的地方，有几十个甸尼族陌生人得知马托纳比要前往"远方金属河"便加入了他的队伍，准备一同前往。赫恩后来写道，他们此举的"唯一目的就是杀死爱斯基摩人。黄铜印第安人认为，爱斯基摩人常常大批前往那条河附近"。

过去几年，在沿哈得孙湾西岸来回航行的途中，赫恩遇到过很多因纽特人。他略会一些他们的语言，知道他们绝大多数都平和善良。在克罗伊湖畔，他敦促同伴们和平地对待因纽特人，把他们当成可能的贸易伙伴，而不要意图挑起战争。新来的甸尼人怒气冲冲地奚落赫恩，指责他是个懦夫：难道他害怕与因纽特人作战？

离"远方金属河"越来越近，赫恩看到武士们显然准备进攻了，他又尝试调解，却得到同样的答复。他写道："我知道自己的人身安全在很大程度上仰仗于他们把我看成自己人，因而我不得不改变语气回答道，我才不在乎他们让'爱斯基摩'这个名字和整个人种一起彻底消失呢。同时我还说，虽然我不是爱斯基摩人的敌人，但也觉得没必要毫无理由地袭击他们。"

作为队里唯一的欧洲人，赫恩根本无法阻止即将发生的一切。他与马托纳比谈过，但就连这位领袖也感到无力抵挡"那股民族偏见的洪流，自古以来，或者自从他们知道彼此的存在以来，偏见就一直存在于那两个民族之间"。

6月，马托纳比和赫恩一行把大部分妇孺留在原地，带着大约六十名来自各个部落的武士继续朝西北方向前进，他们中的许多人都是初次见面。他们在大雨、雨夹雪和暴风雪中艰难跋涉，十六天行走了将近 300 千米。赫恩从象限仪上读到，他这时位于丘吉尔西北约 1 000 千米处，但事实上他行走的距离是该距离的两倍多。一行人继续前行，在最后十五六千米的急行军后，终于到达了"远方金属河"——如今的科珀曼河。

它看上去一点儿也不像传说中的壮丽航道。河面还不足 200 米宽，到处都是岩石和浅滩，欧洲船根本无法通行，实际上就连独木舟都很难通过。赫恩花了几天时间勘测那条河。后来在 1771 年 7 月 17 日，他目睹了探险史上最臭名昭著的战斗之一。

在我的《古代水手：走入北冰洋的水手塞缪尔·赫恩的奇妙冒险》一书中，我用好几页篇幅分析了那场战斗发生的过程和原因。事实概述如下。凌晨 1 时，侦察人员事先已经发现大约二十个因纽特人在河边露营，于是这些甸尼武士秘密集结起来，等着因纽特人回帐休息。然后他们对睡梦中的无辜者发动了奇袭。赫恩写道："几秒钟后，可怕的场面就开始了，恐怖不可言状，可怜的不幸受害者从梦中惊醒，无暇亦无力做任何抵抗。男人、女人和孩子总共有二十多人，都光着身子跑出帐篷，想要逃走，但印第安人已经占领了岸上的全部地盘，他们根本找不到避难之处。眼前只剩下一个选择，那就是跳入河水，但没有一个人尝试那么做，于是他们全都成了印第安人兽行的牺牲品！"

赫恩记录的细节令人心碎。他最后说："亲眼看到这场大屠杀，我根本无法想象自己有多惊恐，更不要说诉诸语言。我当时用尽全力，仍然很难止住泪水横流。我相信我的面容一定清楚地表明，我对自己目睹的野蛮场景是多么发自内心地感到难过。"赫恩又说，即便几十年后，他"一想起那可怕的一天发生的一切，仍忍不住落泪"。他为那个地方取名"血腥瀑布"。1996 年，旬尼人和因纽特人代表参加了在事件发生地举办的"愈合仪式"，如今那里变成了地区公园。

1771 年，又沿河北上 15 千米后，塞缪尔·赫恩成为第一个到达北冰洋的欧洲人。他在当今的库格鲁克图克所在地竖起北美洲北部海岸的第一个地理点标识——这里后来也被认定为西北航道南部水路上的第一个定位点，绝非偶然。

在他开拓性的跋涉中，赫恩穿越未知地域的路程长达 5 600 千米，大部分是步行，偶尔乘坐划艇。原住民对艰难的行程早已司空见惯，但他不是土著，而是来自另一个世界的旅人，是努力适应、生存并最终将所知的一切传达给本国同胞的异乡人。赫恩是最早向世人表明，欧洲人要想在北方繁荣发展，最好向在那里生活了数世纪的原住民学习的先驱之一——后来的许多人反而对此策略置之不理。

1772 年，赫恩回到威尔士亲王堡，把他的实地记录变成了官方报告。约克堡的临时首席代理商、颇受好评的安德鲁·格雷厄姆对他的成就予以高度评价，写下支持他的文字："受过良好教育的年轻绅士塞缪尔·赫恩先生受雇于哈得孙湾公司，前去考察丘吉尔河西北地区的广大领土，寻找有无从哈得孙湾通往南部海域的水路航道。出行三年，考察科珀曼河之后，现已返回……没有穿越任何一条值得注意的河流……这一伟大探险已经充分证明，并不存在途经哈得孙湾的任何航道。"

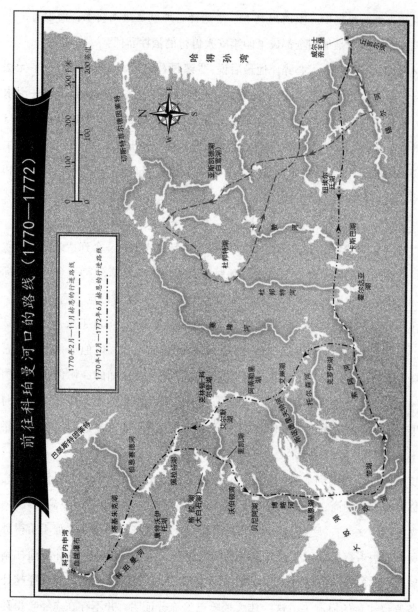

前往科珀曼河口的路线（1770—1772）

注：书中地图系原书插附地图

十年后的 1782 年，赫恩和马托纳比两人先后遭遇了悲剧。法国与英国开战期间，两艘法国军舰到达哈得孙湾，开始摧毁哈得孙湾公司的贸易站。马托纳比和他的武士们在几百千米以西忙碌时，法国人把威尔士亲王堡夷为平地，还把赫恩和他哈得孙湾公司的同事们监禁起来。已经当上威尔士亲王堡总督的赫恩试图最大程度地降低此事对留在当地的原住民的影响——特别是不要伤害到他心爱的原住民妻子玛丽·诺顿。

冬季即将来临，法国人没有在北方海域航海的经验，赫恩便与他们达成协议：他会给侵略者当向导，乘坐他们拖带的一条小船指引他们穿过哈得孙湾、横越大西洋，条件是放了他和他手下的人。赫恩带着三十二个人，居然真的横渡了大西洋，真是不可思议。他成功地途经奥克尼到达朴次茅斯。

现在赫恩有任务在身了。来年春天，他筹集到重建贸易站的物资，登上了从伦敦出发前往哈得孙湾的第一艘船。他决心回到丘吉尔，继续与玛丽·诺顿一起生活。然而他到达后不久就听说，在他离去期间他心爱的妻子已经饿死。然后他又遭到第二个重大打击：他最好的朋友也死了。作为印第安人领袖，马托纳比靠毛皮贸易发家，当他回到威尔士亲王堡看到那里一片废墟，就觉得一切都完了。他看不到出路，悬梁自尽。

赫恩的状况也急转直下，但他还是顽强地活了下来。五年后，他回到英格兰。他写完了自己的经典著作，就是那部在他去世三年后于 1795 年出版的《1769、1770、1771 和 1772 年从哈得孙湾的威尔士亲王堡去往北方海域的航程》。该书表明，到达北冰洋海岸的赫恩已经在南部航路上确定了第一个位置，而那条航路所通向的，就是那一两个世纪即将有船只航行的唯一一条西北航道。

20 世纪初，地质学家和研究毛皮贸易的学者约瑟夫·B. 蒂勒尔为该书的一个新版本作序，指出他认为那部著作的宝贵之处"不在于它包含的地理学知识，而在于它准确地、充满同情也非常真实地记录了那个时代奇普怀恩印第安人的生活。他们的习惯、风俗和生活方式，无论我们多么厌恶或反感，都被详细地

《从西北方向看哈得孙湾的威尔士亲王堡》，塞缪尔·赫恩所著《去往北方海域的航程》（1795）中的雕版插图。该雕版画的素材取自这位探险家绘于 1777 年的原创素描。

记录了下来，这本书将因此而成为美洲人种学的一部永恒经典"。

作为颇有天分的艺术家，赫恩还在他的书中加入了不少威尔士亲王堡、约克堡、大奴湖，以及原住民的许多手工艺品的素描——由于它们是那么独一无二、不可取代，这些画作至今还时常出现在介绍北方历史的新书里。赫恩作为博物学家也做了不少突破性的工作，书中用五十多页的篇幅描述了近北极地区的动物。关于加拿大历史上最有争议的时刻之一——在血腥瀑布屠杀无辜者，他的叙述是唯一的书面记录。他用文字描绘了一幅他最好朋友的肖像，把杰出的马托纳比的名字镌刻在北方探险的历史上。

第五章
马更些标注出第二个位置

　　和许多在北方生活工作的坚毅勇敢的毛皮贸易商一样，亚历山大·马更些也对寻找西北航道兴趣浓厚。但 1789 年他准备划船从奇普怀恩堡（位于阿萨巴斯卡河入海口的一个新的毛皮贸易站）出发向西北航行时，寻找西北航道的历史尚未提及塞缪尔·赫恩，后者的书籍还没有出版。马更些听过一些传言，什么近二十年前赫恩受雇于哈得孙湾公司时，曾在前往科珀曼河的路上"入乡随俗"，他没有找到金子或黄铜——没有发现任何值得关注的东西。但马更些对那些不感兴趣。

　　马更些觉得对自己有参考意义的是詹姆斯·库克上校的探险，后者曾经从英格兰出发，目的不是寻找西北航道的东入口，而是它的西入口，是英国海军部的人在阅读过两份据说分别形成于 1588 年和 1640 年的航海记录之后，委派他这么做的。在第一份记录中，一个名叫洛伦索·费雷·马尔多纳多的葡萄牙水手声称他从戴维斯海峡横越北美大陆到达了太平洋。在第二份记录中，一个自称巴塞洛缪·德·丰特的人写道，他完成了反方向的航行。后来又有一个希腊水手（他用的是胡安·德·富卡这个名字）声称他在 1592 年从太平洋沿岸行驶到大西洋沿岸，又回到了出发地。

1778 年，在南太平洋远航之后，詹姆斯·库克画出了从俄勒冈北部到阿拉斯加的北美洲西海岸航海图，揭穿了这些谎言。在厚重的冰块阻断他继续航行的道路之前，他穿过白令海峡，到达了刚刚越过北纬 70° 的阿拉斯加西北岸，他为其命名为艾西角（Icy Cape）。先前，在北纬 60° 以北，库克考察了一个有两条伸出的岔道或支流的内湾，两条支流正好环抱着如今的安克雷奇①。他和船员们认为，一定有一条河流注入库克湾（该内湾如今的名字）的两条支流。如今我们知道，那两条支流分别是从北边流入的苏西特纳河以及从东边流入的马塔努斯卡河。

而当亚历山大·马更些于 1789 年 6 月 3 日从奇普怀恩堡划船向西北方向行进时，他认为自己已经在后一条河流上航行了。如果他能够划着独木舟到达库克湾，就能自称发现了西北航道——或许不是大型帆船可以航行的航道，但能组成大型划艇队通过。他想证明存在一个由河流和湖泊组成的跨大陆网络，从东边一直西延到太平洋。

这样的发现将彻底改变毛皮贸易的格局。那样一来，马更些的商行，即西北公司，就无须再以蒙特利尔为中心将货物来回运送数千千米，而可以直接与中国和俄罗斯贸易，太平洋上的那个内湾将被他们开发成一个毛皮贸易基地，正如哈得孙湾之于他的主要竞争对手哈得孙湾公司。

马更些时年 25 岁，前十年一直以蒙特利尔为基地从事毛皮贸易。五年前，他曾带着"一小船货物"沿河西行到达底特律。那次交易非常成功，以至于他的雇主主动提出让他享有公司的部分利润，条件是他要在更靠西的大波蒂奇贸易站工作，那里位于如今的桑德贝西南 60 千米处。

次年，随着公司扩张业务以应对竞争，马更些接管了英格兰河（丘吉尔

---

① 安克雷奇，美国阿拉斯加州中南部沿海城市。

河）部门，驻地在萨斯喀彻温北部的伊拉拉克罗斯湖。1787 年他的雇主与西北公司合并之后，马更些继续向北向西行进，拓展到位于阿萨巴斯卡湖的一座古老的毛皮贸易站。

在荒野中的这片简陋的小木屋里，马更些没有立即负责附近地区的业务，而是在第一个冬天担任即将退休的资深毛皮贸易商彼得·庞德的副主管。庞德相信他已经在北方不远处的大奴湖找到了一条流向北美大陆太平洋海岸的河流的源头。他认为，它将最终汇入库克船长测绘的那个位于北纬 60°的内湾的两条支流之一。

亚历山大·马更些的这幅肖像是托马斯·劳伦斯在 1800 年前后创作的。

1789 年，在参与建立了雄伟的奇普怀恩堡后，马更些出发去考察那条从大奴湖向西北方向流出的宽阔河流。乐观的庞德估计，划船从这个位于北纬 58°稍北处的贸易站出发，只需六七天就能到达太平洋沿岸。每一个纬度大概相当于 110 千米，然而西行的距离可能很远，马更些怀疑几天时间到不了目的地。尽管如此，他带着四条桦树皮建造的划艇于 6 月 3 日离开奇普怀恩堡时，仍坚信自己几周之内即可到达太平洋海岸，创造新的探险历史，同时彻底改变毛皮贸易的格局。

当时，讲法语的魁北克成为英国殖民地已逾三十年，苏格兰移民已经获得了蒙特利尔基地毛皮贸易的控制权。他们雇用和授权包运船户替代独立的毛皮走私商。绝大多数包运船户都是法裔加拿大人，精通长途划艇运输，其专业技能在多岩的西北部流域尤其重要。在旅途中，他们凌晨 2 点起床，不吃早餐就出发。上午 8 点左右，他们会停下来吃早餐。然后拼命划船到晚上 8 点或 10 点，中间只靠肉糜饼充饥。在陆上搬运时，包运船户每人会扛两个

90 磅①重的包裹，但据说有些传奇人物会扛着七个包裹蹒跚半英里②，总重达 630 磅。

为了避免这样繁重的劳作，虽然很少有人会游泳，包运船户往往会尝试行船经过危险的急流。地理学家戴维·汤普森（1770—1857）后来对这样的情形有过描述，那是包运船户在今天不列颠哥伦比亚省雷夫尔斯托克附近的哥伦比亚河死亡滩的遭遇。"他们没走多远，"他写道（很快就在一个复杂句式中迷失了方向），"他们本应顺着浪尖航行，但为了避免浪尖，他们选择了看起来平缓的水面，却被吸入涡流，又被卷进漩涡，载人的划艇无法摆脱，船尾向前扎入其中，所有的人都淹死了。"整个事故的经过还算清晰。

这时，1789 年，亚历山大·马更些带领的队伍人员组成复杂，但他们的做法并不出格。他带着四名法裔加拿大包运船户出发，还带着他们的两位妻子、一个已经复员的德国人、一名人称"英格兰酋长"的著名奇普怀恩向导，以及另外两位妻子和两名猎人。女人们负责做饭、缝制莫卡辛鞋③、生火和维护营地，男人们负责划船、打猎、钓鱼和搭帐篷。

虽然天气恶劣，但马更些一行人的进度很快。他们每天天不亮就起床，拼命划船直到傍晚，一个星期后就到达了大奴湖。他们在这里遭遇了旋动的浮冰，被雨水和浓雾耽搁了两周，在一个废弃的贸易站里避雨。浮冰慢慢散去，他们开始寻找这条大河的出口，又被成群的蚊蚋折磨了一番。最终，在湖上停留二十天后，他们发现了自己要找的河道。现在是顺流而下，划船就容易多了，他

---

① 1 磅约合 0.45 千克。
② 1 英里约合 1.609 千米。
③ 莫卡辛鞋（Moccasin），或称鹿皮鞋，是一种由鹿皮或其他软皮制成的鞋，穿起来柔软而灵便。其前半部分通常有刺绣或其他装饰物。莫卡辛鞋一般都直接外穿，但偶尔也会穿在另外一双鞋的里面。它是美洲原住民的一种传统鞋类，后来移民到这里的欧洲人也开始穿着。

们欢天喜地地升起了简陋的船帆。

然而没过多久，马更些看到了西部高耸的绵延山脉，开始担心起来。河水改变了方向。它不再向西流向入海口，而是转而向北流去。马更些和队员们开始看到多格里布人的村庄。有好几次，这位探险家花钱雇来当地人做向导，但没有一个人能指出西行的道路。无一例外，他们都找机会溜回家了。

过了北纬61°，在库克湾所在纬度以北不远，马更些在日志中写道，继续北行看来已经没有意义，"因为显然，这些河流一定会流向北冰洋"。旅伴们催促他掉头回去，但马更些既好奇又固执，决心获知这条航道的真相，于是继续航行。又过了几天，山丘变成平地，河水分出了不同的支流。

最终，在一个大岛上宿营时，马更些看到了鲸鱼，发现有一股咸潮正冲刷着海岸。他到达了北美大陆的北冰洋沿岸。从大奴湖出发，他用十四天时间行进了 1 650 千米，速度达到每天逾 110 千米。在内陆探险者中，只有赫恩到达的科珀曼河入海口接近他所抵达的纬度。

如今这条更大的河流以他的名字命名为马更些河，但他称之为"失望河"。亚历山大·马更些划船沿这条大河前行，找到了后来被证明是西北航道南部水道的第二个位置的地点。1789 年 7 月 14 日，在北纬 69°稍北处，他竖起一根木柱，标记自己的成就。

回程是逆流而上，因此更考验他们的耐力。然而 9 月 12 日，在水上航行了一百零二天后，探险家到达了奇普怀恩堡。他已经筋疲力尽，但他不仅发现了仅次于密西西比河的北美第二大河，还锻炼了自己的远航技巧和领导技艺。

四年后的 1793 年 7 月，马更些将成为首位从东部出发到达太平洋沿岸的探险家，但他穿过落基山脉的路线太危险了，又有那么多艰苦的陆上运输路段，以至于没有人会错把那当成西北航道。

1801 年，亚历山大·马更些在他出版的两次航海的日志中，证实了塞缪尔·赫恩的观点，并认为自己彻底终结了在北纬 69°以南存在任何跨大陆航道的说法。西北航道绝不会存在于哈得孙湾所在纬度，只可能在北美大陆以北的北冰洋海域。他披露的这一信息会让英国海军部很感兴趣。

第二部分

陌生人到访

第六章
因纽特艺术家随约翰·罗斯一同远航

到 19 世纪初，英国商人们已经丧失了寻找西北航道的兴趣。自 16 世纪 70 年代以来，他们赞助了马丁·弗罗比舍、约翰·戴维斯、亨利·哈得孙和威廉·巴芬等探险家的远征，毛皮贸易公司还资助了塞缪尔·赫恩和亚历山大·马更些的内陆探寻。海军部本身承担了詹姆斯·库克上校的第三次航行（1776—1778），后者从太平洋出发寻找西北航道，却在白令海峡遭遇一面不可逾越的冰墙，他写道，那座冰山"看上去至少有三四米高"。

如今，库克的地图和航海日志证明，气候变化问题是真实存在的。2016 年，在分析了这些地图和日志后，美国华盛顿大学的一位数学家得出结论，北极浮冰急速缩小作为一种现象仅仅始于三十年前。《西雅图时报》引用哈里·斯特恩的结论说，从库克的时代到 20 世纪 90 年代，航海家们"只要在 8 月份到北纬 70°附近就会遭遇浮冰。如今的冰区边界北移了数百英里"。美国国家海洋和大气管理局证实了这一点，自 20 世纪 80 年代以来，北极夏季的冰块总量已经骤降了 60%～70%。全球变暖绝非危言耸听。

继续我们的故事。早期探险家们已经证明，由于环境恶劣，横渡任何西北航道至少也是缓慢而充满危险的。即便如此，1745 年英国政府仍然为最终找到该航道的人设置了一笔奖金。它没有多大的吸引力，于是在 1775 年，经度委员会①又提高了筹码，提出一连串增量式的奖励办法，首次到达西经 110°的探险队可以得到 5 000 英镑。第一支从大西洋到达太平洋的探险队将获得 20 000 英镑。

但仍然无人表现出多大兴趣，就连每年前往格陵兰附近海岸的捕鲸者也觉得这个任务风险太大。寻找西北航道的事业就此搁置。但随后在 1815 年，英国在滑铁卢战役中大获全胜，彻底终结了与拿破仑统治的法国之间十多年断断续续的战争。皇家海军突然多出数十条闲置的舰船和数百位待业军官，他们无所事事，只能领半薪度日。英国海军部第二海务大臣约翰·巴罗是负责海军事务的资深公务员，他突然想到，何不把那些多余的船只和人员派去进行地理探险。巴罗派了一支探险队到西非的刚果，没想到以一场黄热病灾难告终，他便又把目光转向了北极。

当时，大不列颠号称拥有世界上最强大的海军。然而那几年，俄国人开始在北冰洋探索一条可通航的东北航道。如果他们成功了，那对英国人的骄傲和优势将是多么巨大的打击！对英国贸易又将造成多么严重的威胁！巴罗得到了政治上的支持，派遣两支北极探险队去寻找通往太平洋的路线：一支经由北极（据说极地的四周环绕着开放极海），另一支则经由巴芬湾和西北航道。每支探险队配有两艘船。

1818 年初，皇家海军开始在伦敦以南 14 千米的德特福德装备全部的四艘船。那是一场轰动事件。我曾在《富兰克林夫人的复仇》一书中写到过，一名年轻的伦敦女子在距离完工验收只剩一周时，组织了一场前往德特福德的郊游。

---

① 经度委员会（Board of Longitude），又称海上经度探索委员会（Commissioners for the Discovery of the Longitude at Sea），是成立于 1714 年的英国政府机构。该机构旨在主导鼓励创新者解决海上经度问题的奖励计划，于 1828 年废除。

3月底的复活节周一，时年26岁的简·格里芬——也就是未来的"富兰克林夫人简"——带着一封介绍信来找指挥官约翰·罗斯，后者将率领皇家海军军舰伊莎贝拉号前去寻找西北航道。

　　这年40岁的罗斯10岁就参加了皇家海军。在海军部现有的九百名指挥官中，只有九个人在过去四年里从未失业，他就是其中之一。他确信领导这次探险能够实现他长期以来的梦想：晋升为上校。资深水兵罗斯正在通往皇家海军特权阶层的路上，而年轻的简·格里芬也同样不无道理地兴奋着。她在日记中写道，伊莎贝拉号和亚历山大号将在罗斯和海军上尉威廉·爱德华·帕里的指挥下寻找航道，而另外两艘船，"由巴肯上校率领的多罗西娅号，以及富兰克林上尉率领的特伦特号，将直接前往北极"。

《穿越冰海》，根据约翰·罗斯1818年的素描雕刻的版画，表现了水手们面临的挑战。

　　格里芬小姐在罗斯的船甲板之下四处逛了一会儿，她写道，虽然自己身高只有 1 米 58，但也无法在那里站直身体。她看到很多箱子，装满了用来交易的彩珠，以及鱼叉和断冰用的锯。她被一条海豹皮做的皮划子深深吸引了，它属于作为翻译员随罗斯指挥官一起航行的那位"爱斯基摩人"。她遗憾自己来得太晚，没机会见到这位会说英语的因纽特人约翰·萨克鲁斯表演如何使用皮划子。

　　英国人对皮划子倒不算一无所知。早在 17 世纪 80 年代，一位博学的奥克尼牧师就报道说岛民发现了一些来自格陵兰的因纽特人，他们误称其为"芬兰人"。詹姆斯·华莱士①写道，那些来客在苏格兰奥克尼群岛中的埃代岛附近海域划着自己的船，显然是在钓鱼。一看奥克尼人靠近，他们就逃走了。他们划着皮划子穿越了大西洋？或许他们是乘坐一艘英国船来的，下船之后就划着皮划子出发了。

　　在奥克尼（1701 年）和阿伯丁（1728 年）还有更多关于目击因纽特人的报道，然而约翰·萨克鲁斯（又名汉斯·察霍伊斯）是第一个在历史上留下姓名的因纽特人。19 世纪上半叶有两个猎人被写入这段书面历史，他是第一个。两人相差二十三岁，一个出生于格陵兰南部，另一个出生于巴芬岛，他们从未见过面，却都在年轻时来到苏格兰。后文会提到他们中的第二个。

　　1816 年，约翰·萨克鲁斯（这是他最终在自己的点画印刷作品上使用的签名）还不满 20 岁②，是个机智的年轻人，与数位来格陵兰南部考察的海员交好。在他们的帮助下，他（带着自己的皮划子）躲在一艘名为托马斯和安号的

---

① 詹姆斯·华莱士（1731—1803），英国海军军官，1794—1797 年间曾任纽芬兰殖民地总督。
② 关于约翰·萨克鲁斯的出生年份，有 1792 年和 1797 年两种说法，此处显然是从后一种说法推出的，而下文图说中作者却采纳了前一种说法。

捕鲸船里。被发现后，他说服名叫牛顿的船长让他留在船上，去往爱丁堡的主要港口利斯。

他为什么要离家远行？萨克鲁斯对此有各种不同的解释。他说他在丹麦传教士的教化下皈依了基督教，想多看看基督教世界，或可有朝一日重回故土教化自己的同胞。更可信的版本是：他和自己追求的年轻姑娘的母亲吵了一架，非逃跑不可。他后来随之航行的约翰·罗斯指挥官则认为，那是源于一场意外："萨克鲁斯讲到过他在自己［皮划子］上的很多次冒险奇遇和侥幸脱险，其中有一次，他说他和其他五个人一起卷入了海上的一场风暴，其他人都消失了，他奇迹般地被一艘英国船救了上来。"

据《有用信息协会便士杂志》（以下简称《便士杂志》）报道，积极进取的萨克鲁斯出生于 1797 年。他"身高在 1 米 75 左右，胸膛宽阔、体形结实，脸很宽，长着一头浓密粗硬的黑色直发。他脸上的表情……异常讨人喜欢，温良和善"。

在乘坐托马斯和安号前往苏格兰期间，他的英语水平有所提高，也摸到了一些航海的门道。在利斯，他靠表演皮划子特技而小有名气，其中一个水下翻滚的动作赢得了满堂彩。第二年，他和牛顿船长一起去捕鲸，但到达格陵兰后，他听说在他离家期间心爱的姐姐已经死去。萨克鲁斯坚持随船返回苏格兰，并发誓再也不回故乡。

在爱丁堡，著名艺术家亚历山大·内史密斯①为他画了一幅肖像。内史密斯发现这位因纽特人"不仅很有艺术品位，还非常乐于实践"，就开始教他作画。听说英国海军部不久要派出一支由约翰·罗斯指挥官率领的西北航道探险队，内史密斯提请他们关注这位了不起的因纽特年轻人。海军部给出了优厚的条件，萨克鲁斯欣然接受，但根据《便士杂志》的报道，他明确表示"不愿被留在故乡"。

---

① 亚历山大·内史密斯（1758—1840），苏格兰人像和风景画家，师从艾伦·拉姆齐。

因纽特捕鲸人兼艺术家约翰·萨克鲁斯喜欢在利斯港口用鱼叉展示自己力大过人。
苏格兰艺术家亚历山大·内史密斯在 1814 年为他画了这幅肖像，那年萨克鲁斯 22 岁。

1818 年 4 月 18 日，352 吨级的伊莎贝拉号从泰晤士河出发时，约翰·萨克鲁斯就在船上，不久他将为这次航行担起翻译和记录者的重要角色。6 月 3 日，伊莎贝拉号和 252 吨级的亚历山大号到达格陵兰西岸。约翰·罗斯和爱德华·帕里看到戴维斯海峡的中心浮冰群向西伸出 15 千米，向北靠近巴芬湾，把格陵兰岛沿岸的开放水域环抱在中间。在如今的伊卢利萨特附近的迪斯科岛，他们发现了一支英国捕鲸船队，有三四十条船，罗斯写道，它们"让这个极北苦寒之地看上去像个繁荣的海港"。那些捕鲸人看到有海军船只出现在眼前，都高兴地欢呼起来。

伊卢利萨特冰峡湾是格陵兰冰冠的延伸，如今已被联合国教科文组织列为世界遗产保护区，这里孕育和"分化"出了世界上最大的冰山。"一切绝美得超乎想象，"罗斯写道，"无论白天还是夜晚，它们闪着晶莹剔透的光，色彩生动迷人，绝非艺术之力所能及。"一个风平浪静的夜晚，帕里惊叹眼前景观的宁谧和壮阔："水面光滑如镜，船在无数冰块中滑行。"迪斯科岛上的山峦沐浴在"血红的午夜阳光里"。

把船停泊在岛附近的众多捕鲸船中间时，指挥官罗斯看到了一个约莫五十人规模的村庄，就派萨克鲁斯上岸去询问对方是否愿意交换一点儿东西。年轻的因纽特人带回了七个人，还有很多禽类。罗斯提出用一把毛瑟枪跟他们交换一副雪橇和几条狗，他们同意了，回到岸上，很快就带了一副雪橇、一群狗和五个女人回来，其中两个女人据说是一个"丹麦总督"和一个因纽特女人所生。

罗斯请客人们到他的船舱里喝咖啡、吃饼干。在《约翰·罗斯上校的最后一次航行》一书中我们读到，离开船舱后，"他们在甲板上和水手们一起跳起了苏格兰双人对舞，其间萨克鲁斯心花怒放，喜笑颜开。他自认是举足轻重的人物。当然，在格陵兰的冰海上，由一个爱斯基摩人在国王陛下的船只甲板上主持庆典，多少也是个新鲜事儿"。

罗斯注意到，"丹麦总督"的两个女儿中的一个"看上去刚满 18 岁，是眼下这一群人里最漂亮的，尤其令萨克鲁斯着迷"。一位海军军官看到此情此景，就给了因纽特人"一条缀满金属亮片的女士披肩，让他当作礼物送给她"。萨克鲁斯"极为庄重优雅地把它送给姑娘，后者羞涩地从手指上退下一只白镴戒指作为回礼，同时还回报给他一个动人的微笑"。

庆典过后，客人们兴致盎然地下了船，承诺还会带更多有用的东西回来，萨克鲁斯陪伴他们上了岸。第二天他没有回来，罗斯就派一条小船去接他。年轻的因纽特人在给众人展示如何用枪时弄伤了锁骨。出于卖弄，他装了过多的火药——"火药多多，威力大大"——却没料到反作用力也越大。显然，他需要一段时间才能恢复。

6 月中旬，罗斯试图穿过浮冰找到一条向西的航路，却未能成功。捕鲸者们对他说，冰要一个月后才开始融化，他便继续沿着格陵兰海岸缓慢地向北航行。一度他和三条捕鲸船一道前进，但 7 月底狂风呼啸、冰山高耸，海面上只剩下他们这两艘海军舰船了。一次风暴中，两艘船被推到一起，差点儿撞沉。这些海员都曾在"格陵兰事务局"的捕鲸船上服过役，仍然惊呼他们逃过一劫全靠在德特福德的加固工作做得好，因为"如果是普通的捕鲸船，一定会被撞得粉碎"。1819 年，有十四条捕鲸船在这里撞沉。1830 年，沉船数字增加到十九条。

不过现在天气又平静下来。8 月 9 日，两艘船向北航行经过梅尔维尔湾时，有人看到一小群人正在船和海岸之间的浮冰上冲他们招手。约翰·罗斯派一个小队去接洽，但那些人又乘坐狗拉的雪橇逃跑了，消失在冰丘之中。罗斯没有放弃。除了够吃两年的食物和全套科学仪器之外，他还带着大量用于贸易的物品，包括 2 000 根针、200 面镜子、30 把剪刀、150 磅肥皂、40 把伞和 129 加仑①杜松子酒。

他把一部分货物放到岸上，这没有引来来访者。但第二天，因纽特人驾着八副狗拉雪橇从冰上赶来。离船还有 1 英里时，他们停下来，站在那里等着。约翰·萨克鲁斯童年时期曾听说过，格陵兰北部"居住着一群极其凶残的巨人，他们是高大的食人族"。然而即便如此，他还是没带武器，单枪匹马，举着一面白旗去见那些北方人。他在冰上一条大裂缝的一侧停了下来。

经过一阵困难的沟通，萨克鲁斯总算找到了一种方言——胡穆克语与这些陌生人交流。他们从未见过帆船，也从未见过白人，连远距离观望也没有过。萨克鲁斯给他们扔去一串珠子和一件格子上衣。他们中最大胆的一个从靴子里抽出一把粗笨的铁刀，对萨克鲁斯说："快跑吧，我会杀了你的。"萨克鲁斯扔给那人一把做工考究的英国刀："拿这个吧。"那些人指着他的羊毛上衣询问，萨克鲁斯回答说那是用他们从未见过的一种动物的毛做成的。

接下来的问答越来越密集。他们认为船是活物，手指着船问它们是否来自太阳或月亮。萨克鲁斯说它们是用木头制成的水上房屋，但那些人说："不，它们是活的，我们见过它们扇动翅膀。"萨克鲁斯说自己是和他们一样的人，有母亲有父亲，还说他来自南方的一个遥远国度。北方人说："不可能，那里除了冰，什么也没有。"

约翰·罗斯用望远镜观察着这一切。他派两个人送去一块木板，横架在萨克鲁斯和那些人之间的海水上。他们立刻警觉起来，请因纽特人单独过去。他们害怕他是某种超自然生物，伸伸手指就能杀死他们。萨克鲁斯一个劲儿地说

---

① 1（英制）加仑约合 4.5 升。

他和他们是一样的人。他们中最勇敢的人碰了碰他的手,然后高兴地叫出了声。

看到双方建立了友谊,约翰·罗斯拿起更多的礼物和爱德华·帕里一起往冰面走去。他们穿着海军制服,头戴卷边帽,外套燕尾服,和萨克鲁斯一起分发礼物,珠子啦,镜子啦,刀子啦,接收方大为欢迎,现在他们的数目已经增加到了八个当地人和十五条狂吠的狗。没过多久,船上的军官全都上岸了,两艘船的船员则站在距离最近的亚历山大号船头,大笑着,高声鼓舞着军官们。

《便士杂志》报道说:"这个场景给〔萨克鲁斯〕留下了极其深刻的印象,以至于他后来根据记忆专门画了一幅画。"那是他的第一幅与历史相关的作品,描绘了北方格陵兰原住民初次见到英国水手的情景,被收入约翰·罗斯关于那次航行的书中。拜内克图书馆①宣称它"显然是美洲原住民艺术家创作的最早的具象派作品"。

最后,萨克鲁斯说服北方人攀爬绳梯登上了亚历山大号。接下来那几天,他和同伴们陪他们在船上玩,了解到他们对自己来自何方没有集体记忆,连对南部格陵兰人的存在都一无所知。其中一人试图偷走罗斯指挥官最好的望远镜、一盒剃须刀和一把剪刀,被发现后,就乐呵呵地把那些东西放回了原位。

格陵兰人表演了他们驾驶狗拉雪橇的技巧,展示了如何用独角鲸牙做成的长矛捕猎狐狸。看着眼前的山脉向远处绵延,约翰·罗斯意识到这些与世隔绝的北方人生活在自己封闭的世界里,就给他们取名"北极高地人"——这个诗意的词组让他回伦敦后受到了不公平的嘲笑。

罗斯惊讶地从萨克鲁斯那里得知,这些因纽特人自己制作铁刀。在因纽特人的帮助下,他总算弄明白那是他们从陆地上的一个巨大球体上削下的铁块,

---

① 即拜内克古籍善本图书馆(Beinecke Rare Book and Manuscript Library),位于美国纽黑文耶鲁校园中心的华尔街 121 号休伊特方庭(又名"拜内克广场"),是世界上最大的专门保存珍贵书籍和手稿的建筑。

约翰·萨克鲁斯的绘画作品《与摄政王湾原住民的第一次交流》，1819年。英国海军军官们身着制服来到冰上，艺术家本人拿出一面镜子展示给当地因纽特人，逗他们开心。

那里距离此地有几天的行程。罗斯猜想那是一块陨石，他猜对了。几十年后，在当地向导的帮助下，美国探险家罗伯特·E. 皮里找到了那块"约克角陨石"。1894 年，他设法把它带走，卖给了位于纽约市的美国自然历史博物馆。

约翰·罗斯没有想到这一点，大概还会嘲笑这种做法，但与极地因纽特人的这次史无前例的会面将成为他这次航行中的亮点，而这次会面能够成功，全靠约翰·萨克鲁斯。

1818 年 8 月，他再次起航，走的正是罗伯特·拜洛特和威廉·巴芬两个世纪前开拓的那条逆时针路线。拜洛特和巴芬绘制的格陵兰西海岸地图竟然如此准确，这令他大吃一惊，而他效仿他们也犯了两个航海错误。快到格陵兰西北角时，他们刚刚越过北纬 77°，罗斯就断定浮冰拥塞的史密斯海峡是一个海湾。随后他们向南行经埃尔斯米尔岛①，他又对琼斯海峡做出了同样的判断。这两个错误倒不致命，但下一个错误将最终导致他的海军生涯毁于一旦。

1818 年 9 月 1 日，进入兰开斯特海峡航行了一段距离之后，约翰·罗斯断定那里没有出路。根据他的航海日志，当晨雾散去，他看到了"一条很高的山脊，直入内湾的尽头"。寻找航道看起来希望渺茫，但"由于风向有利，［他］痛下决心要找到它，因此继续扬帆前行"。

风速降了下来，亚历山大号是一条破旧的风帆船，跟在他后面几千米处。他停下来察看水深：674 英寻（1 213 米）。海军部的指令要求他顺着一切洋流行驶，他写道："然而，这里根本没有洋流。"后来，爱德华·帕里提出异议，坚称他在尾随其后的亚历山大号上注意到了一股明显的洋流。罗斯注意到天气多变，他的一名手下登上瞭望台，报告说"他看到了海湾对面的陆地，就在前方很近的地方"。

---

① 埃尔斯米尔岛是加拿大北极群岛中最北的岛，世界第十大岛，面积约 196 235 平方千米，南邻巴芬岛，与东边的格陵兰岛仅隔一条狭窄的内尔斯海峡。

罗斯接着说，尽管到这时大家都已经放弃了找到西北航道的希望，且天地间仍弥漫着大雾，但他还是"决心再坚持一下"，哪怕能找到一个可以观测地磁的海港也好。下午3时，负责瞭望的军官对他说雾散了。他立即来到甲板上，"没过多久，雾散后大概十分钟，我分明看到了陆地，环绕着海湾尽头，构成了连绵的山峦，与向南北两侧延伸的山峦连成一线"。

罗斯判断，这条山脉大约在8里格［约38千米］之外。他还看到"7英里［约11千米］之外有一大块冰从海湾的一侧延伸到另一侧"。3时15分又起了雾，"我现在确信这个方向没有航道，也没有任何海港可以进入"，罗斯掉转船头，向亚历山大号驶去。

但他首先给他发现的那些地点取了名字。他以坏脾气的海军部第一海务大臣约翰·威尔逊·克罗克的名字给那条山脉取名"克罗克山脉"；他们眼前的海湾则以第二海务大臣的名字被命名为巴罗湾。就这样，他带领探险队回国了。这一决定令他手下的大部分军官十分沮丧、困惑和愤怒，当然，爱德华·帕里尤甚。

1818年，进入兰开斯特海峡后，指挥官约翰·罗斯被看上去酷似山脉的海市蜃楼愚弄，掉转船头回国了。这个错误葬送了他的海军生涯。

"克罗克山脉"根本不存在。约翰·罗斯看到的是所谓的海市蜃楼，是由逆温造成的复杂而逼真的幻景。这一现象在北极地区较为常见，但在维多利亚时期的英格兰，谁也没有听说过海市蜃楼。因为没有认出这一幻景的真面目，一座"海岸冰崖"就这样葬送了老水兵的海军生涯。

两艘船上的军官没有一个看见那条山脉。远远尾随在后的亚历山大号上的人看到罗斯向他们打手势让他们返航时大吃一惊。很有科学头脑的帕里发现了一条强劲的洋流，那只能有一个解释。他确信探险队已经发现了西北航道的入口，不久他也说服了其他人相信这个结论。1818 年 11 月 16 日到达伦敦之前，他和同行的军官们就开始表达不满了。在苏格兰北部的设得兰，帕里给家人写了一封信："我们没能航行通过西北航道，这么快就回来了，这本身当然就很能说明问题。但我知道那条航道是存在的，找到它也不难。这只是我的不成形的观点，无论如何，千万不要向外人透露半分。我相信你们也不会这么做，因为我向你们保证，一旦有人守不住这个秘密，我的前途就毁了。"

27 岁的帕里不确定自己是否应该与罗斯作对，那可是皇家海军级别最高的军官之一。但到达伦敦后没过多久，与约翰·巴罗聊过之后没几天，他就在被第一海务大臣找去谈话时道出了对罗斯的质疑。后来他又忍不住给家人写信说："你要知道，我们上次远航期间进入了一条极为壮观的海峡，大约30~36 英里宽，就在巴芬岛西岸，然后——就出来了，天知道为什么！你知道我以前对西北航道存在与否并不乐观，即便它真的存在，我也不大相信它能通航。但我们这次前往兰开斯特海峡的航行……给我留下了全然不同的印象，因为它不仅让我们有理由认为那是一条通往西边某个海域的宽阔航道……而且，更重要的是，它在某些季节应该是可以通航的，因为我们在那里时，根本没有看到冰。"

探险队副指挥官帕里绝不是唯一持此观点的人。皇家陆军炮兵上尉、这次探险的指定天文学家爱德华·萨拜因也支持他，甚至还有约翰·罗斯 18 岁的侄子詹姆斯·克拉克·罗斯，他作为海军军校学生在伊莎贝拉号上服役。1819 年约翰·罗斯以《发现之旅》为标题出版自己的航海日志后，约翰·巴罗写了一篇长达五十页的言辞激烈的批评文章发表在《评论季刊》上，谴责罗斯首先缺乏毅力："探险本来就意味着危险；但像这样绕着巴芬岛海岸转一圈，还是在夏季，这样的航行干脆叫游玩算了。"

巴罗参考帕里的私人日志，抨击罗斯在兰开斯特海峡返航的决策，"那可是成功前景最明朗的一刻"。萨拜因提出了更多的批评，指责罗斯剽窃和歪曲事实。1818 年 12 月，这场争议达到高潮之前，罗斯得到了承诺中的升迁，从中校晋升为上校。但巴罗确定地说他再也无法为皇家海军航行了。

英国海军部得知约翰·萨克鲁斯在他的首次航海中做出了突出贡献。理事会建议派这个因纽特人参加爱德华·帕里上尉率领的下一次北极探险。在伦敦，《便士杂志》在剖析细节时提到，萨克鲁斯"聊起自己的冒险经历时，非常喜欢提到'北方人'"。他一贯善于自嘲，"以令人愉快的幽默感，有些令人感动地……提及自己首次在我国上岸时有多无知。那时他以为自己看到的第一头奶牛是危险的野生动物，赶忙退回船上去拿鱼叉，要保护自己和同伴们免受眼前这头凶猛野兽的袭击"。

萨克鲁斯频繁出入伦敦的客厅，以至于朋友们开始担心"那可怜的家伙可能会变，也可能会交到坏朋友，养成放荡的恶习"。然而他不久就厌倦了大城市，回到爱丁堡的老朋友中间了。

向来以不随便花钱著称的海军部专门向北方拨款，要求萨克鲁斯"得到尽可能开明的教育"。年轻人喜欢这一提议，"以惊人的热情和毅力"投入学习。艺术家亚历山大·内史密斯重新开始教他艺术，并把萨克鲁斯介绍给自己的家人。另一个人教他英语，作为交换，请他传授一些入门级的伊努克提图特语。萨克鲁斯喜欢和人打交道，他的课讲得生动有趣，那些夜晚"既开心又很有收获"。

然而，一天傍晚，他却"在街上受到最可耻的懦夫们的袭击，他用快速简单的动作回击，把他们好几个人都打趴下了……可怜的约翰说，遇事当时他本来长时间采取了极大的克制，然而一旦被袭击，他就被激怒了，开始发力，而他力大无穷"。

1819 年 1 月，萨克鲁斯高兴地得知，海军部希望他陪同爱德华·帕里率领的两艘船组成的探险队再度前往北极。他急切地盼望着进入兰开斯特海峡，然而就在那时，根据《便士杂志》的报道，他毫无征兆地"感染了炎症，病倒了"。爱丁堡最好的医生都来给他诊治，过了几天，他似乎有所恢复。不过"他一开始康复，就一点儿也不喜欢遵守那些清规戒律，医生叮嘱的养生之道更是让他不耐烦"。萨克鲁斯病情复发，1819 年 2 月 14 日星期日晚间，他去世了，年仅 21 或 22 岁。

爱丁堡的许多重要人物都出席了他的葬礼，好几位名人专程从伦敦北上。人们怀念萨克鲁斯的温柔、谦逊和热情，说他对所受的任何善意都感激不尽。据《布莱克伍德杂志》的报道，"去年冬季的一个下雪天，他在距利斯不远的地方遇到了两个孩子，发现他们冷得浑身发抖，他脱下自己的大衣，小心地把他们包裹好，安全地送回家。他不接受任何报酬，似乎根本不觉得自己做了什么了不起的事"。1819 年 5 月，爱德华·帕里再度出发前往北极，没有约翰·萨克鲁斯的陪伴令他万分遗憾。

第七章

爱德华·帕里找到了一条北方航道

　　海军部的决策者约翰·巴罗根本不相信克罗克山脉的存在，遂决定双管齐下，派出不止一支而是两支探险队去寻找西北航道。两支探险队都成为传奇，不过原因大相径庭。较为次要的陆路探险队的指挥官就是约翰·富兰克林（见下一章）。

　　威廉·爱德华·帕里将率领那支较为重要的探险队。最近刚满28岁的帕里刚刚被提拔为海军少校，他得到的命令是直接驶往兰开斯特海峡，就是约翰·罗斯貌似看到了那片有争议的山脉之处。1819年5月初，前一次探险归国后不到六个月，帕里就率领着两艘曾被用作炸弹船的军舰出发了，分别是352吨级的赫克拉号和180吨级的格里帕号，两艘船上分别载着五十七名和三十七名船员。

　　在戴维斯海峡，帕里没有像约翰·罗斯那样走捕鲸路线，即先沿着格陵兰西海岸朝北行驶，然后再转向西，而是选择挑战"中冰"——位于格陵兰和巴芬岛之间那通常无法通过的一连串巨大冰山和致命冰块。捕鲸船都会绕道而行。帕里铤而走险会节省时间，但也意味着要撞穿冰体前行。这一次他

1819 年，威廉·爱德华·帕里率队进行了有史以来最成功的北极航行之一。

很走运。到 7 月底，几次死里逃生之后，他到达了兰开斯特海峡的入口。他对罗斯的驳斥究竟有无道理？"每个人的脸上……都显出压抑的焦虑，"他后来写道，"与此同时，微风慢慢变成了一阵新的强风，我们赶紧驾船西行。"

1819 年 8 月 2 日下午 6 时，注意到一股长浪"从南方和东方滚滚而来"，帕里写道，"有人说看到前方有陆地。听到这一说法，每个人脸上的烦躁和焦虑更加展露无遗"。然而随着船只逐渐靠近，他们"发现那只是一座岛，而且不是很大，另外，在岛的两侧，地平线仍然清楚地显示在几个罗经点之外"。

正前方目力所及之处，是一条 130 千米宽的开放航道。"克罗克山脉"根本不存在。爱德华·帕里的想法得到了证实，他心花怒放，享受着同伴们的欢呼，继续前行。8 月 6 日，他突然发现有一条至少 50 千米宽的开阔水道向南方奔流而去。帕里认为这条水道可能通向一条沿海航道，遂驶入摄政王湾（这是他为之取的名字）前行了大约 200 千米。但随后就遇上了冰，他便掉头回到兰开斯特海峡，又继续西行穿过先前那条开阔水道，从这个内湾往前的地方，他称之为巴罗海峡。

9 月 4 日，顶着恶劣的天气航行了一段时间，又经过一条伸向北方的明显航道即"惠灵顿海峡"后，帕里到达了西经 110°。礼拜日祷告后，他对手下的船员们说，他们已经完成了经度委员会设立的第一个目标，会得到 5 000 英镑的奖金（他作为船长将得到 1 000 英镑，其余的分给船员）。第二天在梅尔维尔岛，两艘船第一次下了锚。大家升起了联合王国国旗。随后那几天，他们在岸上休息，找来烧火用的煤，猎杀了很多鲜嫩美味的雷鸟。

气温下降，白天越来越短，帕里西行的速度也加快了。9 月 17 日，他们在快到西经 113°的地方遇到了无法通过的冰面，此处后来被命名为麦克卢尔海峡。他退回到自己在梅尔维尔岛上发现的一个小海湾里。随着两艘船附近的冰体逐

1819 年，船员们把皇家海军军舰赫克拉号和格里帕号泊进温特港。这幅版画是在帕里手下的弗雷德里克·威廉·比奇上尉的素描的基础上创作的。比奇上尉在这次航行中曾到达一个岛，并用他的父亲、艺术家威廉·比奇的名字将之命名为比奇岛。

渐成形，帕里费了好大的力气才或用绞车索或用绑在固定锚上的绳索把两艘船拖入他称之为温特港的一个安全地点。他写下了自己的兴奋心情，为什么不呢？他的航行已经是史无前例的巨大成功。他为逾 1 600 千米的海岸线绘制了地图，还发现了一条航道——四十年前，詹姆斯·库克船长曾经从西向东航行到达艾西角，从格陵兰岛上开始算起，帕里这条航道一直延伸到距离艾西角大约还有一半路程的地方。

接下来他们就要面对第二个大难题：在北极腹地过冬。这一点帕里倒是做好了充分准备。虽然天寒地冻，终日不见阳光，但他让船员们上文学课和彩排戏剧取乐。31 岁的皇家陆军炮兵上尉、地球物理学家爱德华·萨拜因在离船650 米的地方架设了一个地磁观测台——距离足够远，以防止船上的铁器干扰他的读数。

萨拜因曾经跟随罗斯经历了"克罗克山脉"那次探险，事后回顾，感到十分"憋屈，离开了一个我认为是世界上最有趣的地磁观测地，我的期待值在那里被拉到最高，却没有机会实际测量"。现在，每到不需要观测地磁的时候，萨拜因会编辑一份报纸，里面充斥着笑话和船上发生的恶作剧。

刚满 19 岁的海军军校学生詹姆斯·克拉克·罗斯成了这个皇家北极剧院里最受欢迎的演员，而且颇喜尝试，反串了很多女性角色。6 月初，爱德华·帕里带着十几个人，用两周时间推着装满补给的手推车沿梅尔维尔岛海岸走了一圈，后来又用了六周时间才总算勉强把船拖出冰区。

8 月 1 日，两艘船总算脱险，进入开放海域。帕里再度向西航行。在梅尔维尔岛西南端刚过西经 113°的地方，他顺流来到一堵 13~16 米高的经年冰墙附近。帕里一看就知道那是个不可逾越的障碍，便掉转船头，返航回国。

11 月初，完成了有史以来最成功的北极航行探险之一的爱德华·帕里抵达伦敦，受到英雄凯旋般的欢迎。一夜之间，他成为英格兰最受欢迎的名人。他晋升为海军中校，还收到了他的家乡巴斯为表彰他而授予的城市钥匙。帕里在日志中写道，他相信那条航道的西出口就在白令海峡附近。

　　然而西经 113°的那堵冰墙令他久久难忘。如今帕里怀疑到底有没有人能够途经兰开斯特海峡到达白令海峡。怀疑早期探险家们可能不够仔细和高效，他于是把注意力转向了哈得孙湾。或许有一条航道在到达赫恩和马更些航行的那些地区之前就转而北流了？他认为坎伯兰海峡、罗斯·韦尔卡姆湾①和里帕尔斯贝是"最值得注意的几个地点"。他还说这几个地点中的"一个，或者它们中的每一个，也许有一条可通航的航道进入极海"。

　　帕里希望率领一支探险队进入那些海域，那里"能找到理想航道的概率看上去显然很大"。然而正如他对家人所说，他也意识到"我们的成功要归功于上帝创造的许多很有利的条件的共同作用"。他在日志中写得更深入，缓和了先前的乐观情绪，告诫说应避免"过度沉溺于找到这样一条［西北］航道的希望，其存在与否几乎和两百年前一样充满未知，还有可能根本不存在"。

---

① 罗斯·韦尔卡姆湾是位于哈得孙湾西北端的一条狭长的海峡，它南通哈得孙湾，北端与里帕尔斯贝相接。1613 年，托马斯·巴顿到达这里，称之为"无极"（Ne Ultra）。它的英文名称源于托马斯·罗爵士，他是 1631 年航行北极的探险家卢克·福克斯的朋友，也是那次探险的赞助人。

第八章
耶洛奈夫印第安人救了约翰·富兰克林

库格鲁克图克这个因纽特小村庄从前名叫科珀曼，位于科珀曼河的入海口，河水在那里注入北冰洋。站在城镇边缘的山脊上，可以望见河的对岸，望见1771年7月17日萨缪尔·赫恩在此眺望的那座峭壁。这里是北纬67°8′25″，当年赫恩成为首位到达这一北美洲北岸的探险家。五十年后差点儿就是同一天，1821年7月18日，隶属皇家海军的约翰·富兰克林沿着赫恩的路线到达这一地点，在那个制高点上建起了营地。

在上游距离此地几千米的地方，他与杰出的耶洛奈夫-甸尼人阿凯丘不欢而散，后者曾警告他不要在一年中这么晚的时节航行。阿凯丘是声势威严的人，领导着大约一百九十名族人，自出生起三十五年来一直生活在世界的这个角落。阿凯丘对富兰克林说，如果他现在出发沿海岸向东航行，根本没有可能生还。海军军官听到这样的建议不为所动。他跟阿凯丘和猎人们告别，带着二十个人继续行进，来到这里。他将一字不差地执行皇家海军的命令。

约翰·富兰克林上尉于1819年5月23日离开英格兰，十一天前，爱德华·帕里已经开始了他划时代的航行。富兰克林得到的命令是探索从科珀曼河入海口到东边的哈得孙湾这一段北美大陆的北冰洋海岸，希望他和帕里两人率领的探险队齐头并进，大概能找到西北航道。在《约翰·富兰克林爵士的日记和通信：首次北极陆地探险》中，编辑理查德·C.戴维斯指出，人们对地磁学和移动的磁极越来越感兴趣，这是这次航行的另一个动因。

约翰·富兰克林不听熟知当地情况的耶洛奈夫向导的警告，从科珀曼河口的这一营地出发，沿北冰洋海岸向东进发。探险队的两位艺术家之一乔治·巴克画下了此处风光。

海军部的约翰·巴罗日益明白，在磁北极附近，罗盘读数不足为信，他猜想塞缪尔·赫恩记录的他所到达的纬度大概有误。为了确定该地以东那段海岸线的方位和方向，他希望找到"一名精通天文学和地理学并能熟练使用各类仪器的军官"。

富兰克林展现出一定的资质。他在那年 4 月得到正式任命，一个月后就与五名皇家海军同僚一起出发了。乔治·巴克是加入探险队的两名低阶军官（海军军校学员）之一，在巴克的一本传记中，彼得·斯蒂尔写道，富兰克林笃信宗教，"身材肥胖，健康状况欠佳，又不习惯艰苦锻炼，毫无长途步行、在河里划船或打猎获得食物的经验——他挑选的那些军官也一样"。他还说，当时没有哪一位称职的探险家"会妄想用不到一年的准备时间开启这么长的征程，哪怕在有地图的已知疆界也不可能"。

富兰克林与一些准备前往红河殖民地①的塞尔扣克殖民者一起，乘坐哈得孙湾公司的威尔士亲王号出发，任务是从科珀曼行至哈得孙湾，进行详细的气象和地磁记录。海军部对于组织陆路探险毫无经验，不了解此行会遇到怎样的困难，建议他们从鲁珀特地②的两家毛皮贸易公司那里获得后勤支持。

在伦敦，哈得孙湾公司和西北公司的代表同意尽全力支持富兰克林。然而在北方领土，两家公司的竞争已经升级为你死我活的恶斗。两家公司都指责对方伏击和谋害代理人。在这种剑拔弩张的形势下，合作即使在最好的情况下也很难维系。于是当富兰克林 1819 年 8 月 30 日到达哈得孙湾公司总部约克法克

---

① 红河殖民地（1811—1836），在加拿大阿西尼博因河入海口附近的红河建立的殖民地（在今马尼托巴省境内）。该殖民地是苏格兰慈善家、第五代塞尔扣克伯爵托马斯·道格拉斯获得了哈得孙湾公司赠予的红河和阿西尼博因河河谷附近的 116 000 平方英里（约 300 000 平方千米）土地之后，于 1811—1812 年建立的。

② 鲁珀特地是加拿大北方的大片领地，面积相当于加拿大领土总面积的三分之一。1670—1870 年间，这里是哈得孙湾公司独家的商业地盘，也是毛皮的主要猎取地点，以哈得孙湾公司首任总督鲁珀特命名。

托里时，他发现有三个西北公司的合作伙伴被扣留在那里——这可算不得什么好兆头。

富兰克林从哈得孙湾的约克法克托里向西北方向行进，到达北冰洋边缘的科珀曼河口，行走了 4 090 千米，历时二十三个月。他遭遇了一个又一个障碍。起初，哈得孙湾公司只能匀出一条传统的约克船①和一个人手，致使他不得不把大部分装备留在原地，等待其后转运给他。富兰克林出发前，有人曾去咨询过探险家亚历山大·马更些，他回答说，富兰克林不要指望能在到达后的第一个季节越过伊拉拉克罗斯湖——智者之言。

另一方面，一个新来红河殖民地的殖民者写信推荐富兰克林以熏猪肉作为主要的肉食——愚蠢建议。富兰克林还不太了解包运船户日常食用的轻质干肉主食——肉糜饼，更不知如何猎杀野牛和驯鹿，就带了 700 磅熏猪肉上路，到达之时，那些肉都已经发霉，不能吃了。

这大概是约翰·富兰克林最早的肖像了。它参照的是与富兰克林同年（1786）出生的威廉·德比的一幅油画，在 1930 年 11 月《加拿大地理杂志》上发表的 L. T. 伯沃什的一篇文章中用作插图。

体形肥胖的海军上尉不适合在山区跋涉。根据乔治·巴克的记录，在海斯河的罗宾逊瀑布附近，富兰克林在一段多岩的峭壁上行走，脚踩到苔藓滑了一下，"虽然他努力保持平衡，却还是掉进了河里"。他被冲到下游 90 米外

---

① 约克船（York boat）是哈得孙湾公司使用的一种内陆船，用于沿鲁珀特地的内陆水道运输毛皮和贸易货物。

的深水区，"多次试图上岸无果后，幸运地被碰巧在那附近航行的一条船救了上来"。

富兰克林和他的队员们拖着庞大的辎重和仪器在崎岖小道上翻山越岭，沿同一方向行进的哈得孙湾公司雇员偶尔会提供一些帮助。他们沿着纳尔逊河和萨斯喀彻温河走了 1 130 千米，才于 10 月底到达坎伯兰豪斯。富兰克林把一个能干的水兵遣回了国，因为此人先前分到的任务是与包运船户和四个强壮的苏格兰奥克尼人一起拖运辎重，但他总是拖后腿。

富兰克林在坎伯兰豪斯停留了几个月，那里距离伊拉拉克罗斯湖还有不到 685 千米。随后，1820 年 1 月中旬，富兰克林带着乔治·巴克、仅剩的一名水兵（约翰·赫伯恩）和一些印第安人向导一起，又穿着雪靴向北跋涉了两个月。他向阿萨巴斯卡湖上的奇普怀恩堡走去，希望在那里组织安排下一段行程。3 月 26 日，他总算到达目的地，用时六十七天，走了 1 380 千米。

每天大约行走 21 千米，这样的行进速度一定会招来专业雪靴健行者的嘲笑，后者的行进速度一般是他们的三倍。22 岁的乔治·巴克在写给兄弟的一封信中说，这趟旅行突出表明"富兰克林和我差异极大……他从未曾习惯于任何高强度的运动，此外他的体形笨重，也是缺乏锻炼的结果"。

即便如此，此时俨然已是毛皮贸易之王的乔治·辛普森羞辱富兰克林的话还是夸张了一些："这人一定一日三餐俱全，下午茶肯定是少不了的，他费上吃奶的力气，一天也走不了 8 英里。"截至辛普森写下这段文字时，两人已经交换了几封言辞刻薄的信，富兰克林身为皇家海军军官，满以为毛皮贸易商的首要任务是为他的探险服务，哈得孙湾公司总督当然不服气。

富兰克林离开坎伯兰豪斯后，两位海军军官留在那里负责运送即将到来的辎重。但整个北部地区物资短缺，这意味着他们到达奇普怀恩堡时只剩下十袋腐败的肉糜饼了。一行人划小船向北行驶了十一天，到达了大奴湖上的普罗维登斯堡。

富兰克林在这里见到了西北公司前雇员威拉德·费迪南德·温策尔，他受聘在耶洛奈夫印第安人中间招募向导、猎人和翻译，并护送探险队到达海岸。1820 年 7 月 30 日，也是在这里，富兰克林见到了阿凯丘，翌年 7 月，两人又将在科珀曼河口不欢而散。富兰克林这时写道，众所周知，阿凯丘是个"有见识的精明之人"，他的哥哥凯斯卡拉还曾与马托纳比一同远行。阿凯丘的随从包括四十个以凶残闻名的武士（既有成人，也有男孩）。过去十年间，阿凯丘和他的人在普罗维登斯堡外围打猎时，还曾抢劫过附近的多格里布人和黑尔印第安人，泰然自若地偷走毛皮，掳走他们的女人。

第一次在荒野中见面时，为显示英国人的优越，富兰克林和他的军官们身穿全套制服，佩戴勋章，还在帐篷顶上插了一面丝质的联合王国国旗。阿凯丘不为所动。耶洛奈夫首领由两位副手陪同前来，白色斗篷外面披了条毛毯。他抽着和平烟斗①，灭了来客的一些威风，跟他们说这个季节他们走不了多远。

富兰克林说他希望到达北冰洋沿岸，决意发现能通航的西北航道。他承诺说，如果阿凯丘和耶洛奈夫印第安人能作为向导和猎人陪同他的探险队一同行进，他会送给他们衣服、弹药、烟草和铁制工具，还将帮他们还清欠西北公司的债务。阿凯丘同意了，但警告说由于两个部落是宿敌，他不会进入因纽特人的地盘。

从普罗维登斯堡出发后，阿凯丘重申探险队在这个季节根本无法到达北冰洋沿岸，连尝试也是徒劳。他解释说，他此前不知道富兰克林和他的人"前进速度如此缓慢"。

耶洛奈夫首领带人在前方加紧赶路，在 320 千米以北的温特湖等着富兰克林。巴克说，待他们终于赶上，"队员们已经开始出现叛乱情绪了。他们拒绝继

---

① 和平烟斗，北美印第安人在重要场合或仪式上使用的烟斗，表示和睦，常有华丽装饰。

阿凯丘对探险队"前进速度如此缓慢"很不耐烦。这位耶洛奈夫首领的这幅肖像是艺术家罗伯特·胡德（他在很多方面都要与乔治·巴克争个高下）的作品。

续驮运行李前行，声称这么做是因为补给短缺"。的确，他们的食物远远不足。富兰克林回答说，他承认"条件太差，的确没有让他们得到应有的待遇。但如果再一次发生这样的事情，他会毫不犹豫地'打穿（出头者的）脑袋'，杀鸡儆猴"。

这次训话的效果不错，虽然劳累过度的包运船户后来一再重申时间日益紧迫，他们苦不堪言。在温特湖，就在如今的耶洛奈夫到海岸的中间点附近，富兰克林的队员们建起了恩特普赖斯堡。探险队如今有包括温策尔在内的六个欧洲人、两个梅蒂人翻译和十七个包运船户，还有三位妻子和三个孩子。

那四个苏格兰奥克尼人在斯特罗姆内斯签约时，仔细研读过附加条款，他们在奇普怀恩堡行使条款中约定的选择权，转头回家了。富兰克林写道，他们"仔细考察了我们的目的，权衡利弊，又精心研究我们的路线计划，并更为审慎地揣摩了安全返回的可能性"。

在恩特普赖斯堡，阿凯丘再次警告富兰克林不要在冬季即将来临时前往科珀曼河下游："我一般会在春天去那里，而不是现在，因为肯定有去无回。但如果你决心去送死，我有几个年轻小伙子也可以去［海滨］，省得传出去说，猎人抛弃了你们。"至于继续沿海岸前行，他宣布那是愚蠢行为，无论远近。最后，阿凯丘说服富兰克林先试试到科珀曼河的上游去——那几次艰难的突围证实他所言不虚。

　　回到恩特普赖斯堡，温策尔正在那里督建三座木屋，两位海军军校学员乔治·巴克和罗伯特·胡德为一个他们称之为"绿袜子"的耶洛奈夫姑娘争得面红耳赤。约翰·赫伯恩秘密地取出两人枪里的子弹才阻止了一场决斗。富兰克林认为这是分开两个年轻人的恰当时机。既然猎物紧缺，整个团队又缺乏弹药，他派衣衫褴褛的乔治·巴克穿雪靴跋涉 885 千米，去奇普怀恩堡为大家索取补给。

　　一路上，直率的巴克痛斥毛皮贸易经理们本该把探险队的物资从约克法克托里给他们送过来。他也和乔治·辛普森互换了几封言辞激烈的信件，后者在日记中写道，巴克曾到距离奇普怀恩堡不远的韦德本堡来见他。"从他的话中，我推测，"辛普森写道，"探险队完成目标的可能性极小……在我看来，整个任务的计划和执行没有经过成熟审慎的考量，而且完全忽略了必要的事先安排。"

　　1821 年冬初，两名因纽特翻译从约克法克托里来到恩特普赖斯堡：他们是达丹努克和胡乌图厄洛克，英国人分别叫他们奥古斯塔斯和朱尼厄斯。正是达丹努克后来发挥的重要作用让富兰克林的首次探险不致全军覆没。他出生于 18 世纪末，在丘吉尔堡以北 300 千米外的聚居地长大，这时已经在哈得孙湾公司做了四年翻译。1820 年，刚刚结婚成家的他签署协议，在这次陆路探险中随行。达丹努克是个骄傲的人，据编辑 C. 斯图尔特·休斯敦说，他"要求包运船户服从他、尊敬他，和他们对待军官一样"。

　　带这两名因纽特人前来的"混血"猎人兼翻译皮埃尔·圣日耳曼询问了阿凯丘的几位随从，了解到探险队将在海滨遭遇怎样的危险。富兰克林听说后，威胁要把圣日耳曼带到英国受审。这位包运船户回答道，他不介意在哪儿死，

"是死在英格兰还是陪你们去海边死都可以，反正整个队伍都会死"，这显然是先见之明。

　　1821 年 6 月 14 日，度过了绵绵不尽的漫长寒冬，探险队和若干耶洛奈夫猎人一起向着科珀曼河上游出发了。7 月初之前，他们一直拉着雪橇在一点点融化的冰面上深一脚浅一脚地行走。后来总算可以在耶洛奈夫河上行船了，但浅滩和急流随处可见，需要频繁地转陆路搬运。到 7 月 12 日，由于猎人们运气好的时候不多，探险队剩下的食物只够吃十四天，按照富兰克林后来的说法，"按照一般的配额，每天每人 3 磅肉"。富兰克林的副指挥官约翰·理查森曾在别处提到过，事实上当时毛皮贸易中的标准配额是每天每人 8 磅肉。难怪包运船户纷纷抱怨又饿又累。

　　当大队人马终于可以在科珀曼河上航行时，富兰克林派达丹努克先行。因纽特人非常清楚，探险家塞缪尔·赫恩五十年前曾在血腥瀑布看到很多奇普怀恩-甸尼人屠杀了二十多名因纽特人。他与胡乌图厄洛克做伴，小心翼翼地朝那些激流走去。两位新来者开始与路上见到的人交朋友，但当地人后来看到富兰克林带着很多耶洛奈夫印第安人向这边走来，担心再次发生大屠杀，就消失在附近的郊野中，再也没有出现过。

　　一位名叫泰雷加努乌克的老人没能逃走。他通过达丹努克向富兰克林保证，他们会在东边碰到一些因纽特人——这条建议让那些逃跑者的任何预警都变得毫无意义，大概也正是这条建议让富兰克林决定毫无道理地硬着头皮继续前行。

　　探险队在血腥瀑布扎营，休息了几天，那里处处散落着白花花的骷髅，证明塞缪尔·赫恩日记里记录的都是真实发生的故事。如约翰·理查森所说，"地上仍随处可见人头骨，杂草丛生，似乎一直以来谁也不愿意在这里露营"。乔治·巴克写道："一切再明白不过地证实了曾经发生的那场灾祸，断裂的头骨——以及可怜的受害者的白骨——仍然清晰可见。"他后来还创作了一幅油画，描绘他的亲眼所见。

1821 年 7 月 18 日，科珀曼河入海口，富兰克林在东岸俯瞰河水的峭壁上建起营地。正如塞缪尔·赫恩所述，科罗内申湾位于北边，其间分布着一些圆形小岛。和那位早期航海家一样，约翰·理查森也写到当地有很多海豹，还说："这些岛屿很高，数目不少，在很多罗经点上遮住了地平线。"富兰克林进行过多次观测，纠正了赫恩的纬度记录。这位最先到达这里的探险家标注的纬度太北了。

几天以来，阿凯丘一直警告富兰克林，探险队已经没有足够的食物支撑他们前行了。这里动物很少，寒冬将至，他的猎人们不打算再往前走。他有好几名随从已经逃走了。沿海岸线前行就等于送死。这不是他第一次发出警告，却是他第一次和手下一起努力拯救探险队，他敦促富兰克林撤回恩特普赖斯堡。

然而，虽然阿凯丘及其随从三番五次警告，队中最有经验的包运船户皮埃尔·圣日耳曼和让·巴蒂斯特·亚当也屡屡发出忠告，约翰·富兰克林还是做出了导致半数以上探险队员丧命的决定。他油盐不进，坚持一字不落地执行远在伦敦的上级给他写下的原始指令。由他带队东行的二十个人里，有十一个沿途丧命。但最说明问题的统计数字是：五名皇家海军官员中有四名得以幸存，而十五名包运船户和翻译中却只有五人侥幸生还。

重复一遍：跟随富兰克林从科珀曼河入海口继续航行的二十个人里，死了十个包运船户和一个英国人。当年得知这一死亡率差异时，英国公众称颂皇家海军坚韧不拔、足智多谋。后来，加拿大分析家们提供了一种不同的解读，指出富兰克林偏袒他的英国同胞，让他们保存体力，却驱使包运船户去承担一切累人的重体力劳动。

回到 1821 年的现场，约翰·富兰克林视阿凯丘的担心为无稽之谈。他根本不在乎那老兄说什么。作为英国海军军官，他要执行军方的命令。他的职业生涯取决于此。在他看来，那些包运船户缺乏英国人的毅力、勇气和基督教信仰。探险队一定还会遇到乐于出手相助的因纽特猎人。他富兰克林是一名英国海军军官，在危急时刻，上帝会赐予他力量。

约翰·富兰克林的狂妄与其说是个性所致，不如说是文化的产物。C. 斯图尔特·休斯敦认为，"巴克的日记可以帮助我们更好地了解富兰克林的刻板和固执，他是古老的英国式'孤注一掷'风格的产物，因此才会强迫下属不顾性命地完成任务"。同为加拿大学者的理查德·C. 戴维斯编辑了富兰克林日记，他指出这位海军上尉"有着他背后那种支配文化所固有的动机无害的狭窄视野，一旦发现自己的文化要仰仗他人，他就无能为力了"。

戴维斯写道，大英帝国的种族优越感和傲慢态度"使得富兰克林根本不可能对耶洛奈夫印第安人和加拿大包运船户的传统智慧有任何尊重，哪怕探险队的成功必须仰仗他们的帮助"。如今我们觉得冷漠麻木、高傲自大、盛气凌人的这一切，"在那些沐浴着 19 世纪启蒙之光辉的人们看来，恰恰代表着文明"。

探险队逐渐迫近的惨败部分归咎于海军部缺乏准备（陆路探险的难度究竟有多大?），部分归咎于逐步升级的毛皮贸易竞争导致的补给短缺。然而正如戴维斯所说，"如果富兰克林没有那么严重的时代病，（那次探险的）结局本来远不至于那般悲惨"。

海军军官富兰克林对阿凯丘说，他无论如何都要沿海岸向东行进。他准备走到里帕尔斯贝，有可能的话，甚至会前往哈得孙湾。耶洛奈夫首领说他怀疑自己此生可能再也见不到富兰克林了，但他同意把部分补给保存在恩特普赖斯堡，以防万一。经验丰富的毛皮贸易商温策尔已经履行完自己的合同，当然一走了之，和最后几名耶洛奈夫猎人一起返回南方了。为缩减探险队的规模，富兰克林解散了四名跟着他的包运船户。

梅蒂人翻译皮埃尔·圣日耳曼和让·巴蒂斯特·亚当也想走，他们不无道理地担心自己会饿死，因为整个团队只有够吃大概三周的食物和一千丸弹药了。圣日耳曼写道，既然耶洛奈夫印第安人已经离开，也就不再需要他们提供翻译服务了。但富兰克林拒绝放走这两个人。在即将和他一起前行的十九人中，他们两个是最好的猎人。他们必须履行合同。他派人监视着他们，因此最后一批耶洛奈夫印第安人离开时，他们没能跟着溜走。

其他包运船户也不愿意继续前行。在从恩特普赖斯堡出发的陆路运输过程中，他们常常要扛着180磅的行李走在半融化的湖面上，腿脚肿胀。另一方面，正如富兰克林后来所说，皇家海军军官们只需扛运"他们自己的东西，完全是他们力所能及"。

包运船户再度抱团抱怨饥饿难耐、四肢肿胀、疲惫不堪。他们警告说，他们拖到北冰洋沿岸这儿的两条桦树皮划子本是为河运设计的，不适合应对沿海岸航行可能遭遇的激流和浮冰。富兰克林后来写道："他们听说要乘坐桦树皮划子在冰海上航行，十分害怕。"其后，事实证明，他们的恐惧是有理有据的。

1821年7月21日，到达科珀曼河口三天之后，富兰克林带着十九个人乘坐两条桦树皮划子向东出发。他和队员们撑船绕过浮冰，时不时被强风挤上岸，历尽艰辛沿着北美大陆北岸行驶了885千米。他们绘制了科罗内申湾、巴瑟斯特因莱特和肯特半岛的地图。富兰克林想知道继续向东行驶还能看到什么。

然而到8月15日，经过几周的艰难行进，两条小划子都已千疮百孔，补给即将耗尽，又有几名因纽特猎人趁他们不注意逃走了，富兰克林终于意识到他再也无法继续了。乔治·巴克列举了六个返航的理由："缺乏食物——小划子情况堪忧——航行季节接近尾声——不可能顺利［到达］哈得孙湾——必须在荒地上长途跋涉，以及……不满之声四起。"

富兰克林在肯特半岛的一座小山顶上插了一面联合王国国旗。他将这个地方命名为特纳盖恩角（Point Turnagain，意为"折返角"）。由于总希望上帝相助，让他等来几个因纽特猎人，在据说已做出决定之后他又耽搁了五天才下令撤回恩特普赖斯堡。他们没有沿巴瑟斯特因莱特海岸线原路返回，而是直接穿过开放水域，想抄近道节省时间。汹涌的海水几乎淹没了小舟。到达遥远的对岸后，富兰克林和队员们没有划船西行进入科珀曼河口，而是开始溯胡德河而上。那看起来是一条捷径，其实不然。

包运船户每人扛着 90 磅行李蹒跚而行，其中包括弹药、短柄小斧、冰凿、天文学仪器、烧水壶、皮划子和《圣经》，而军官们的负载却很少。9 月 4 日，他们吃光了最后的肉糜饼，而此地距离恩特普赖斯堡少说还有 600 千米。偶尔能射杀一只山鹑，还有少量的麝牛肉可供大家分享。他们到处寻找被狼弄死的驯鹿，还从岩石上剥下苦涩的苔藓艰难下咽，那就是所谓的岩石肚①，容易让他们拉肚子。冬天已经如约到来，随之而来的暴风雪迫使他们只能躲在帐篷里，无法继续赶路。

"没有岩石肚了，"富兰克林后来写道，"我们只能喝些沼泽茶，吃自己的鞋子当晚餐。"这些鞋子都是莫卡辛软皮鞋，他们可以从中汲取一点营养。饥饿难耐。有一次，富兰克林突然站起身就晕倒了。包运船户、翻译皮埃尔·圣日耳曼给了每个海军军官一小块从他自己的配额里省下的肉。这一"自我牺牲的善意"之举，富兰克林后来写道，"令我们热泪盈眶，完全没有想到一个加拿大包运船户会如此高尚"。遗憾的是，根据更可信的约翰·理查森日记，富兰克林在记述中把这一伟大举动错夸到了别人的头上。

路途愈发危险。在湿滑的岩石上攀爬时，那些身负重物的人常常会摔下去。他们精疲力竭，体温过低。乔治·巴克写道："我们几乎每一步都要绊倒，样子极其愚蠢。"接着一条小舟翻了，富兰克林掉入湍急的河水中。他弄丢了一个装有他的日志和气象观测记录的盒子，致使他后来不得不依赖理查森和巴克的记录，在写总结报告时霸占了两人的文字。

果不其然，包运船户又开始造反了。据唯一一位会说法语的英国人巴克的

---

① 岩石肚（tripe de roche）是生长在岩石上的脐带菌属各种地衣的统称。它们遍布北美北部，例如新英格兰地区和落基山脉，经过适当烹制后可以食用，在极端的情况下可用作饥荒食品。

记录，"加拿大人严肃地讨论眼下的饥荒，情绪极其低落——并非没有来由，因为白天我们既看不到鹿的足迹，也看不到印第安人的脚印"。由于身体虚弱，他们再也扛不动沉重的行李了。他们抛弃了渔网，拒绝分享自己秘密猎杀的山鹑。后来其中一人还抛下了仅剩的一条小船，任由它在岩石上撞得粉碎，那是个愚蠢之举。

富兰克林宣称他听到这一消息时，心中的愤怒无以言表。胡德河注入科珀曼河，穿过那里必须乘船。约翰·理查森自告奋勇游到对岸去，给后面的大部队牵一条渡河的绳索，但河水太凉，他的双臂很快就冻得像铅，包运船户们不得不把他拽回岸上。最后，尽管可用物资匮乏，圣日耳曼还是想尽办法现造了一条临时的筏子，让他们得以一个一个划到对岸去。在这个富兰克林命名为"障碍激流"的地方，这一番操作又浪费了八天时间。

理查森割破了一只脚，只能跛足前行。原本肥胖的富兰克林已经"瘦得皮包骨头"。海军军校学员罗伯特·胡德是海军中身体最弱的一个，此时只能靠双手和双膝在雪堆里爬行。糟糕的情况已经持续了一段时间，现在他们开始陷入绝望。胡乌图厄洛克出去打猎时消失了，达丹努克前去寻找他未果。富兰克林派乔治·巴克和四名包运船户先行一步去寻求帮助。或许他们能在恩特普赖斯堡找到食物，再让谁带着食物回来救他们。

罗伯特·胡德走不动了。他恳求单独留下。理查森和赫伯恩坚持要留下来照顾他。富兰克林留下两个苏格兰人陪伴胡德，自己

在撤回恩特普赖斯堡的绝望归途中，胡乌图厄洛克（朱尼厄斯）出去打猎，但再也没有回来。这幅肖像为罗伯特·胡德所绘。

和九名包运船户一起继续赶路。但第二天，其中四人，包括体格健壮的易洛魁人米歇尔，也央告说走不动了。富兰克林让他们回去找那三名英国水手，自己与五名包运船户一起顶着大风和落雪前行。最后，经过五天60千米的跋涉，他们几个终于跌跌撞撞地进入恩特普赖斯堡时，那里居然是空的。承诺的补给呢？富兰克林后来写道："我们走进这惨不忍睹的据点时，发现自己被遗忘了，很难描述那种难过的心情。每个人都哭了。"

乔治·巴克留下了一张纸条。他带着四个人去找阿凯丘寻求帮助，后者曾说他会在恩特普赖斯堡以南的一个营地里过冬。富兰克林和他的同志们当下就确信自己再也没有行动的力气，气温几乎降到零下30摄氏度，他们只能挤成一团取暖，用椅子和地板条生起微弱的火，扯下鹿皮窗帘放进嘴里以获取一点养分。他们知道，自己马上就要饿死了。

难以置信的是，如此苦熬十八天后，他们听到了脚步声和说话声。阿凯丘？救援人员到了吗？不是。约翰·理查森和约翰·赫伯恩蹒跚着进了屋。他们是病弱团队中仅剩的两名幸存者。他们讲了一个恐怖的故事。易洛魁包运船户米歇尔独自一人回来找他们，说同伴们都在路上饿死了。他给胡德、理查森和赫伯恩分了肉，说他射死了一只野兔和一只山鹑。赫伯恩狼吞虎咽地吃下那些味道古怪的肉，他说："要是我知道这个人不会像其他人一样撒谎，我该有多爱他啊！"

米歇尔的行为变得古怪起来。去打猎时，除了平日带的刀之外，他还会带上一把短柄小斧————理查森觉得，他仿佛要去砍下什么"他知道已经冻住的东西"。猎人带回几片肉，说是用驯鹿角杀死了一头狼。理查森开始怀疑米歇尔是把他死去的一个或几个同伴的肉剁了下来。米歇尔半是自言自语地嘟囔着白人如何谋杀并吃掉了他的三位亲戚。他一直属于包运船户里最强壮的一批，如今看上去更壮了。当理查森敦促他去打猎时，他回答道："打猎有什么用，现在根本没有动物。你还是把我杀了吃掉吧。"

第二天早晨，理查森和赫伯恩正要外出寻找引火物，这时听到帐篷里有动静：米歇尔和罗伯特·胡德争执起来了。随后就听到一声枪响。他们赶回帐篷，看到胡德倒地而亡，一本书落在他脚边：《比克斯特圣经导读》。米歇尔说，胡德擦枪的时候不小心走火了。但身为医生的理查森检查尸体后"发现子弹是从后脑勺射入，穿前额而出，枪口距离之近，把死者脑后的睡帽都烧焦了"。

理查森指控包运船户杀死了胡德。米歇尔坚决否认。但他随后便不再离开帐篷，根本不让两个苏格兰人有机会单独在一起。理查森举行了一个简短的葬礼，10 月 23 日一行三人开始向恩特普赖斯堡出发。当米歇尔离开营地，貌似去寻找岩石肚，事实上很有可能是去备枪时，两个苏格兰人赶紧商量对策。如果正面对峙，他们恐怕不是米歇尔的对手，他有一支来复枪、两把手枪、一把刺刀和一把猎刀。赫伯恩主动要求执行必要之事，理查森说不，他来承担责任。他蹲下来躲在灌木丛后。米歇尔并没有带回什么岩石肚，只带了一把上膛的枪，理查森冲出来，对着他的头部开了枪。

两个苏格兰人步履蹒跚地来到恩特普赖斯堡，10 月 29 日他们在那里和一群忍饥挨饿、对天祈祷的同伴会合。理查森写道，他无法用语言"客观地描述那个住处有多破败"。为取柴烧火，房子已经被拆得七零八落，窗户开着，只剩下几块松动的挡板，冷风呼啸而入。只有一个人还有力气去取柴火。另一个人躺在地板上一动不动。理查森写道："他们空洞而阴沉的声音让我们觉得无比恐怖，几乎跟他们看到我们憔悴枯槁的样子一个效果。我不止一次地忍不住请求他们说话时语气假装轻快一点儿。"

他和赫伯恩到达后不久，就有两个包运船户饿死了。活着的人几乎没有力气把他们的尸体拖到屋里远一点的地方。一个人抽泣着倒下，难以自持，富兰克林对着他念了一段《圣经》。后来他自己也拿不动《圣经》了，他和理查森反复背诵着记忆中《诗篇 23》里的诗句："耶和华是我的牧者，我必不至缺乏。他使我躺卧在青草地上……"

后来，富兰克林写道，他注意到人们不仅身体孱弱，智力也逐渐退化。"我们每个人都觉得其他人头脑不如自己，更需要建议和帮助。一个人建议另一个人换个更暖和、更舒服的地方，结果遭到另一个人的拒绝，因为怕动弹。就这种鸡毛蒜皮的事儿，还频频引发口角……"

富兰克林到达恩特普赖斯堡的日期是 10 月 11 日。到 11 月，他和同伴们只能靠啃食一堆废弃的睡袍和被当作垃圾扔在那里的动物骨头维生。但随后，11 月 7 日，三个耶洛奈夫印第安人带着鹿肉和鹿舌来了。他们用两天半时间行走了 90 千米。乔治·巴克绝望地四处寻找，终于找到了冬季营地。阿凯丘派他手下两位最好的猎人带着补给前来救助。此刻，两位耶洛奈夫硬汉也被恩特普赖斯堡的场景惊呆了。理查森记录道，他们"看到我们已经冻饿成如此惨象，都落下泪来"。

耶洛奈夫印第安人着手照料富兰克林和他的同伴们。理查森写道："看这两个善良的人轻松地劈下仓库的圆木，把它们带进来生火，我们无比惊叹……我们已经很难动用自己残存的理性，从头脑中抹去他们拥有超自然神力这样的想法了。"

待幸存者们的身体有所好转，他们穿上雪靴，开始慢慢向阿凯丘的营地行进。富兰克林写道："我们怀着无以名状的心情离开了恩特普赖斯堡。"当初一起沿海岸前行的二十人中只有九人还活着，其中就包括富兰克林。每走到积雪很深的地方，耶洛奈夫猎人们就把自己的雪靴借给伤残病号穿。理查森写道，他得到了"最温柔"的对待，还说耶洛奈夫印第安人"备好营房，给我们做饭，还喂我们吃，好像我们是小孩子；表现出了能为最文明的民族带来荣耀和光芒的……人道主义情怀"。

在耶洛奈夫印第安人的冬季营地，威严的阿凯丘坚持要亲手为幸存者们做一顿饭——这对一个武士领袖来说，实在非同寻常。他无法在恩特普赖斯堡储存食物是因为他自己的人也在挨饿。他有三个最棒的猎人——都是他的近亲——在马滕湖里划船前行时翻船淹死了。他们的家人悲伤过度，扔掉了他们的衣服，还砸毁了他们的枪。因此，剩下的人射杀的野兽比预期的更少了。这使得当时的食物短缺进一步恶化。

即便如此，当阿凯丘听说富兰克林无法按照承诺回报他时，他还是很慷慨地没有介意。他接下来说的话常被引用："世道太艰难。谁都穷。你也穷。商人们看起来也很穷。我和我的人也一样，既然物资没来，我们就没法拥有它们。我不后悔为你们提供食宿，一个耶洛奈夫印第安人绝不会允许白人在他的土地上受苦而坐视不管。"

阿凯丘送探险队南行，教他们如何治疗冻疮，特别是对皮肤白皙的富兰克林，说只要脸上出现警示性的白斑，就要用力揉搓。告别耶洛奈夫印第安人时，理查森写道："不得不以乞丐般的模样离开如此慷慨而人道的那群人，这让我们深感羞耻。"

富兰克林于 1822 年 10 月到达英格兰时，英国公众已经听说他在北极的艰险遭遇。海军部晋升他为上校舰长。这个被公众赞许地称为"以自己的靴子为食的人"也成为声望极高的皇家学会①的会员。当他大大依赖约翰·理查森的日记出版那部《极海远征记》时，眼光敏锐的读者说那本书很乏味，但这并不妨碍它甫一面世就成为畅销书。

死去的十一个人里，只有一个是英国人，其余十人是"混血"印第安人或者加拿大法裔包运船户。富兰克林的同胞们认为，这证明了他们自己的道德和

---

① "伦敦王家自然知识促进学会的会长、理事会及同侪们"（the President, Council, and Fellows of the Royal Society of London for Improving Natural Knowledge），简称"王家学会"（Royal Society），但多译作"皇家学会"，是英国资助科学发展的组织，成立于1660 年，并于 1662 年、1663 年、1669 年获得皇家的各种特许状，是世界上历史最长且从未中断过的科学学会，其宗旨是促进自然科学的发展，在英国起着国家科学院的作用。英国君主是该学会的保护人。

体格优势——他们能够直面逆境,克服困难。富兰克林本人遂成为大英帝国文化至高无上的象征。

远在伦敦之外,有经验的观察家对此有不同看法。他们开始提出一种反叙事。包运船户之所以大批死亡,是因为被不公平的劳动分配拖累。是他们拖拽和修理小船,是他们外出打猎,是他们扛着重90到180磅的行李跋涉千里。他们承担了那么多重体力劳动,却没有分到足够的食物。无怪乎他们体弱。无怪乎他们会死。

第九章
达丹努克阻止了又一场灾祸

多亏阿凯丘的帮助，约翰·富兰克林在第一次陆路探险中侥幸生还，而他的第二次陆路探险有惊无险，全靠来自哈得孙湾北部流域的一位被遗忘的因纽特人。如前所述，在第一次探险中，富兰克林有超过半数的队员冻死或饿死。在众人急切地赶回恩特普赖斯堡的路上，达丹努克在艰难跋涉的大队人马前面奋力前行，同时还在寻找他的朋友胡乌图厄洛克，但他迷路了。当他最终跌跌撞撞地走进恩特普赖斯堡时，富兰克林高兴极了，他写道："他居然在自己从未走过的这片土地上……找到了路，当然是拥有智慧头脑的绝好证明。"

后来，达丹努克回到丘吉尔堡，继续为哈得孙湾公司工作，随后又跟随传教士约翰·韦斯特皈依了基督教——在《加拿大传记辞典》中，苏珊·罗利精练地总结了这一段。1824 年春，达丹努克和另一位朋友欧里格巴克一起，同意加入富兰克林的第二次探险。

回到英格兰，约翰·富兰克林看到他厄运连连的第一次探险居然被同胞们视为巨大的成功，便开始准备第二次陆路探险。有人说英国海军军官们无法吸取教训，他要用这次探险证明他们大错特错。到家后不久，他就和副手约翰·理查森一起着手规划起来。

正如加拿大学者理查德·戴维斯所说，富兰克林第一次探险成功，仰仗的是队员的种族多样性：当地的耶洛奈夫印第安人、法裔加拿大和梅蒂包运船户、苏格兰毛皮贸易商、因纽特翻译。这些人全都不习惯海军的等级制度，也不习惯盲目服从命令。这第二次探险，他打算主要倚仗那些绝对不会质疑他的指令的人。他要提前把这些皇家海军的水兵派出去。

这一次，富兰克林计划为科珀曼河以西的北美洲海岸线绘制地图。他和约翰·理查森将横跨大陆，然后顺马更些河航行到海岸。理查森将从那里向东前往科珀曼，而他本人将向西行至艾西角，即詹姆斯·库克上校 1778 年从太平洋航行到达之处。

这次探险将有助于驳斥俄罗斯在北冰洋的扩张性领土声明。在写给海军部的详细计划书中，富兰克林还列出了这次探险的科学目标。他密切关注迈克尔·法拉第①等人的最新研究，打算在路上观测地磁，找到磁北极，并协助查明北极光到底是不是一种电磁现象。

海军部同意了。1825 年 2 月 16 日，约翰·富兰克林和理查森一起从利物浦乘船出发前往纽约。两人将从那里搭乘四轮大马车穿过奥尔巴尼和罗切斯特，继而横渡尼亚加拉河到达昆士顿高地。富兰克林望着高耸的艾萨克·布洛克爵士②纪念碑感叹不已，后者于 1812 年战死于此，和布洛克爵士一样，他也参加过 1801 年的哥本哈根战役。

---

① 迈克尔·法拉第（Michael Faraday, 1791—1867），英国物理学家，在电磁学及电化学领域做出了许多重要贡献，包括电磁感应、抗磁性和电解。
② 艾萨克·布洛克爵士（Sir Isaac Brock, 1769—1812），英国陆军少将，1812 年战争初期，他曾在上加拿大地区击退美军的进攻，1812 年 10 月在昆士顿高地的战斗中，他在几近获胜的战况下遭到美军狙击手射杀。

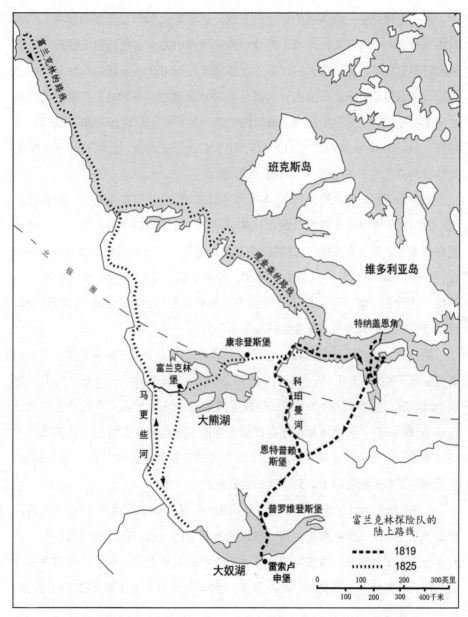

富兰克林陆地探险的开始日期通常以他们 1819 年和 1825 年从英格兰出发的日期为准。

富兰克林驾驶一艘纵帆船到达约克镇，这里是大都市多伦多的前身，但那时还只是个一千六百人的小城，对他丝毫没有吸引力。指定的包运船户还没有从蒙特利尔赶来，等了几天后，富兰克林继续北行 150 千米到达乔治亚湾的佩内坦吉申，那是为保护英国在五大湖区的利益而建的海军基地。专家们已经在这里准备好了毛皮贸易中使用的最大的划艇，名为"蒙特利尔划艇"或曰"大划艇"（*canots de maître*）。它们大约有 11 米长，近 2 米宽，能够拖运 3 吨重的货物（约等于六十五个重 90 磅的普通行囊）。

来自蒙特利尔的包运船户于 1825 年 4 月 22 日赶上了富兰克林。他们递给他一封信，信中说他天资出众的年轻妻子——闺名埃莉诺·博尔登——在他从利物浦出发后没几天就死于肺结核。"虽说我对这一悲痛的消息多少有些心理准备，"他后来写道，但"还是心存侥幸，希望她的生命能延续到我返航回国"，悲伤"让我无力继续"组织第二天的出发事宜。富兰克林不愿耽误探险行程，就让巴克和理查森两人去做最后的准备工作。

第二天，探险队出发西行。这时队中共有三十三个人：四名英国军官、四名皇家海军陆战队士兵、一位博物学家和二十四名包运船户。一行人于 5 月 10 日到达威廉堡，在那里把两条大划艇换成了四条较小的（25 英尺①长）北方划艇（*canots du nord*）。富兰克林和理查森留下乔治·巴克负责带领三条负荷沉重的划艇跟上，两人轻装上阵了。他们沿着古老的毛皮贸易路线，穿过温尼伯湖，然后溯萨斯喀彻温河而上，到达坎伯兰豪斯。

6 月中旬到达时，他们得知前一年派出的一支先遣队经由哈得孙湾来到这里过了一冬，十三天前刚走，其中包括船夫和木匠，他们有三条结实的船，还有来自丘吉尔堡的两个因纽特翻译达丹努克和欧里格巴克。富兰克林和理查森赶紧溯丘吉尔河（又称英格兰河）而上，于 6 月 29 日赶上了那支缓慢前行的先

————————————

① 1 英尺约 0.305 米。

遣队。穿过长 19 千米的两河间陆地梅塞尔波蒂奇后，两位军官又向北推进，到达阿萨巴斯卡湖上的奇普怀恩堡。

富兰克林派理查森从这里先行出发去大奴湖，该湖位于如今的西北地区。7 月 23 日，乔治·巴克带着三条划艇到了。至此，他们已经横穿大半个北美大陆，较重的行李拖运也已完成，富兰克林就地解散了部分成员。他到雷索卢申堡与理查森会合，在那里遇见了他上一次探险的两位向导，阿凯丘的兄弟凯斯卡拉和哈姆匹。他们证实了传闻：在富兰克林第一次探险期间参与救助他的许多耶洛奈夫猎人，后来都被一群多格里布人杀死了。

探险队顺马更些河而下，朝北行驶 550 千米后，到达了辛普森堡。富兰克林在这里遇见了两位包运船户兼向导，派他们来的是受命协助他的哈得孙湾公司官员彼得·沃伦·迪斯。8 月 5 日，一行人继续北行到达诺曼堡，在那里兵分三路。乔治·巴克往大熊湖方向，去迪斯正在督建的富兰克林堡。理查森紧随其后，但他将在到达那里以后继续前行，去大熊湖附近搜寻可供他们在考察结束后从科珀曼河返航的路线。

富兰克林继续向北去往马更些河下游。因为达丹努克（富兰克林叫他"奥古斯塔斯"）的英文讲得比欧里格巴克好，富兰克林便带他同行。这是他们首次尝试沿马更些河下行，其间探险队惊动了一群甸尼人，后者一见他们就立即拿起武器。达丹努克让他们冷静下来，据富兰克林说，他很快就成为"众人的焦点"。甸尼人最近刚刚与本地的因纽特人讲和，见到一个来自遥远的哈得孙湾沿岸的因纽特人，非常兴奋。富兰克林和低阶军官爱德华·肯德尔身穿军装为他们分发小礼物，但达丹努克始终是人群中最耀眼的明星。

"他们全都欢天喜地地拥抱他，围着他玩乐嬉闹，"富兰克林写道，"并一再说见到他有多开心。我向来对奥古斯塔斯很有好感，这次看到他在这么多人的喝彩和喜爱之中也能表现得如此得体和谦逊，更觉得他十分令人敬重。他一边和善亲切地招呼他们每个人，一边继续执行自己的做饭任务，他一路上都在为肯德尔先生和我做饭。他坐下吃早餐时，还把自己的饭菜分给他们每个人一小份。"

富兰克林再一次写道："我们忍不住赞叹这位出色的小伙伴在如此不同寻常的大量关注下还能保持这样的风度。他谦虚和善地……应对每一阵喝彩声，却仍然没有让他们〔匋尼人〕打扰他为我们做早餐，他一直很喜欢这个任务。"

继续北行，他们看到很多因纽特人的居住痕迹，却没有看到人。8月17日，他们终于驶出马更些河三角洲，进入咸水水域，即如今的波弗特海。富兰克林将此地的一个小岛命名为加里岛，在那里堆起一个小小的堆石标，把迄今为止的探险日志埋在那里。他还插了一面丝质的联合王国国旗，那是他已故的妻子亲手绣的。后来他写道："我不打算描述看着它迎风飘扬时内心奔涌的情感。无论那些情感多么自然，在那一刻多么难以抑制，我觉得我都有义务保持克制，我没有权利纵容自己的伤痛给同伴们欢快的面容蒙上阴影。"

富兰克林随后掉转船头，向马更些河上游驶去，船员们牵引着船只逆流而上。一行人于9月5日傍晚到达冬营地。过去几个月，前毛皮贸易商彼得·沃伦·迪斯一直在督建富兰克林堡，大熊湖昔日的毛皮贸易站点上建起了好几座房子。

总督乔治·辛普森曾于1832年在他著名的《征信录》中如此评价迪斯："工作稳重踏实，是很好的印第安贸易商，能流利使用好几种语言，行为得体，品行端正。身体强壮、精力旺盛，能完成大量繁重任务，但心性较为懒散，缺乏出人头地的雄心……他处事明断，为人比大多数同事都要亲切随和，虽不打算成为最出色的人物，却可被视为极可信赖的团队成员。"

大约五十人住在那里过冬，其中包括迪斯、四名海军军官、十九名英国水手、九名包运船户、两名因纽特人，还有另一位翻译、四个猎人、十个女人和几个孩子。其后几个月里，军官们教授课程，进行气象和磁极观测。木匠们造了第四条船，男人们打猎、钓鱼、拉柴火。许多海员都是苏格兰高地人，其中有一位风笛手名叫乔治·威尔逊，他的音乐天赋使他很受欢迎。男人们也会玩曲棍球、跳舞，偶尔观看乔治·巴克上演的皮影戏。

6月22日，经过充分的准备，除迪斯之外，男人们全部整装上船，迪斯欣然留下来维护富兰克林堡。一行人沿着马更些河来到海岸，1826年7月4日，富兰克林在塞珀雷申角（意为"分别角"）给探险队分工。理查森和肯德尔带领翻译欧里格巴克和其他九人乘坐海豚号和联盟号这两条船向东行驶。他们有二十六袋肉糜饼和足够维持八十天的食物。他们将行驶到科珀曼河入海口，然后沿河而上，回到富兰克林堡。

富兰克林和乔治·巴克将带着包括达丹努克在内的十四人沿北冰洋海岸向西行驶。他们希望能到达詹姆斯·库克定位的艾西角，如有可能，将在那里与弗雷德里克·比奇指挥的从太平洋驶来的海军舰艇会合。如果成功，他们将乘坐那条船回国；如果不行，就原路返航。三天来，富兰克林和队员们一直在迷宫一般的海岛中穿行，苦苦寻找一条向西的航道。

其后，就在马更些河入海口，发生了这次探险最大的危机。1826年7月7日午后，富兰克林带着十五人乘坐两条结实的船雄狮号和信赖号偶然发现了一条向西的航道。他正准备沿海岸前行，一名队员发现4千米外的一个岛上有"很多爱斯基摩人的帐篷"。水手们拿出各式各样的礼物，把其他东西都藏了起来。

他们缓慢地扬帆前行。距离那些帐篷大约2千米处，水变得太浅，他们不得不停下来。来客们朝因纽特人挥手，让他们过来。三条划艇从岛上出发，后面跟着七条，而后又来了一支十条划艇组成的船队。然后又是一支，接着还有一支，很快，富兰克林就被七十八条划艇上的二百五十个西格里特因纽特人包围了。

第一条划艇上的男人们年纪较大，显然是首领，他们与富兰克林保持着距离，直到达丹努克设法向他们保证，如富兰克林所写的，"我们没有恶意"。他解释说来客们正在"寻找行船的航道"——西北航道——此举将惠及本地人。

西格里特因纽特人（后来，他们在该地区的地位被因纽维吕雅特人取代）听到这话很高兴。此时正值低潮期，可他们还是向浅水区围拢过来。富兰克林命令己方的两条船朝海中间行驶，以防相撞，但两条船都在中途搁浅了。好几个因纽特人试图帮忙，但"很不走运，我们的船桨弄翻了一条划艇"。

这显然是一条皮划艇，因为那个因纽特人"被困在座位上，头沉在水下"。富兰克林让人把他拉上船。达丹努克把自己的长大衣脱下来让那人暖和一下。看到这样的友好行为，其他因纽特人也纷纷试图上船。两位首领说，如果他们获准上船，他们会让其他人保持距离。富兰克林同意了。

副指挥官乔治·巴克总算让第二条船信赖号浮了起来。他在附近等待着。但此时，许多因纽特人走在"未及膝的水中……企图登上我们的船"。他们开始动手把两条船拖上岸，脸上仍然带着微笑，把手里的猎刀和箭矢扔进信赖号，表达他们的友善动机。然而，第一条船刚一靠岸，就有四十个人持刀围拢过来。他们开始劫持信赖号，虽然敌我人数悬殊，但巴克和他的手下还是寸步不让。

与此同时，另一些因纽特人把雄狮号拽上了岸，船上的两位首领分别站在富兰克林的两侧，抓住他的双腕，"让我坐在他们中间"。富兰克林三次试图挣脱，但"他们太强壮，每次都把我按回去，如果我早点反应过来应该开枪，自然不会弄到这般田地"。

达丹努克"在这次考验中表现得非常积极"，富兰克林写道，他跳入水中，"冲到岸上的［因纽特人］中间，竭力阻止他们的行动，最后嗓子都喊哑了"。乔治·巴克把信赖号开出浅水区，命令船员们"端枪"。这一举动"吓得爱斯基摩人一下子窜到划艇后面躲了起来"。

富兰克林总算让雄狮号漂浮起来。两条船都回到了深水区，但没过多久就再次搁浅。一支八人小队走上前来，邀请达丹努克跟他们对话。起初，富兰克

林拒绝了他们的要求，但这位翻译"反复
敦促他批准，因为他也很想谴责他们的行
为"。富兰克林终于答应了。

达丹努克"面无惧色地朝他们走去，
做出了充分解释"。富兰克林写道，他向他
们指出"他们许多人本来必死无疑，完全
是因为我方的克制才得以保全性命，因为
我们完全可以远距离开枪。他对他们说，
我们来这里完全是为了他们好"。他让他们
看看他本人，穿得体面，过得舒服，这就
是"与白人打交道的好处"。达丹努克以这
种口气谴责他们，身边围着四十多个人，
富兰克林写道，"每个人都带着刀，而他手
无寸铁。我从未见闻有人如此勇气非凡"。

若非达丹努克（奥古斯塔斯）的非凡
勇气，富兰克林的第二次陆路探险几乎一
定会以灾难告终。罗伯特·胡德在恩特普
赖斯堡画下了这幅肖像。

西格里特人说他们很抱歉，他们从未
见过白人，一切看起来那么新奇而称心，"他们抵制不住诱惑"。他们承诺再也
不会这样对待白人了。达丹努克把这句话翻译过来后，富兰克林请他要求他们
归还一把烧水壶和一个帐篷，测试一下他们有无诚意。他照做了，不久就把两
样东西拿了回来。

达丹努克与西格里特因纽特人留在岸上，和他们一起唱歌，"在友好交流中
他们发现他说的语言跟他们的一模一样"，非常开心。午夜时分，潮水开始上
涨，太阳仍然挂在空中。深夜 1 点 30 分左右，富兰克林和探险队员们总算能划
船出发了。

如果没有达丹努克，"劫掠角"发生的这一事件必然会酿成全然不同的结
果——这是富兰克林第二次探险中遇到的最大危机。富兰克林和探险队员们多

半会开枪打死几十个因纽特人，他们自己也会受围攻被杀。想象一下接下去会有什么后果吧，英国方面又会如何反应，真要发自内心地感谢达丹努克。

富兰克林和队员们继续西行。其后几周，他们一路顶着狂风、大雾、暴雪和迟迟不去的冰，进展缓慢。探险队遇到了好几拨友善的因纽特人，其中一些看到他们居然没带跨越冰区用的雪橇和狗，大为吃惊。7 月 31 日，探险队到达了迪马凯申角（意为"分界角"），当时那里是俄国和英国领土的分界线，如今则是阿拉斯加和育空两地的边界。

8 月的前两周冰增雾浓，寒风渐起。除少数例外情况，他们每天只能向西行驶十来千米。最终在 8 月 16 日，富兰克林在一个他称之为"返航礁"的地方接受了此行无法到达艾西角的事实。到西经 149°还差一点。他们从马更些河入海口出发到这里，距离艾西角还有小一半路程。后来他得知，比奇的船派出一艘小艇，到过距离返航礁不到 260 千米的地方。

短短几天的晴朗天气让富兰克林得以完成比奇波因特以西 24 千米范围内的测绘，但在 8 月 18 日，他开始返航，朝马更些河口行驶。其后的行程中，友好的因纽特人不止一次对达丹努克说，有些在劫掠角攻击过探险队的猎人打算再度发起袭击，这一次他们想拿什么就要拿到手。他们会佯装来归还偷走的烧水壶。富兰克林和手下密切观察着情况，但再也没有见到进犯的西格里特人。

9 月 21 日，逆马更些河奋力前行后，探险队抵达富兰克林堡。他们的小队增绘了 630 千米的沿海地图。约翰·理查森已经回来过，作为博物学家，他又出发去做更多的科学考察了。他的东部小分队七十一天行驶了 2 750 千米，绘制了马更些河与科珀曼河之间 1 390 千米的海岸线。富兰克林带领的这趟马更些河之行走得更远，总共行驶了 3 295 千米，但他们测绘较少。这次探险总共为 2 018 千米的海岸线绘制了地图。

加拿大学者理查德·戴维斯写道："富兰克林身为整个探险队的领袖……其功劳不该被理查森的更大成功所掩盖。"这符合皇家海军等级森严的传统，无论何种事业，一切成就都归功于名义上的领袖。但理查森（和欧里格巴克）绘制了占总数近70%的地图，一些读者大概会觉得奇怪，为什么一切功劳要归富兰克林一人独享。

1827年2月底，约翰·富兰克林离开了冬营地，前往大奴湖，此行大多走陆路，后来又经阿萨巴斯卡湖航行至奇普怀恩堡，在那里一直等到春天。5月26日，毛皮贸易船队一年一度出发前往约克法克托里。几天后，富兰克林出发前往坎伯兰豪斯，在那里才见到理查森，距离两人上次见面已经过去了十一个月。

两人就此达成了一致意见：他们事实上已经完成了发现西北航道的任务，虽然还很难说清如何通航。他们已经开始为其绘制地图的南部航段缺乏一条与巴罗海峡和兰开斯特海峡连接的南北通道。然而理查森在写给妻子的信中首次发出了貌似有理的声明："寻找已经持续三个多世纪，而现在，我们可以认为已经成功；我觉得我们的发现就像朱丽叶之于过往的整个凯普莱特家族，已然盖棺论定，只不过为了把它转化成商业利益，需要比蒸汽机更强有力的装置。"后来他又发了好几次类似的声明。

在挪威豪斯①，富兰克林和理查森与达丹努克告别，据说分别之际达丹努克眼含热泪。他发誓两位海军军官无论何时需要他都可以随时召唤。两名海军军官继续前往蒙特利尔附近的拉欣，与哈得孙湾公司结算了账目。随后他们南下到达纽约市，于1827年9月1日乘坐一艘邮船返航回国。

达丹努克从挪威豪斯去往丘吉尔堡，又在那里做了三年的猎人和翻译，后来又迁至如今魁北克以北的希莫堡从事同样的工作。1833年，他听说乔治·巴克正在组建探险队，寻找在一次私人探险中失踪于摄政王湾一带的约翰和詹姆斯·克拉克·罗斯。达丹努克曾两次在富兰克林的探险中与巴克有过愉快的合

---

① 挪威豪斯位于今加拿大马尼托巴省纳尔逊河东流河岸、温尼伯湖以北30千米处。

作，便带着 1 磅火药、2 磅子弹、半磅烟草等补给赶往丘吉尔堡，从那里步行前去雷索卢申堡与这位海军军官会合。

几周后，他到达雷索卢申堡，却听说巴克已经移师东北 320 千米外的里莱恩斯堡。达丹努克出发去找他，却在一场暴风雪中迷了路。他试图沿着自己的足迹往回走，却死在了距离雷索卢申堡仅仅 32 千米的圣约翰河。听说此事后，乔治·巴克伤心地写道："可怜的奥古斯塔斯竟然这样悲惨地死去了！——那么忠诚、无私、和善的人，不但得到了我本人的尊敬，我敢说约翰·富兰克林爵士和理查森医生也一样。无论在哪里，在社会生活的最底层还是最高处，他的出众品德都散发着人性的光芒和魅力。"

当代读者会说，乔治·巴克忘记了纪念达丹努克的最好理由。1826 年 7 月在马更些河入海口，这位勇敢谦逊的因纽特人在富兰克林和他的第二次陆路探险几乎必定覆灭之时，出手挽救了他们。达丹努克救了富兰克林的命，也就是说，二十年后，英国海军部开始物色人选再度率队探险、解开西北航道之谜的时候，那位海军军官还在人世。

第三部分

谜题与纠葛

第十章
詹姆斯·克拉克·罗斯找到了磁北极

与 19 世纪寻找西北航道的活动联系在一起的，是人们对解开磁北极不断变化之谜的渴望。从 14 世纪伊始有科学头脑的"哲学家们"开始地磁学的艰难研究之时，地理发现和科学探索就紧密交织在一起，一直延续至此时。他们试图回答欧洲水手的疑问，后者声称每每航行至北方高纬度地区时，手中的罗盘读数就不再可靠。

16 世纪开始，随着海上国际贸易的发展，这个问题变得更加迫切。思想先驱们指出，指南针可能受到了北极星的吸引，又或许是受到了位于北极附近的某座磁山或磁岛的干扰。然而既然这类自然吸引物的位置是固定的，为何罗盘的读数变化没有任何规律可言，或许是仪器本身不够完善？

1538 年，为测试这一理论，葡萄牙海军的首席领航员从里斯本出发前往东印度群岛，开始了为期三年的航行。若昂·德·卡斯特罗随身带着当时最先进的磁罗盘，一种可以测量地磁方向和太阳高度的出色的"日影仪器"。德·卡斯特罗进行了四十三次仔细测量，但所得的读数浮动过大，没有任何参考意义。

德·卡斯特罗带着云山雾罩的考察结果回国后，塞维利亚的皇家宇宙志学者佩德罗·德·梅迪纳出版了一部手册，后来被译成多种文字。他坚信罗盘读数之所以变化不居，是因为罗盘制造材料的参差不齐和人为差错。他在西班牙南部的家中指点江山，安慰世人说，制作精良的罗盘定能始终指向地理学的北极。一切都是制造商的错。

仪器制造者们持不同意见。英国首屈一指的罗盘制造人罗伯特·诺曼开始了自己的实验。他把若干罗盘针装在一个垂直枢轴上，从而发现了"磁倾角"（或曰"磁倾斜"）：指针始终指向地平线以下。早在三个世纪之前，人们就已经获知任何磁体都具备南北性或两极性。如今诺曼得出的结论是，磁体的北端被某一个位于地球内部的"对应点"下拉了。1581 年，他出版了一本很有影响力的小册子《新引力》，发表了这一观点。这本书不局限于理论，还试图为面对导航难题的水手们提供实用的解决方案。然而事实证明，这一努力并未奏效。

水手们继续抱怨手中的罗盘，直到 17 世纪初英国女王伊丽莎白一世的内科医生、英国人威廉·吉尔伯特彻底改变了人们对这个问题的思考方式。吉尔伯特 1544 年出生于英格兰的科尔切斯特，是家道殷实的市镇书记员（或曰市政官）之子。他考入剑桥大学圣约翰学院，25 岁毕业后成为医生。随后他到欧洲大陆旅行，又在伦敦行医，1573 年入选内科医学院院士，1600 年开始担任院长。

在专业地位逐渐上升的同时，吉尔伯特开始关注人们对地球磁性谜题的探索。他在用拉丁文写就的文章中，把磁北极定义为罗盘针垂直指向下方的点——这个定义一直沿用至今。1600 年，他发表了《论磁石》，原书标题为拉丁文 "De Magnete"，更为人熟知的是其英文标题 "On the Magnet"。这一开拓性的著作主要依靠物理学实验来证明论点。它于文艺复兴时代末期问世，当时大学里还在教授地球中心论，说什么天然磁铁或"磁石矿"之所以能吸引、移动铁金属，是因为它拥有灵魂。

《论磁石》的论点和方法都是革命性的。吉尔伯特主要依靠实验开展研究——试验、误差和讨论——从而成为后来所谓的科学方法的先驱人物。他制作了一个"小地球"，即其中装有磁铁的地球模型，用它来测试罗盘针，并通过类比法来证明地球磁场的作用。他在那个小地球上雕刻出微型"海洋"，加上极小的"山脉"，证明凸起或下沉的陆块能够导致罗盘读数的变化。他还设计了一个磁倾仪来测量磁倾角。他希望领航员们能够使用这一仪器来确定纬度，这一做法将证明"地磁理论基础研究绝非毫无成果"。

吉尔伯特提出并用他的小地球证明，罗盘针之所以指向北，是因为地球本身就是一个磁性球体——一块巨大的磁石。他不光给出论点和论证，还使用实验方法，为科学指明了方向。那以后又过了两个多世纪才又有人对"地磁学"做出同样巨大的贡献，将其间几十年所获的知识加以整合，为下一次进步奠定基础。这个人启发了名为"磁十字军计划"的国际行动，将对詹姆斯·克拉克·罗斯、约翰·富兰克林、伊莱沙·肯特·凯恩和罗阿尔·阿蒙森等北极探险家产生深远影响。他就是亚历山大·冯·洪堡。

和其后那个世纪的爱因斯坦一样，洪堡也是他那个时代的科学巨人。除其他重大成就外，他对地磁的研究为 21 世纪①的地磁学和地球物理学奠定了基础。他强调测量和观察的重要意义，为当代人认识地球不断变化的磁极指明了道路。

洪堡以身作则。1800 年，他远赴南美洲，路上条件艰苦，他却在跨越 115 个经度、64 个纬度的路途中进行了一百二十四组地磁观测。他确定了磁赤道的位置，并证明地球的磁场强度随着距离该赤道的远近而变化——这一发现后来使得数学家们研究出地球磁场的图形公式。

回到柏林，他在一个小木屋里建起磁实验室，用十三个月进行了逾六千次

---

① 　原作如此，疑为 20 世纪。

日常观测。他一度在只有一名助手的情况下连续七天七夜每隔半个小时读取一次磁偏角数据——他后来说，那次马拉松式研究的确让他"有些筋疲力尽"。

洪堡说服"那个时代的数学天才"卡尔·弗里德里希·高斯解决一个难倒了每个人的难题：如何解释这些磁观测结果。高斯给他演示了怎样进行关键的计算。然而就连这位杰出的数学家也证实了洪堡已有的疑问。磁科学需要更多的实验数据。为解决地球磁性以及不断变化的磁极之谜，科学家们需要一个覆盖全球的磁观测网络。

一代又一代北极探险家将参与收集这些数据——所谓的"磁十字军计划"。英国负责该事务的副组长是爱德华·萨拜因，前文已经提到过这位爱尔兰地球物理学家。1818 年和 1819 年，萨拜因作为皇家陆军炮兵上尉先是跟随约翰·罗斯，后来又跟随爱德华·帕里航行，其间进行过地磁观测。他认为磁场强度的变化要么是因为地球本身磁强度的浮动，要么是因为磁北极的转移。萨拜因呼吁人们在南北磁极进行更多的观测。

萨拜因决心尽可能充分地完成全球磁场考察，因而着手安排在整个大英帝国领土上进行磁观测：从霍巴特到开普敦到多伦多。他还招募新的皇家海军军官加入探索。1818 年随罗斯探险期间，威廉·爱德华·帕里曾激动地写道，与 17 世纪威廉·巴芬在兰开斯特海峡入口所测得的读数相比，罗盘偏差"奇怪地增加了"。在帕里自己率领的探险队 1819 年那次突破性的航行中，他和萨拜因"始终不间断地关注"磁读数，它们"或许几乎与［找到西北航道］同样重要"。帕里尽心尽力。然而在所有深受萨拜因影响的皇家海军军官中，最突出的当属詹姆斯·克拉克·罗斯。

1800 年出生于伦敦商人之家的 J. C. 罗斯刚满 12 岁就加入了皇家海军。他跟随叔叔约翰·罗斯服役六年，军衔稳步提升。如前所述，1818 年，他随同叔叔航行至北冰洋，第二年又和爱德华·帕里一起到达温特港。年轻的罗斯于 1821 年再次跟帕里一同航行，参与土地勘测并担任探险队的博物学家。1825 年，他与帕里的第三次探险差点以灾难收场。在摄政王湾度过一个冬天后，探险队的两艘船之一暴怒号在萨默塞特岛的一处悬崖下被岩石撞沉。水手们全靠另一条船才得以返航。

　　1829 年 6 月，参加过五次北极航行的詹姆斯·克拉克·罗斯作为叔叔的副指挥官再度起航，后者找到私人资助，又一次开启了寻找西北航道的探险。他们从苏格兰西海岸的赖恩湾出发时带着两条船——外轮船①维多利号拖着小一点儿的克鲁森施滕号。水手们丝毫不知道，他们即将经历的是一场史诗级的考验。

　　在格陵兰南部，由于维多利号引擎故障不断，罗斯叔侄二人掠走一条废弃的捕鲸船，把它装配成纵帆船。两条船于 8 月 7 日进入兰开斯特海峡，转向南行，五天后进入摄政王湾。船官们考察了 1825 年发生船难的"暴怒海滩"，却诧异地发现舱内补给大多完好无损，有听装腌肉罐头和蔬菜等。探险队继续驶入海湾南部海域，10 月他们在费利克斯港扎营过冬——约翰·罗斯以这次探险的赞助人、杜松子酒商费利克斯·布思之名为它命名。到目前为止，一切顺利。

　　队员们在船身周围用雪块垒起一堵墙，

詹姆斯·克拉克·罗斯，画于 1834 年，他结束确定磁北极之行回到英格兰后不久。作画者：约翰·R. 怀尔德曼。

①　外轮船（side-wheeler）是靠两舷的大型水车状轮盘拨水前进的舰船。

按照海军的标准做法为船只加顶。他们在蒸汽厨房和烤炉顶部搭建管道，把升起的蒸汽引入水柜。这使得船体内部在低温下仍然能够保持干燥舒适。他们还盖了一座前厅，可以在那里脱掉湿衣，以防湿冷空气进入住宿舱。

1月，大约三十名因纽特人出现在附近，与他们友好相处。船上的木匠为一名独脚因纽特人做了一条义肢。那些因纽特人来自一个一百来人的临时村庄，就在3千米以外，由十八个雪屋组成。一个名叫伊克玛利克的因纽特人为他们画了一幅非常精确的地图，包含整个布西亚湾的地形地势。

伊克玛利克和阿沛拉格留是短居在摄政王湾尽头的这群因纽特人中的两位。这幅画中，伊克玛利克正在绘制布西亚湾的地图。这幅水彩画为约翰·罗斯所绘，此为复制品。

詹姆斯·罗斯与各色因纽特人一起，白天乘狗拉雪橇沿海岸出行。他认为，正如当地人所说，布西亚不是海岛而是个半岛。4月和5月初，他有过几次长途跋涉。5月底，他横穿如今的詹姆斯·罗斯海峡，并命名了威廉王地、维多利角和费利克斯岬。

罗斯在维多利角建起一个巨大的堆石标。他站在威廉王地北端的岬角望去，惊叹于眼前这片他所见过的最大的浮冰，还发现较轻的冰块频频"以最惊人、最不可思议的方式被掀到海岸上"。这就是约翰·富兰克林1846年被困之处。此时，1830年，詹姆斯·罗斯的罗盘读数表明，他所处的位置距离不断变化的磁北极只有15~25千米。但他没带仪器，无法核实磁北极的具体位置。

1830—1831年冬，维多利号仍然困在布西亚湾东岸的浮冰里，罗斯进行了无数次观测和计算。1831年春末，他把一台巨大的磁倾仪搬上雪橇，与一群因纽特人一起，顺着罗盘指向来到西海岸。

1831年6月1日，在几座废弃的小屋附近，他使用那台原始的磁倾仪仔细观测。他不断移动，直到指针标示出他就站在磁北极正上方。作为"定下"磁极精确位置的第一人，他在这里建起了"一个很有些规模的堆石标"。罗斯在堆石标下面埋了一个金属罐，里面装有一份书面记录。

罗斯在日志中写道，他能够理解"我们中的任何人曾如此浪漫或如此荒谬地以为磁极……是一座铁矿山或一块像勃朗峰那样庞大的磁体。但自然并没有在这里竖起一块纪念碑，标示出她选择哪一个点作为她伟大而隐秘的力量的中心"。他转身面对跟他一起来的六个人，"在相互祝贺声中，我们在那个地点竖起一面英国国旗，以大不列颠的名义占领了磁北极及其周边领土"。

詹姆斯·克拉克·罗斯建起堆石标的准确位置是北纬70°5′17″、西经96°46′45″。1998年，一支搜索探险队找到了那座堆石标的遗址，它已零落成一圈石头。磁北极早已移位。2015年，磁北极位于北冰洋中（北纬86°3′、西经160°），正朝俄罗斯方向曲折运动。

整个 19 世纪，关于不断变化的磁北极的各种古怪理论层出不穷。这幅奇幻的画作描绘的是詹姆斯·克拉克·罗斯 1831 年成为首个确定磁北极方位的人之后的庆祝场面。

　　他们随后经历的是北极最为世人畏惧的严峻考验之一。夏天到了，浮冰却没有化。维多利号哪儿也去不了。水手们很失望，只好留下来过第三个不见天日的寒冬。约翰·罗斯确保他们采取因纽特人的饮食方式，其中包含大量脂肪，大多数人因而没有患上坏血病。因纽特人已经搬走，再也没有回来，这也令他们十分沮丧。

　　1832 年 1 月，一名探险队员死了，他出去钓鱼时患上了重感冒。每个人都苦不堪言。在寂静可怕的深冬，他们准备放弃船只。J. C. 罗斯指挥大家把船上的负载和补给搬上雪橇，4 月底水手们开始接力把这些东西拖运往北边的暴怒海滩，他们知道那里还有一些补给。5 月 21 日，约翰·罗斯在船上总结道：

"我们行走了329英里，直线距离却只推进了30英里；带着两艘船上足够支撑五周的补给，这样的苦力耗费了我们整整一个月时间。"

八天后，水手们扬起船旗，举杯庆祝，把维多利号抛弃在浮冰中。众所周知，人力拖运沉重的雪橇是极其繁重的劳作。还有240千米才能到达暴怒海滩，人人筋疲力尽，频频请求放弃雪橇。约翰·罗斯"以强硬直接的态度、不由分说的口气，命令大家继续前进"。

7月1日，一行人终于到达暴怒海滩，约翰·罗斯承认，他们已经"因饥饿和疲惫而狼狈不堪"。他们建起一座木屋，取名"萨默塞特屋"，并修理和装配了三条可用的小船。8月1日，看到海滩上清冽的海水，一行人带着够用六周的补给乘小船出发了。他们被海水卷到一片到处是岩石的海滩上，在一道悬崖下被困了六天。那个月下旬，他们来到摄政王湾的出入口，那是一片65千米宽的浩瀚水域，向北大开的口子却被冰堵得严严实实。

9月25日，就在海岸开始结冰之际，探险队掉头返回暴怒海滩。10月7日到达后，他们开始准备在北极度过第四个冬天，可以说是前无古人。1833年1月，约翰·罗斯写道，冰和雪在简陋的房子周围堆得老高，"我们变成了名副其实的冰山居民"。接下来那个月，一名队员死于坏血病。罗斯叔侄继续记日志，但大多数队员"已经被眼前的状况弄得恍恍惚惚，每天只剩下昏昏沉沉地打发时光"。

1833年4月底，詹姆斯·罗斯重新起程，把补给运至北边50千米处，那是他们存放小船的地方。所有人于7月8日离开萨默塞特屋，三名船员走不动路，需要用雪橇拖着。好不容易来到小船那儿，强风又迫使他们在岸上滞留了一个月。最终在8月14日，一条向北的航道打开了。翌日上午8时，整队人马分乘三条船上路。这一次，前方的航道还算畅通。

他们穿过摄政王湾，继续向东行驶，时而就地扎营。8月26日早晨，在海军委员会湾附近的巴芬岛北岸海面上，他们看到一艘船，后者随后向他们派出

　　1825 年英国皇家海军军舰暴怒号沉没，补给留在了自那以后被称为"暴怒海滩"的地方，后来证明，这挽救了约翰·罗斯晚年率领的这次航行。这是由戴维·默里·史密斯编辑、1877 年出版的《从英国和外国海岸出发的北极探险》一书中描绘的船难。

　　了一条小艇。约翰·罗斯询问那艘船的名字，得知它的"船身上写着伊莎贝拉号，与罗斯上校曾经指挥过的船同名"。那艘船的船员们爬上索具，欢乐地招呼经历船难的水手们上船时，这一惊人的巧合让他们受到了由衷的欢迎。

1833 年 10 月 18 日约翰·罗斯在英格兰登陆时，一家报纸写道："这位历尽千难万险的老水兵穿着毛皮外露的海豹皮长裤，上面套着褪色的海军军装，他和同伴们饱经风霜的面容显然证明他们经历了怎样的艰难困苦。"在北极度过了四年的罗斯叔侄受到国王威廉四世的盛情款待。1834 年 10 月，詹姆斯·克拉克·罗斯被晋升为上校舰长以奖励他的成就，很大程度上是因为他确定了一直在跟水手们捉迷藏的磁北极。

第十一章
哈得孙湾公司的两人画出了海岸地图

乔治·辛普森在想什么？这位哈得孙湾公司总督瞧不起善变和任性。同时代人称他为"小皇帝"。当然，到1836年6月，辛普森已有十六年的独裁统治经验，被称为"毛皮贸易界的马基雅维利"。因此，当他在一次理事会会议上宣布要组织一次北极探险，并希望由经验丰富的"混血"指挥官彼得·沃伦·迪斯来管束一下他那位喜怒无常的堂弟托马斯·辛普森时，他无疑觉得自己真是足智多谋。

此时距离31岁的詹姆斯·克拉克·罗斯发现磁北极已经五年。和乔治·辛普森本人一样，尚未满28岁的托马斯·辛普森也在苏格兰北部的丁沃尔出生长大。他在阿伯丁的国王学院获得了一级荣誉文学硕士学位，还赢得了一项哲学奖学金。他喜欢户外活动，因此他被堂兄乔治拉进哈得孙湾公司之后，在红河殖民地为总督当了五年的秘书，该殖民地的行政中心位于上加里堡，就在如今的温尼伯市中心。

这位年轻的辛普森野心勃勃、能力超群又吃苦耐劳，但他也刚愎自用、口无遮拦，还是个咄咄逼人的种族主义者。有一次他曾写道，即便天花导致梅蒂人口大幅减少，也"不会对人类造成多大损失"。另一次，他承认自己对"堕落无用的混血族群没有丝毫同情"。还有一次，他说起原住民时表示，"至于我，我对他们只有憎恶，没有怜悯"。

1834年圣诞节前后发生的一件事让事态变得尖锐起来。一位梅蒂工人要求提高下一季的工资标准。托马斯·辛普森不但拒绝这个要求，还羞辱了那人一通。工人针锋相对，辛普森就用一根拨火棍打他，发生了流血事件。激愤的人群围拢过来，警告说如果不把辛普森交出来或至少公开鞭打，他们就把哈得孙湾公司的堡垒夷为平地。

托马斯·辛普森聪明而坚忍，但他也是个刚愎自用的种族主义者。这幅遗像由乔治·皮科克·格林创作，目前保存在多伦多资料图书馆的鲍德温藏书室。

一位神父补偿了受辱的工人，还把10加仑的朗姆酒和烟草分给聚众闹事之人，总算平息了此事。虽然乔治·辛普森本人也算不上种族宽容的典范，但他觉得这位心怀抱负的堂弟需要改变态度，至少得学着控制脾气，学会闭嘴。

与此同时，哈得孙湾公司也承受着按照特许状的规定探索北方领土的压力。总督建议派一支探险队分两个阶段前往北冰洋沿岸，完成由富兰克林和约翰·理查森开始的海岸测绘工作。固执的托马斯·辛普森一直吵着要率队出征，但1836年总督决定让他担任彼得·沃伦·迪斯的副指挥官，后者曾因协助富兰克林的第二次探险而备受赞誉。

48岁的迪斯已经在毛皮贸易行业工作了三十五个年头。他的父亲是爱尔兰移民行政官，母亲是来自蒙特利尔附近的卡纳瓦加（即卡纳沃克）的莫霍克①

① 莫霍克，易洛魁联盟中位于最东侧的北美原住民部族。

女人，因此严格地说，他本人就是一位混血儿。乔治·辛普森知道，迪斯就是1820年伏击哈得孙湾公司的科林·罗伯逊①并把他掳走带到下加拿大的西北公司的梅蒂人之一。

然而自从辛普森一手规划并实施毛皮贸易兼并以来，迪斯在哈得孙湾公司的地位就稳步提升，已经成为备受尊敬的首席代理人。约翰·富兰克林第二次出发探险之前，总督写信给他，敦促"您无论如何，千万不要与迪斯先生分开"。他还说，迪斯是"我们最好的包运船户之一，他身体强壮、意志坚定、性情温和，一旦探险队遭遇艰难困苦，他在这个地区的经验……定将是最宝贵的财富"。

据一位下属说，迪斯也是个"非常和善、热心的合群之人"。负责管理利润颇丰的新喀里多尼亚区时，他常常宴请众人、组织游艺晚会并在音乐晚会上领衔，他的小提琴和长笛"演奏得好极了"。辛普森还知道，迪斯有一位梅蒂人乡下妻子②，两人生了六个孩子。1836年6月21日，迪斯和托马斯·辛普森两人都出席了在温尼伯湖以北的挪威豪斯召开的哈得孙湾公司理事会会议。乔治·辛普森在会上宣布了自己的决定。他一定觉得，成熟稳重、临危不惧的迪斯会对他那位意气用事、野心勃勃的堂弟产生有利的影响。

---

① 科林·罗伯逊（1783—1842）是早期加拿大毛皮贸易商和政治人物。1803年他加入西北公司，1809年离开该公司，旅居英格兰几年之后，他于1814年回到加拿大，成为哈得孙湾公司的雇员。由于无法与当地的新总督达成协议，罗伯逊来到马尼托巴省的约克法克托里，打算重返英格兰。在蒙特利尔逗留一段时间之后，他率领一支新的探险队西进。1820年，他被西北公司的塞缪尔·布莱克率一群人抓住并监禁但设法逃脱，他逃到美国，又重返英格兰，后来又回到下加拿大。

② 梅蒂人乡下妻子特指加拿大及西北太平洋地区从事毛皮贸易的梅蒂人或欧洲人后裔的原住民配偶。

✦

　　彼得·沃伦·迪斯和托马斯·辛普森在挪威豪斯收到开拔令后，起初是分头行动。那年夏末，迪斯带领一小队人沿着一条著名的毛皮贸易路线朝西北方向阿萨巴斯卡湖上的奇普怀恩堡行进，一路频频遇到激流，要转到陆上搬运。与此同时，托马斯·辛普森则留在红河殖民地的加里堡，一边加强体育锻炼，一边学习掌握测绘和领航的技术。

　　12月初，年轻的辛普森带着几个人出发，与迪斯会合。他用六十三天行走了2 043千米，其中有十八天时间不得不停下来休息，终于在1837年2月1日到达奇普怀恩堡。冬天以来，迪斯督建了好几条船，其中三条是用于探险的。一条是巨大的歌利亚号，它将横渡波涛汹涌的大熊湖，并继续行驶，直到队员们扎营过冬。另外两条是卡斯托尔号和波鲁克斯号，各为24英尺长、6英尺宽，体量较小，便于拖拉，又有防波板可以防止巨浪翻过舷缘。三条船都准备好了，等待5月底进行测试。

　　6月1日，探险家们在甸尼猎人的陪同下从奇普怀恩堡沿着奴河出发了。其后四个月，他们将一路不停地前进，到达北冰洋沿岸，继而重走富兰克林和理查森第二次探险的路线，并大大拓展后者所绘的沿岸地图。浮冰阻隔，大奴湖上拥塞尤其严重，这让他们十天后才到达雷索卢申堡，此地距离大熊湖大概还有三分之二的路程。他们于6月21日再度出发，不久就划着皮划艇沿马更些河顺流而下。

　　探险队一边前进一边对付蜂拥而至的蚊子，途经辛普森堡，7月1日到达诺曼堡。迪斯派四名哈得孙湾公司雇员与若干向导、猎人一起，向东逆大熊河而上，开始在大熊湖畔建立冬营地（康非登斯堡）。迪斯和辛普森则带着十几个人继续向北沿马更些河而下，于7月9日到达海岸。他们分坐两条船开始西

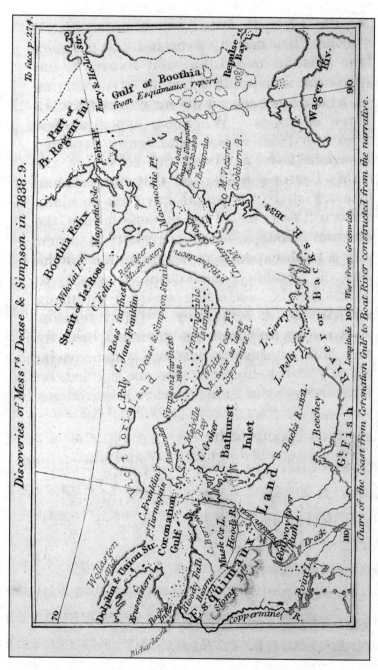

从这幅早期地图可以看出，即便在1838—1839年彼得·沃伦·迪斯和托马斯·辛普森的探险之后，仍有不少不明之处待澄清。

行，多半都在迎着大雾、绕过浮冰划船行进。

重走富兰克林的路线时，他们遇到了几小撮友好的因纽特人。7月23日，他们到达返航礁，就是当年海军军官富兰克林掉转船头返航之处。1826年，弗雷德里克·比奇船长曾乘坐皇家海军舰船自西向东途经这一水域，从阿拉斯加的艾西角抵达巴罗角。现在，1837年，迪斯和辛普森决心补上返航礁（富兰克林到达的最远的地方）和巴罗角之间的空白，总长280千米，如此一来就能补完这段沿海航道西端的绘图工作。然而在7月31日，他们刚走完200千米便碰到一堵坚硬的冰障阻断了继续前行的道路。迪斯同意留下守护船只，由辛普森和五个人一起带着一条可折叠的帆布划艇继续步行。这六个人快速前进，不久就到达了"迪斯湾"，那里的水域太宽阔，浪涛太汹涌，便携划艇根本无法通过。

但他们在这里偶遇了几名因纽特人，后者愿意出借一艘木框皮艇，这种传统的小船一次能载六个人。他们乘坐它渡过海湾继续西行，于1837年8月4日到达巴罗角。后来，辛普森显然忘记了迪斯是如何带领他沿马更些河而下，到达距离巴罗角只有五天路程的地方的，他写信给自己的兄长说："是我把北冰洋和伟大的大西洋连接起来，让英国国旗飘扬在巴罗角，这一切功劳当归我一人所有。"

回程一路无事。9月25日，一行人到达了他们位于大熊湖的冬营地，营地尚未竣工。他们已经完成了这次两段式探险的前半部分。在帐篷里又住了一个月后，他们才总算搬进康非登斯堡木屋，紧接着就迎来了一个艰苦的极地寒冬，昼短夜长，风雪呼啸，温度骤降到零下三四十摄氏度。队员们伐木积薪，猎杀驯鹿和麝牛，还冰钓了很多鱼。一名队员从辛普森堡送信来，迷了路，死在风雪之中。

3月底，托马斯·辛普森找到了一条向东通往科珀曼河的可行路线。4月初，他在一条名为肯德尔河的支流沿岸存放了六副雪橇之多的补给。到5月中旬，队员们已经准备好挑战探险的后半部分：东线。1826年，富兰克林和达丹努克一起向西航行时，约翰·理查森曾从马更些河口沿海岸向东航行到科珀曼河口，并对这一段进行了地理测绘。而在以惨败告终的第一次探险中，富兰克林和理查森曾经向东越过科珀曼河，到过肯特半岛上的特纳盖恩角。

八年后，乔治·巴克在更靠东的位置沿着大鱼河（如今的巴克河）到达下游的北冰洋海岸，考察了钱特里湾和蒙特利尔岛，最北行至奥格尔角。再往东的北冰洋地图则茫然若谜。1830年，詹姆斯·克拉克·罗斯曾经从布西亚半岛西岸穿过浮冰，到达威廉王岛的北端（费利克斯角），但他被浓雾和风雪锁住视线，向南方极目望去仍没有看到雷伊海峡。因而他猜测威廉王岛和布西亚半岛这两个陆块是相连的，并以此为基础尝试画了一幅地图，称子虚乌有的"波克特斯湾"把两者连接在一起。

八年后，这一地区的地理环境仍是一片未知。迪斯和辛普森希望在下半段探险中弄清真相、填补空白。他们提议从富兰克林的特纳盖恩角航行到巴克的奥格尔角，全程不少于320千米。1838年夏天第一次尝试时，他们意外地遭遇了厚重的冰层。在特纳盖恩角附近被迫中断后，辛普森最后努力步行了一程。他在两位猎人和五位哈得孙湾公司雇员的陪同下，在处处坚冰的水路上徒步跋涉，最终到达了肯特半岛的东北角，即亚历山大角。

有人大概会觉得在北冰洋地图上增绘140千米已经算是成功，但托马斯·辛普森不是这种人。队员们满以为可以返航之时，却意外得知他们要在这里度过另一个冬天。他们又一次伐木取火，又一次结网打鱼，雇用当地人帮忙打猎，也还是尽可能地做好住宿地的保温隔热。

这第二个冬天比第一个还要难熬。两位原住民姑娘被杀，猎人们害怕起来，不再敢像素常一样大胆出行了。渔获不再丰厚，驯鹿也已南迁。看到许多原住民都面临着饥饿的威胁，迪斯不得不把原本打算制作便携易食的肉糜饼的肉分给他们。

初春时节，他们迎来了一个充满希望的转机——欧里格巴克来了，这位出色的因纽特猎人兼翻译曾服务于富兰克林的第二次探险，大部分时间随约翰·理查森前行。欧里格巴克生于 1800 年前后，比达丹努克年纪小，但两人是好友，也正是后者带他从位于丘吉尔的家乡出来工作的。在马更些河入海口，达丹努克随富兰克林西行，欧里格巴克则跟着约翰·理查森向东驶去。

理查森后来写道，他"作为翻译用处不大，因为他不会说英语；但他的在场意义重大，表明白人与那些偏远地区的爱斯基摩人部落关系友好"。理查森还说："［欧里格巴克］是最棒的船夫，他对我们非常忠诚，性格极好，总是高高兴兴地划船。"他的"忠诚……毋庸置疑，哪怕我们被一群他的本族同胞包围时也是一样"。

1827 年，那次探险结束之后，欧里格巴克回到了哈得孙湾公司位于丘吉尔的营地，在那里从事多种营生。他用鱼叉猎捕鲸鱼、制作划桨，甚至连为芜菁除草的活儿也干，英语水平也提高了。1830 年，欧里格巴克一边等待加入哈得孙湾公司组织的一次前往昂加瓦的探险，一边在更南边的穆斯法克特里干活。那年 9 月，他为希莫堡（如今的库朱瓦克）开放贸易做出了重要贡献，其后六年一直留在那里工作。

欧里格巴克曾与达丹努克一起参加过富兰克林的第二次陆路探险。这幅素描为海军上尉乔治·巴克所画，此为复制品，感谢肯·哈珀供图。

哈得孙湾公司召来欧里格巴克，派他跟随指挥官迪斯和辛普森前往北冰洋海岸探险。这名因纽特人带着妻子和儿女，于 1839 年 4 月 13 日到达康非登斯堡。他的英语大有长进，加上打猎的本领高强，托马斯·辛普森说他是"弥足珍贵的意外所得"。

那年 5 月比往年更冷。春季，河水和湖水上的冰迟迟不化。但随之而来的 6 月却比往常暖和一些。彼得·迪斯开始取出自己的小提琴拉奏，不久，队员们就准备好再次出发了。这一次，他们希望至少把海岸测绘的范围扩展到奥格尔角。1839 年 6 月 15 日，一行人离开康非登斯堡，四天后到达了他们存放船只的地方。他们在科珀曼河的激流中航行到达血腥瀑布，在那里找到了之前储存的补给。

25 日，欧里格巴克回到营地时带来两名因纽特人，其中之一是位长者。他们能提供的情况仅限于当地，但老人发现迪斯急需新靴子就答应为他做一双，等他 9 月回程时来取。探险队员们沿河入海，由于浮冰阻隔，直到 7 月 3 日才离开那里，起初只能断断续续地前进。

刚到埃普沃思港东边，他们就被冰面挡住去路，花了四天时间在那里建起一个 15 英尺高的堆石标。他们于 7 月 20 日到达富兰克林的特纳盖恩角，比前一年提前了三周，又于 28 日到达亚历山大角。他们从此地开始为新领土绘制地图，向东经过了零星小岛，最终于 8 月 10 日到达阿德莱德半岛，来到了不久后被以辛普森命名的海峡的西端。

他们继续向东行驶，两位曾在 1834 年随乔治·巴克沿大鱼河航行的包运船户觉得他们认出了奥格尔角。8 月 16 日，他们在该处以南 50 千米的地方登陆蒙特利尔岛，找到了早先那次探险中储存在这里的食物，证实了自己的猜测。队员们救出了一些年深日久的巧克力，指挥官们则拿了一些火药和鱼钩，"以纪念我们在那位勇敢却并未成功的先驱［乔治·巴克］五年前扎营的同一地点用过早餐"，辛普森这样写道。

严格来说，到达钱特里湾，迪斯和辛普森就达成了这次探险的目标，他们本可以返航了。但天气晴好，他们还有很多食物，便在商量后决定继续东进以确定布西亚的费利克斯到底是半岛还是被一条通向梅厄勋爵湾的海峡与大陆分隔开来的岛屿。他们穿过钱特里湾到达不列颠尼亚角，又继续北行，最后遭遇了顶头风，不得不上岸。8月28日一早，他们到达一条小河的入海口，用自己的两条船的名字为之取名为卡斯托尔和波鲁克斯河，然后又建起一座巨大的堆石标，这一座高达10英尺。辛普森和迪斯随后步行向北跋涉了五六千米，到达一个制高点，站在那里登高远眺。

辛普森错误地认为，就在他当时所在的地方往北一点，有一条海峡一直向东通往哈得孙湾。"探究这条直通弗里-赫克拉海峡①的海湾想必需要另一次专门的探险，撤退点距离行动地区的距离也应比大熊湖近得多。我们相信这家伟大的公司既然已经为探险事业做了这么多工作，那么一定会继续慷慨资助，直到这片广袤大陆的确切边界最终被完整地确定下来。"

辛普森把细节搞错了。他猜想有一条东西向而非南北向的海峡可以通航。但他显然决定再度来这一带探险，那会让他发现此时尚未发现的、位于布西亚半岛和威廉王岛之间的雷伊海峡。"现在，很明显，"辛普森写道，"就算我们再乐观，也是时候返航回到遥远的科珀曼河去了，任何有勇无谋的坚持不懈只会导致整个探险队的毁灭。"

探险队虽逆风而行，仍稳步推进。回程经过辛普森海峡时，他们紧挨着威廉王岛的南岸前行。8月25日，当他们发现这条航道朝北转向时，便停了下来，在约翰·赫舍尔角建起一个14英尺高的堆石标。他们继续西行穿过毛德皇后湾到达墨尔本岛，其后一行人没有折回肯特半岛，而是沿维多利亚岛的南岸继续

---

①　弗里-赫克拉海峡位于加拿大境内巴芬岛和梅尔维尔半岛之间，东接福克斯湾，西临布西亚湾，当前归努纳武特基吉柯塔鲁克地区管辖。

西行，找到并命名了剑桥湾。

他们穿过迪斯海峡，于 9 月 10 日到达巴罗角，从那里开始，一路风雪。"只要风力允许，"辛普森写道，"我们就不分昼夜、不顾安危地前行。16 日，霜降严重，我们终于在白雪茫茫中进入科珀曼河。我们乘船在极海走过了有史以来最长的航程，航行距离达到 1 408 地理英里①，即 1 631 法定英里［约 2 625 千米］。"

到达血腥瀑布时，迪斯写道："我惊奇地发现……那位我向他定做了一双靴子的老人准时履行了承诺。靴子就绑在一根杆子的杆头，竖在显眼的地方，还留了一些海豹皮线。"队员们把一条船留在那里，还留了一些可能会帮助因纽特人缓解困境的补给，把另一条船拖拽到以前存放船只的地方。迪斯一路上在日志中多次提到，欧里格巴克和另一位猎人一起射杀了一头大受欢迎的雄鹿。

迪斯还提到一件趣事，欧里格巴克有一次帮几个人往上游拉船时，自己被困在陡峭悬崖的半山腰上，岩石上覆盖着冰，挂着冰锥。他跟着一个身材矮小、体重较轻的甸尼猎人疾走了一段路，"爬上一个狭窄的岩架，觉得再往前走就太危险了，又惊恐地发现往回走同样危险。因此他躺在地上开始哭号求助，那个印第安人跟船跑出半英里，才折回来救他。有人带着绳子回来了，把他从狼狈的处境中救出来，再次回到安全的平地让他喜笑颜开"。

在冰雪覆盖的平地上跋涉了最后一段路程之后，一行人于 1839 年 9 月 24 日晚间到达康非登斯堡。两天后，他们又向南穿越了大熊湖。事实证明，乔治·辛普森总督的确英明。由彼得·沃伦·迪斯管理后勤，保证探险队员补给充足、心情愉快，托马斯·辛普森一心一意只管实现地理勘测的目标，

---

① 地理英里（geographical mile），长度单位，是沿地球赤道环行一分的长度。就 1924 年的"国际球体"而言，1 地理英里相当于 1 855.4 米。《美国实用航海家》（*American Practical Navigator*）2017 年版将 1 地理英里定义为 6 087.08 英尺。

探险队的表现超出预期，乘船完成了迄今距离最长的航行，大部分行程都在北冰洋上。但这时，探险队的两位领导者就要分道扬镳了。

那年冬天，迪斯是在奇普怀恩堡度过的。1840 年 8 月，他和多年的梅蒂人乡下妻子、为他生下八个孩子的伊丽莎白·乔伊纳德正式结婚了。迪斯和辛普森都因"为最终发现西北航道所做的努力"而获得了维多利亚女王恩准的 100 英镑年金。迪斯有生以来第一次去了伦敦，主要是为治疗眼疾，并在哈得孙湾公司总部接受了表彰。思想相对开明的利蒂希亚·哈格雷夫①从约克法克托里写信说，她听到传言说迪斯会被封爵。她用那个时代的独特腔调写道，这"让这里的人觉得很有趣，因为他们说迪斯太太是个皮肤黝黑的北美原住民女子，会是一位古怪的贵妇人"。后续她补充说迪斯"天性谦逊"，婉拒了爵士的头衔。

迪斯的病假一直延续到他 1843 年正式退休。那时他已经在蒙特利尔附近的一个农场上安顿下来，据另一位首席代理人詹姆斯·基思说，他完全服从"他那位原住民老伴和儿子们。她掌管着家里的财政大权，全家人坐吃山空"。彼得·沃伦·迪斯过着舒服惬意、受人尊敬的生活，四个儿子有三个都先他而死，他到 1863 年才去世，享年 75 岁。

再来看托马斯·辛普森。1839 年秋末，他在辛普森堡写完了即将出版的探险纪实录。他发了一封信给堂兄乔治·辛普森总督，请求后者允许他率领一支

① 利蒂希亚·哈格雷夫（Letitia Hargrave，约 1813—1854），出生于苏格兰的加拿大殖民者，社交名媛。她以一系列书信而闻名，这些信件从女性视角详细阐述了 19 世纪加拿大殖民地的生活。

探险队出发，确定西北航道的最后航段。他的兄弟亚历山大当时在穆斯法克特里为哈得孙湾公司工作，托马斯在写给他的信中说："我会扬名立万，一切荣耀必须独属我一人。"他在提到迪斯的时候写道，如果他没有"混血家庭奢侈浪费的习惯"的话，本可以有更大的成就。

12月2日，马更些河已经冻得结结实实，辛普森乘着狗拉雪橇向着南方出发了。他行进逾2 800千米，于1840年2月2日到达红河殖民地。早在前一年10月，辛普森写信给总督堂兄以及哈得孙湾公司的伦敦委员会，提议考察他刚刚到访的这一地区。他自信一定能够发现那难以捉摸的最后一段。

辛普森打算利用乔治·巴克位于里莱恩斯堡的老基地，并沿大鱼河（巴克河）顺流而下。他将沿着同样的路线返航，或者如果他能找到一条向东的海峡，就可以向南经过弗里-赫克拉海峡直达约克法克托里。这一计划的细节仍有瑕疵，但无疑会引领他发现雷伊海峡。若果真如此，他就会修改现有的地图——正是这张地图，在几年后的1846年鼓励富兰克林在接近费利克斯岬时转弯向西，因此被困在了一块从北极冰冠向南流动的永久性浮冰中。

在加里堡，紧张不安的辛普森焦急地等待着总督或英格兰方面的回信。他在3月24日和6月2日分别收到一个邮包，但里面都没有他期待的消息。6月3日，托马斯·辛普森开始为自己提议的探险做准备，安排船只和补给。他不知道的是，就在同一天，伦敦委员会批准了他的提议。6月4日，乔治·辛普森写了一封信给他，添加了一些详细指令。也正是在同一天，托马斯从加里堡出发向南，决心经由明尼苏达前往英格兰，说服哈得孙湾公司的高层做出他们已经做出的决定。

托马斯·辛普森和两名梅蒂人一起出发了。第二天，三人加入了一大群梅蒂人。6月10日，辛普森坚持要带四个人继续前行。接下来发生的事情引发了无尽的猜测。结局当然是托马斯·辛普森和他的两位同行者全都死了。有一个版本说辛普森精神失常，毫无理由地开枪打死两个梅蒂人，然后自杀了。另一个想当然的版本是一名梅蒂人认为辛普森掌握着通往西北航道的秘密，企图偷盗时，激起了一场枪战。第三种说法更加荒唐，说乔治·辛普森策划了这场杀戮，这样他就能独霸发现最后航段的荣耀了。

托马斯·辛普森的朋友、首席代理人约翰·杜格尔·卡梅伦在一封写给约克法克托里的詹姆斯·哈格雷夫的信中提出了唯一可信的解释："我相信在血战开始之前，他一定和那两位吵了一架。辛普森先生是一位勇敢冒进的旅人，因为求快，他多半会批评同行者速度太慢。"卡梅伦接着写道，他会说难听的话，致使同伴们跟他一样暴怒，他们对他又没什么敬重之心，自然要以牙还牙。这"不久就会引发争吵——并从争吵发展成致命的枪战"。

这个人的顽固、急躁和自我中心主义的确是他失败的原因。如果托马斯·辛普森能活着完成 1841 年那次探险，他一定会发现雷伊海峡——这一发现几乎一定能阻止后来富兰克林探险队的悲剧发生。事实上，他与彼得·沃伦·迪斯合作，为西北航道的南段地图增加了近 600 千米。他也找到了亟待考察的关键地区。1854 年，约翰·雷伊开始自己最后一次伟大的北极探险时，正是在辛普森和迪斯止步的卡斯托尔和波鲁克斯河入海口开启了至关重要的最后一段航程。

第十二章
如果这名因纽特人与富兰克林一道航行呢？

1839 年 9 月，彼得·沃伦·迪斯和托马斯·辛普森正沿着北美大陆北岸进行他们的史诗级航行时，一名 19 岁的因纽特人正在寻找一位来访的捕鲸船长。在哈得孙湾公司的两位探险家所在之处以东很远的地方、巴芬岛东岸附近的一个很小的海岛德班岛上，伊努鲁阿匹克听说威廉·彭尼船长正在打听一个名为德努迪阿克比克（即坎伯兰湾）的盛产鲸鱼的海湾。伊努鲁阿匹克就是在契米苏克（即布莱克利德岛）的那个海湾长大的。他已经探索了正对格陵兰的巴芬岛东岸的大部分地区，渴望继续前行。

他找到彭尼，彭尼当时正担心北冰洋捕鲸业会衰落下去。他的担心不无道理。彭尼曾三次试图找到这个海湾，都失败了。这一次，伊努鲁阿匹克（后来人们叫他"波比"）对船长说可以直接带他去。当彭尼乘坐尼普顿号返航回国时，伊努鲁阿匹克也跟他一起。他将成为第二个在苏格兰一举成名的因纽特人。在《伊努鲁阿匹克人生中的若干片段》一书中，后来与探险家一起远航的医生亚历山大·麦克唐纳写道，彭尼带回了"一个相当聪明的爱斯基摩人，他有理由认为，从他身上不但能获得很多关于捕鲸的知识，还能获得不少关于那些尚

J. Henderson Lith. Aberdn.

这幅肖像中的伊努鲁阿匹克身穿当时最时髦的英国服装，这是 1841 年出版的《伊努鲁阿匹克人生中的若干片段》一书的插图。该书出版后不久，作者亚历山大·麦克唐纳成为富兰克林探险队的医生。

有待探索区域的地理知识"。

麦克唐纳写道，尼普顿号在苏格兰的凯斯内斯海岸登陆了，那里距离人称梅伊城堡的宏伟建筑不远。伊努鲁阿匹克看到城堡非常激动，想进入参观。"然而，他的这个请求遭到了庄园看门人的拒绝，"麦克唐纳继续写道，"那位看门人带着一股真正的地狱犬的顽固，甚至不让我们绕城堡步行一圈。"

建于1570年前后的梅伊城堡坐落在苏格兰北岸，位于约翰奥格罗茨以西大约10千米处。1839年秋，伊努鲁阿匹克被拒绝进入，但如今，该城堡和花园在每年5月1日到9月30日的大部分时间对公众开放。网飞公司的名剧《王冠》的第八集中就有这座城堡的镜头。

11月9日清晨，当伊努鲁阿匹克在阿伯丁上岸时，公众聚集在海港，想一睹他的风采。几天后在迪河上，因纽特人当众表演皮划艇技能。他在冰冷的河水中过于卖力，染上了肺炎。比约翰·雷伊晚五年从爱丁堡的皇家外科医学院毕业的麦克唐纳宣布，伊努鲁阿匹克患上了"肺部感染。非常严重，但并没有其他特异症状"。

其后几个月间，年轻人一直在死亡的边缘徘徊。彭尼很了解他的聪明和能力，本打算教他造船，也被迫搁置了。然而就算在病床上，伊努鲁阿匹克也表现出一种幽默感。1839 年 11 月的《阿伯丁先驱报》报道说："尼普顿号蒸煮室里有个人画了一幅漫画，上面有一张宽阔的脸，说'这是个爱斯基摩人'。波比立即借过铅笔，画了一张很长的脸，还有一只长鼻子，说'这是个英国人'。"伊努鲁阿匹克很有模仿天赋。他身体康复后，在戏院里、晚宴上，以及为致敬女王的婚礼而举办的两场舞会上，都充分展现了这一天分，表现得像个天生的绅士。

彭尼船长提请英国海军部关注他与伊努鲁阿匹克一起制作的捕鲸湾地图。管理委员会对捕鲸不感兴趣，但他们还记得那位约翰·萨克鲁斯的作用，便发了一笔小额补助给因纽特人。1840 年 4 月，年轻的冒险家和彭尼及麦克唐纳一起乘坐邦阿科德号起航了，他们带着无数准备分发的礼物，其中包括送给他母亲的一套陶瓷茶杯和茶碟。

彭尼整个夏天都在捕鲸，后来他在伊努鲁阿匹克的带领下，驾驶邦阿科德号进入了德努迪阿克比克，即约翰·戴维斯称为坎伯兰湾的地方。伊努鲁阿匹克与彭尼分享的这一信息将改变北冰洋的捕鲸业，开启苏格兰捕鲸者在巴芬岛的殖民历程。

与此同时，麦克唐纳写到他的朋友伊努鲁阿匹克时说："如果他曾经有过和我们一起重返英国的想法，那么如今从他本人的行事方式来看，他已经彻底放弃了这样的打算。"伊努鲁阿匹克在德努迪阿克比克娶妻并定居下来。他跟彭尼做了好几年的须鲸生意。这些年，他在族人中也成了远近闻名的故事大王。

即便如此，他对北极的探索故事还将产生更大的影响，主要是因为他深深影响了妹妹图库里托。受他的启发，她也开始学习英语，在英格兰逗留一段时日之后，她回到北极，后来成为发现失踪的约翰·富兰克林探险队命运的关键人物之一。伊努鲁阿匹克于 1847 年夏死于肺病。他的简要传记于 1841年问世，是历史上第一部为因纽特人书写的传记作品。四年后，它的作者亚历山大·麦克唐纳作为助理外科医生加入了富兰克林的探险队，在恐怖号上航行。

问题来了：如果……如果当彭尼和麦克唐纳乘坐邦阿科德号回英国时，伊努鲁阿匹克跟他们一起回去呢？假如海军部能够任用他，那么他也几乎一定会在 1845 年随约翰·富兰克林航行。他在场会不会让结局有所不同？最后才遇难的几名探险队员都曾与因纽特猎人有过互动。如果伊努鲁阿匹克当时在场，跟他们交流打探，是不是可以扭转乾坤？

第十三章
富兰克林夫人派丈夫去征服那条航道

　　1843 年，在皇家海军无法雇用伊努鲁阿匹克的情况下，几位大人物向英国海军部提交了一份"努力完成西北航道之发现"的建议书。由约翰·巴罗和爱德华·萨拜因策划的这次请愿行动利用国内的民族主义情绪，强调"把地理发现的胜利拱手让给活跃于北方的其他国家是不明智的"，暗指俄罗斯在这方面的进展。其中还强调"这次远征对于完成全球地磁勘测意义重大"。

　　这最后一条获得了皇家学会和不列颠科学促进会①的热心支持。皇家学会强调眼下的时机极其重要，因为由亚历山大·冯·洪堡发起的全球同步地磁观测国际合作项目已经接近尾声。科学促进会则强调了建立全球永久磁力观测网络的重要意义，其中一个观测点将设于多伦多，他们乐于看到磁北极附近进行更多的观测。

---

① 不列颠科学促进会（British Association for the Advancement of Science）是成立于 1831 年的慈善性学术组织，致力于促进和发展科学，2009 年更名为不列颠科学协会（British Science Association，BSA）。

英国参与"磁十字军计划"的幕后推手爱德华·萨拜因提出，近年来观测仪器和方法都有很大进步。他指出，从北极地区获得唯一的磁观测数据之时距今已有四分之一个世纪，可靠度与如今获得的数据不可同日而语。这个论点赢得了海军部的支持。此外，他最后说，根据海军部的记录，"要最终完成全球磁力观测，还有最重要的任务尚未完成，就是找到那条通过极海的航道"。

在一部出版于 2009 年的传记作品中，皇家海军历史学家安德鲁·兰伯特用这一观点解释了约翰·富兰克林爵士何以能够获得 1845 年西北航道探险的指挥权。他坚持认为，"磁科学左右着富兰克林探险的缘起和方向"，还说"没有这种磁脉冲，就不会有北极探险任务"。富兰克林"从一开始就是'磁十字军计划'的核心人物"。兰伯特写道，他"不是探险家、旅行家或发现者"，而是"一位领航员"。他指出，富兰克林之所以获得指挥官之位，是"因为他有无懈可击的资质、丰富的北极探险经验、屡获证实的领导才能，但首先是因为他是一流的磁科学家"。

海军部在给富兰克林等人的命令中重申，"发现一条从大西洋通往太平洋的航道是这次探险的主要目标"。然而兰伯特的观点没错，这次探险的次要目的确实是地磁观测。在《科学与加拿大北极地区》中，特雷弗·莱弗尔追溯了该目标的形成和进展。正如莱弗尔所说，富兰克林的确曾与"仪器制作人罗伯特·沃尔·福克斯合作，开发并改进了一种测量磁倾角和磁力的仪器"。

尽管兰伯特认为约翰·富兰克林是一位地磁科学专家，然而一个有趣的细节是，爱德华·萨拜因反对任命富兰克林为 1845 年探险的指挥官。萨拜因是富兰克林的朋友，曾与他一起到访过爱尔兰，但他希望詹姆斯·克拉克·罗斯来担任指挥官。作为"磁十字军计划"的领袖，他强烈反对任命富兰克林而长期坚决支持罗斯，并试图敦促后者改变主意。那么，富兰克林到底是如何获得这次著名探险的指挥官任命的呢？答案很简单：富兰克林夫人。

✦

　　在大不列颠，女人嫁给一名被封爵的男性之后，可以获得"夫人"的尊称，但这个尊称必须冠上夫姓。作为约翰·富兰克林的妻子，简·格里芬可以自称富兰克林夫人或富兰克林夫人简，但严格说来，不可以自称简夫人或简·富兰克林夫人——当然，如今这些叫法都已经司空见惯了。早在1818年，我们所说的这位年轻夫人就对寻找西北航道的皇家海军表现出极大的兴趣，1828年11月，命运乖蹇的富兰克林娶了她之后，他的一切就彻底掌握在她的手里。

　　约翰·富兰克林是在前一年年底开始对"简小姐"感兴趣的，那时他丧妻不久，刚刚完成第二次陆地探险归来。简的父亲接待了富兰克林后，把女儿叫到他的书房。他震惊地发现，这位约翰·富兰克林上校居然在北极地图上题写下了"格里芬"这个姓氏，便想问问女儿到底对他了解多少。看起来，这位从极北之地归来的人物正打算对她大献殷勤呢。

　　想象一下那幅画面吧，约翰·格里芬双手紧握在背后，在书房里踱着大步。他已经擅自做了相关背景调查。约翰·富兰克林生于1786年，比简大五岁，家境一般。他的父亲在林肯郡的斯皮尔斯比集镇经营一家店铺，在十二个孩子中排行第九的富兰克林看不到什么出路，12岁就加入了海军。他曾经跟随姐夫马修·弗林德斯上校前往澳大利亚开展探险航行。

这幅素描是根据简·格里芬23岁时在日内瓦请人创作的一幅肖像所画，保存在美国纽约公共图书馆的埃米特手稿藏品部。

后来他又参加了哥本哈根和特拉法尔加战役，随后转向北极探险。过不了多久，富兰克林上校就将因其在北极的贡献而获封爵位。如果简嫁给他，她就能变成富兰克林夫人，得到声望和她垂涎已久的自由。父亲清楚地记得，简曾经拒绝了一位鳏夫给她夫人头衔，那位求婚者虽然既富有又尊贵，但两人年纪相差太大。而富兰克林只比她大五岁。很可能她明察秋毫，觉得成为富兰克林夫人好处多多？

到这时，简·格里芬已经拒绝了好几次求婚。她已经三十多岁，几乎可以被视为老处女，处境堪忧。富兰克林为她提供了一个机会，让她可以用继承的财富换取优越的社会地位，随心所欲地出入世界各地上流社会的客厅。这桩拟议的婚姻不但能把她变成富兰克林夫人，还将给她向往已久的自由——她那个阶层的男士们享受的那种程度的自主权。

此外，由于她和富兰克林的前妻交情甚笃，简·格里芬在这位鳏夫身上还看到了一种特殊的品质。和大多数中产阶级英国男士不同，此人对女人言听计从。他自小长在有好几个姐姐的家庭，她们个个都比他有主意，有几位几乎肯定曾对他呼来唤去。因此，富兰克林会接受一位强势女性的指引。对那个时代的一个有主见、爱冒险的女人来说，没有什么比这更诱人的了。1828 年 11 月 5 日，在距离她位于伦敦市中心的家宅大约 25 千米的风景秀丽的斯坦莫尔村，差一个月年满 37 岁的简·格里芬小姐嫁给了 42 岁的约翰·富兰克林上校。

蜜月确实带来了特别的震撼。在法国庆祝喜结连理时，新婚宴尔的富兰克林夫妇受到国王路易·菲利普的接见，他是简的叔叔的老友。在那里，一位法国贵妇公开表示，著名探险家的短胖身材令她吃惊不小，他身高 1 米 7，体重已经达到 210 磅。简·富兰克林简直不敢相信这个女人会如此粗鲁。但是不要紧。1829 年 4 月，富兰克林获得爵位时，她顺理成章地成为富兰克林夫人简，广阔天地终于在她的面前徐徐展开了。

当时北极探险正处于低潮期，简·富兰克林就鼓励丈夫接受彩虹号船长的职位，那是一艘派往地中海地区巡逻的二十八炮护卫舰。这样她就有理由去探望他了。1831 年 8 月 7 日，她带着一个侍女、一个男仆和一副可以当帐篷用的四柱铁床架，从英格兰出发。在直布罗陀的海军基地看望过富兰克林之后，她又带着这些环游地中海。其后三年中，富兰克林夫人骑着一头驴进入拿撒勒①，乘坐一条老鼠泛滥成灾的船逆尼罗河而上，还与一位英俊的传教士一起到"圣地"旅行，后者在月光下为她奏起小夜曲。我在《富兰克林夫人的复仇》一书中详细记录了她的冒险。

1834 年 10 月她总算在英格兰与富兰克林重聚时，他在地中海的任务早已完成，她发现他郁郁不得志，变成了又一个只领半薪的海军军官。海军部的约翰·巴罗派遣这位船长的前下属乔治·巴克率领远征队去寻找消失在北极的约翰·罗斯和詹姆斯·克拉克·罗斯。罗斯叔侄 1833 年 10 月重新出现时，舆论一片哗然，然而那时乔治·巴克已经到达北美。他自然继续航行去了北冰洋沿岸，完成了大鱼河（后来被称为巴克河）流域的地图绘制，于 1835 年下半年回到伦敦，成为一方之宠。

这位前下属最近又开始建议海军部再派一支海军探险队去完成整个北美大陆北岸的测绘，当然是由他自己率队前行。他提议由哈得孙海峡航行至韦杰贝后，可以由陆路把船拖到钱特里湾西岸，然后他和队员们一路西行到达特纳盖恩角。整个英格兰，甚至包括北极专家在内，没有一个人意识到这是多么艰巨的任务，他们不知道路程有多长、地形有多险。

然而这个提议听起来很像富兰克林十年前完成的那次探险，在简的敦促下，他指出了这一点。他四方游说，极力争取迫在眼前的任命。但 1836 年 3 月初，传言四起，说乔治·巴克获胜。很快，刚刚被任命为战争及殖民地大臣的格莱

---

①　拿撒勒，位于以色列北部的历史名城，《圣经》记载那里是耶稣基督的故乡。

内尔格勋爵①就证实了最坏的传言：乔治·巴克将领导下一次北极航行。为减轻富兰克林的失落感，格莱内尔格勋爵在加勒比海的安提瓜岛上给他安排了一个职位，上校可以到那里担任代理总督。正如格莱内尔格勋爵所说，这会让他进入外交领域，可能还会有接二连三的任命，也不会对他在海军的前途有碍。

正在多佛尔探望亲戚的简·富兰克林分析了这个职位。她愿意靠一份微薄的收入生活在英属西印度群岛南部一个微不足道的小岛上吗？安提瓜是背风群岛中的一个小岛，整个背风群岛有一位首席长官。这样一来，约翰爵士还成了一名副官——或者用她为清晰起见而用海军术语跟他解释的那样，"比战列舰的舰务官高不了多少"。她让富兰克林拒绝这一职位并不失礼貌地表示，他认为担任这个职位对他而言是屈才了。

约翰·富兰克林对简的吩咐如实照办。格莱内尔格勋爵和蔼地接受了他的拒绝，承认抛开官职不提，富兰克林的"公共形象和私交人脉都很不错"。格莱内尔格勋爵是个卓有名望的殖民地行政长官，曾在担任贸易委员会主席期间改变了印度政府的构成，然而他对于娶到简·格里芬之后的富兰克林获得了多么强大的同盟还一无所知。

简·富兰克林开始在英格兰南部活动起来。她有不少位高权重的朋友能对国王威廉四世施加影响，她在他们当中简直无法掩饰自己的震惊和愤怒。想想吧，像约翰·富兰克林爵士这样享有极高声望的人，一个为祖国做出过这么大贡献的北极英雄，在他本人和他深爱之人付出这么大的代价之后，居然会被安排这么一个无足挂齿的职位——啊，这简直是天大的丑闻！英格兰怎么会变成

----

① 格莱内尔格勋爵（Lord Glenelg），即第一代格莱内尔格男爵查尔斯·格兰特（Charles Grant, 1st Baron Glenelg, 1778—1866），苏格兰政治家和殖民地官员。1813 年任财政大臣，1819 年任爱尔兰布政司首长和枢密院顾问官，1835 年 4 月任战争及殖民地大臣，并获封格莱内尔格男爵。

这样？每念及此，简·富兰克林都觉得头晕目眩，非得躺下来缓一缓才行，而她每天满脑子就是这些。

关于英格兰的北极英雄受到奇耻大辱的消息传到了国王威廉四世的耳朵里，这位"水手王"兼前海军大臣当然旋即表达了自己的观点。格莱内尔格勋爵把富兰克林送出殖民地部所在地时，本以为永远不用再把此人放在心上了，没承想不到两周后的 1836 年 4 月 1 日，他就给上校写了一封措辞谦卑的信，毫不掩饰自己收到了谁的指令："亲爱的爵士——您大概会觉得我是个迫害者——但如今有件事大概不会使您不悦。[乔治·]阿瑟上校打算不再担任范迪门地的长官职位，我受国王之托，向您提出继任该地长官的任命。薪水是每年 2 500 英镑。如果您觉得能够接受这一重要而有趣的任命，我必喜出望外。"

富兰克林知道，这就是妻子一直在为他争取的任命。这个职位的薪水是安提瓜那个职位的两倍多，还有与之相当的权威和地位。他欣然接受。范迪门地！位于遥远的澳大利亚大陆南方的岛屿殖民地！那个地方固然是英格兰关押上万名不受欢迎的囚犯的地方，但约翰·富兰克林可是个管理者。他和妻子将在世界的另一端开启一段妙不可言的新生活。就连有远见卓识的富兰克林夫人也绝对没有想到，这次冒险并没有给他们带来荣耀和晋升，反而以耻辱、失败和毁灭告终。

作为范迪门地（后来的塔斯马尼亚）的副总督，约翰·富兰克林爵士力有不逮。上校已经证明自己当然有能力统领一艘载有一百七十五名水手的六级护卫舰——水手们都有相同的背景，对规则心知肚明，如果你胆敢和军官顶嘴，大概会挨上十几记鞭子。然而很遗憾，统领一艘小小的海军军舰并没能让富兰克林获得足够的能力和经验来治理一个四万两千人的监禁地，其中不光有罪犯，也有殖民者、原住民和由公务员组成的统治阶级，他们各自的想法都不一样。约翰·富兰克林是个对海军的鞭子保持敬畏的体面人，是喜欢用浑厚的嗓音念诵经文的虔诚基督徒。他根本不该尝试去管理一个监禁地。

在《富兰克林夫人的复仇》中，我用了一百一十七页的篇幅来描写范迪门地发生的一切。整个故事大致说来就是，富兰克林夫妇和极有权势的殖民大臣约翰·蒙塔古之间隔阂日渐加深。到 1841 年初，双方已经势如水火。整日摩肩擦踵更加深了他们对彼此的憎恶，这成为一颗定时炸弹，随时可能爆炸。引爆的火花出现在 1842 年 1 月 7 日，富兰克林拿着一篇蒙塔古差人发表在当地报纸《范迪门地纪事》上的文章，来找后者兴师问罪。

那份报纸早先曾发文称人们对富兰克林"显而易见的能力不足、他一目了然的软弱无力"忍耐已久，此番则声称约翰爵士是"躺在早已过时的功劳"上好逸恶劳、得过且过之人。至于富兰克林夫人，她的罪过是爬上海拔 1 271 米的惠灵顿山俯瞰首都霍巴特，还在澳大利亚的崎岖乡野跋涉近 900 千米，从墨尔本行至悉尼。该报纸认为，她的乡间漫游表明他们把大笔金钱"肆意而不光彩地挥霍在荒谬的旅行上，异想天开，不走寻常路"。如今，两方都指责对方说谎。由于只有殖民地部能够解雇蒙塔古，约翰·富兰克林停了他的职。

冷酷无情、品质恶劣、道德败坏、精明狡猾的蒙塔古把官司打到了英格兰。他认为自己受到了不公正的对待，且不惜违背任何原则为自己辩解。一旦真相对自己不利，蒙塔古会毫不犹豫地撒谎；证据不足，他会现编生造。为证明他对约翰爵士"差不多就是个蠢货"的指控，他编造出危害严重的场景和丢人的轶事。至于富兰克林夫人，蒙塔古是这么描述她的："我从未见过比她更讨厌、更爱管事的女人——她爱慕虚荣，渴望靠标新立异赢得声名。"她"在任何事情上"都要插一脚，"行事做派又如此出格，以至于几乎没有什么事情上看不到她的突出影响，简直是避无可避"。

在那个时代，妇女本该在家中相夫教子，就算是勇敢的女性作家也要用男性化的笔名掩盖真身，因为害怕受到嘲笑乃至羞辱，而蒙塔古指控这个"堕落、放荡、恶毒的女人干预政事"。怀恨在心的骗子蒙塔古使用的抹黑战术令人作呕，但他有乔治·阿瑟的支持，后者如今是上加拿大的副总督，蒙塔古帮他管理投资，还娶了他的侄女。在英格兰，他的诽谤策略获得了意想不到的成功。如今由斯坦利勋爵爱德华①任部长的殖民地部相信了富兰克林是个"娘娘腔"的说法，把他从范迪门地召回。就这样，曾经受人尊敬的探险家蒙羞回国了。

富兰克林夫人原本一心希望伦敦人不知道远在南方发生的事情，但1844年6月这对夫妇在朴次茅斯登陆后不久，一位亲戚就没心没肺地提到富兰克林被召回的丑闻。简·富兰克林听到这话，顿时泪流满面。她的哭声响彻整个宅子，令在场的每个人都十分难堪。

回到伦敦，富兰克林夫妇得知英国海军部对西北航道之谜重燃兴趣。看到俄国人在北极取得进展，贸易路线和国家荣誉都危在旦夕，皇家海军的大佬们建议派遣一支由两艘船组成的探险队去探索一条连接兰开斯特海峡和辛普森海峡的南北通道，从而将该航道已知的南部和北部航段连接起来。那能有多难呢？

一个问题悬而未决：谁来统领这次划时代的探险？年长的约翰·巴罗爵士仍然作为第二海务大臣掌管着探险事务，他确定的人选是詹姆斯·菲茨詹姆斯，一位三十出头的海军军官，也是他的世交晚辈。巴罗早在1844年3月就对菲茨詹姆斯提过这个话题。当然，所有的任命最终都要得到海军委员会的批准——七位勋爵个个都有政治任命权。

----

① 斯坦利勋爵爱德华（Edward Lord Stanley），即第十四代德比伯爵爱德华·史密斯-斯坦利（Edward Smith-Stanley, 14th Earl of Derby, 1799—1869），英国政治家，曾三次任首相。

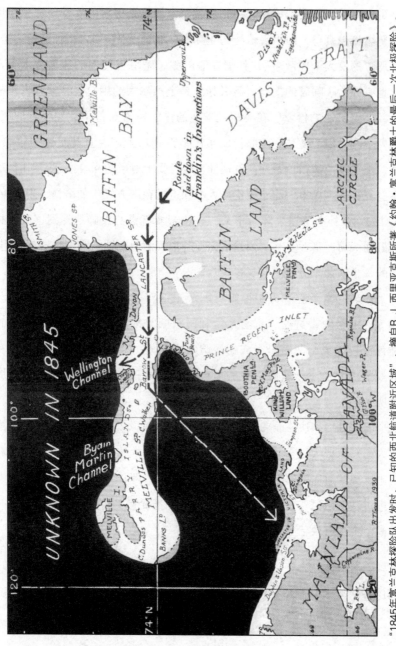

"1845年富兰克林探险队出发时，已知的西北航道附近区域"，摘自R. J. 西里亚克斯所著《约翰·富兰克林爵士的最后一次北极探险》。

不管谁来指挥这次探险，这位被认为能轻松"发现航道"之人都会得到 10 000 英镑——这是一笔丰厚的资金，足够他慷慨地分给手下的军官和船员。同样重要甚至更为重要的是，这位探险指挥官还会成为举世公认的西北航道发现者，享誉国际。如此一来就引发了激烈的幕后竞争——需要秘密运作和高官厚爵的朋友，而这正是简·富兰克林擅长的。

虽然有巴罗的支持，但年轻的菲茨詹姆斯还是突然间失去了机会。最终他成了探险队的第三把手。如今已是詹姆斯爵士的詹姆斯·克拉克·罗斯在最初的指挥官候选人名单中位居榜首。他结束最后一次南极探险返回英国之后就接受了封爵。罗斯参与的极地探险比他同时代的任何人都要多，但他已经 44 岁，刚刚结婚，希望在他位于伦敦东南部的庄园里过上乡绅生活。因此他拒绝了，解释说他在婚前向岳父承诺过，不再参与极地探险。

然而作为许多人心目中的首选，詹姆斯爵士对此事有极大的影响力，而他与富兰克林夫妇走得很近，尤其是简。在为期四年（1839—1843）的南极探险中，他曾拜访过范迪门地，委托她为他买一座 640 英亩①的庄园。如今，简·富兰克林立即行动起来，确保罗斯为她的丈夫出一份力。

起初，约翰·富兰克林和比他小四岁的爱德华·帕里都因为年纪太大不适合再赴北极面对那里严苛的自然环境而被取消了考察资格。在正常情况下，富兰克林本人多半也会接受这一评价。但因为范迪门地毁了他的名声，他觉得必须设法获得这次极其重要的探险的领导权，为自己正名。后来，当公开发表的报道含沙射影地暗示这一动机时，富兰克林夫人的抗议显得过于强烈，例如她声称："他继续他的北极探险的动机是对北极探索和这一伟大事业的纯粹的爱，任何其他说法都是大错特错的无稽之谈。"

除了年轻的菲茨詹姆斯之外，还有两位四十多岁的经验丰富的军官仍然很

---

① 　1 英亩约等于 4 047 平方米。

有竞争力：出色的北极陆地探险家乔治·巴克和弗朗西斯·克罗泽，后者曾经参与过爱德华·帕里和詹姆斯·克拉克·罗斯两人主导的意义重大的航行，最终他当选的是这次航行的副指挥官。若单凭自己的实力，约翰·富兰克林根本不可能打败克罗泽。

但他身后有势不可当的简，她也极度渴望为自己正名。富兰克林夫人一如既往地精明圆滑，在写给詹姆斯·克拉克·罗斯的信中既有恭维又不失坦率。罗斯显然是"恰当的人选"，但如果他选择不指挥这次探险，那么她希望约翰爵士不会因年龄而被忽略。她写道，"在殖民地部经历了如此轻佻的怠慢"之后，"如果他自己的部门再对他不屑一顾，他一定会受到深深的伤害，而这一任命或许会比殖民地部以外的任何其他决策更能有力地抵消斯坦利勋爵的不公和压制造成的影响。我极其担心，如果不能立即获得光荣的任命，他的心灵会遭受怎样的创伤，这就是我本不该舍得让他以身赴险，却如此全力支持他此次北极之行的原因所在"。

收到这封长信后不久，詹姆斯·克拉克·罗斯公开宣称这次决定性的探险唯一可能的指挥官就是北极老手约翰·富兰克林爵士。在海军部，约翰·巴罗只能沮丧地摇头。巴罗最后一次试图诱惑罗斯来担任指挥官之职，祭出了准男爵爵位和巨额退休金这两个甜头。他甚至提出，他愿意把探险任务推迟一年，如果这能让罗斯点头加入的话。但 J. C. 罗斯的态度十分坚决。

乔治·巴克拜访了罗斯，请求他的支持。他本人曾两次和富兰克林一起前往北极，认为年长的富兰克林不大耐冻，还说他的身体条件也不适合这样的冒险。罗斯仍不为所动。海军部地图制作师弗朗西斯·波弗特爵士敦促罗斯再考虑一下，"磁十字军计划"的推动者爱德华·萨拜因也是一番相劝。

富兰克林夫人步步紧逼，詹姆斯·克拉克·罗斯压力日增。她利用家族人脉和道义劝说，不但打通了皇家地理学会的关系，使之为富兰克林的候选人资格提供强力支持，还找到了可敬的爱德华·帕里，后者对海军大臣托马斯·哈丁顿勋爵说，约翰爵士是他所知的最合适的人选："如果您不让他去，他定会死于绝望。"

1845 年 2 月 5 日，哈丁顿勋爵唤富兰克林来到位于伦敦市中心的海军部大楼。一楼会议室富丽堂皇，装饰着红木书架、两个彩色地球仪、一台指示风向的粉蓝色仪器，墙上还悬挂着许多巨幅地图，两人在一张能够容纳十人的大桌前交谈。富兰克林夫人不在场，但她后来详细重现了当时的场景，人们认为她的描述太过文艺，不大可信。

但她的描述确实大致重现了当时的场景。哈丁顿勋爵尽可能委婉地提出了条件艰苦的问题。体重绝对超标的富兰克林坚称，如果他觉得自己不能胜任探险，决不会争取指挥官职位："如果是步行，勋爵，那我可能不合适。我的体重确实比过去增加了一些。但这是航行探险——情况完全不同。我觉得我完全胜任。"

富兰克林主动要求接受体检（在简的建议下，他随后立即寄了一封信来证明自己身体状况良好，信件是由两人的密友约翰·理查森医生所写）。海军大臣略有些尴尬地说，他还考虑到了意志力的问题。他担心富兰克林最近在范迪门地的痛苦经历会让他心力交瘁。富兰克林说，北极探险的压力跟治理一个监禁地的压力不可同日而语。

"听我说，我们很希望由你来担当大任，"哈丁顿说，"但你已经 59 岁了，年龄不饶人啊！"

富兰克林还差两个月过生日，他回答道："但是勋爵！我才 58 岁啊！"

1845 年 2 月 7 日，托马斯·哈丁顿勋爵宣布了他的决定。这次划时代的西北航道探险的指挥官将是经验丰富的北极探险家约翰·富兰克林爵士。三个月后的 1845 年 5 月 18 日星期日，在格雷夫森德主港区以北 6 千米的一个名叫格林海斯的村庄里，简·富兰克林站在码头上，欣赏着幽冥号和恐怖号。它们刚刚被漆成黄黑色，每艘船中央都有一道宽宽的横条，这两艘翻修过的船在阳光下闪烁着耀眼的光芒。詹姆斯·克拉克·罗斯不正是驾驶着这两艘船去南极探险的吗？罗斯在范迪门地短居期间，简本人曾不止一次登上它们的甲板。

自那以后，这两艘前炮船又被改装过一次，装上了适配的机车用内燃机和可伸缩螺旋桨，还有一套能通过 12 英尺长的管子传送热气的供暖系统。约翰·富兰克林致信范迪门地的友人，说自己对这两艘船很满意，还说他被任命为这次意义重大之探险的指挥官表明某位公务员的诽谤"并没有伤害我的名誉"。富兰克林对他手下那些迫不及待的军官也很满意——"一群很棒的年轻人，积极、热心，有志于建功立业。"至于船员，他提到"很多人说，没有哪艘出海航行的轮船上有我们这么好的一群海员"。

富兰克林出发前几天，一个很小的事故引发了一些不快。按照海军传统，像约翰爵士的第一任妻子二十年前所做的一样，简·富兰克林缝了一面英国国旗给丈夫作为分别礼物。一天下午他小睡时，她把那面旗子轻轻地盖在他身上。约翰爵士先是睁开了一只眼，然后睁开另一只。"怎么回事，我身上怎么有一面国旗！"他跳起来，把国旗甩在地上，"你难道不知道，皇家海军的人都用英国国旗覆盖尸体？"

简又惊又恼，起身离开房间。约翰·富兰克林紧随其后，连声道歉："原谅我，简。我刚才半睡半醒着呢。"她缓和下来，理解了他的沮丧："约翰，我这充满爱意的动作只会预示你此行的成功，怎么可能有别的寓意呢！"

就这样，在约翰起航前的最后一个周日，距离他从范迪门地回国不到一年，简·富兰克林在格林海斯村登上幽冥号，倾听约翰爵士在船上首次诵读礼拜辞。第二天早晨她没有上码头，知道那样做会引发关注。但 5 月 19 日，她从他们住处的窗户朝外望，看着拉特勒号汽船在上午 10 点 30 分左右把两艘船拖入公海。他们就从那里扬帆起航了。

其后几周，简·富兰克林收到了几封信。丈夫的最后一封信是从格陵兰岛的迪斯科湾发出，由一艘捕鲸船送来的。船员们兴致高昂。富兰克林对全体船员开放了船上的图书室。那里的一千七百册图书包括北极参考书和许多关于宗教的巨著，但也有查尔斯·狄更斯和威廉·梅克比斯·萨克雷的小说、威廉·莎士比亚的戏剧集和《笨拙》杂志的合订本。简能够想象富兰克林在船上主持礼拜仪式，还有他给来上夜间课程的不识字的船员提供写字板的样子。

约翰·富兰克林在进入格陵兰的迪斯科湾补充淡水时给妻子寄去了她收到的最后一封信。他说船员们兴致高昂，他向船上的全体人员开放了图书室。

那年晚些时候，她计划乘船经由西印度群岛去北美。她会在南方登陆，准备在那里接到富兰克林已经找到航道的消息，然后横穿北美大陆，在美洲西海岸迎接他的归来。她即将分享他一生中最为荣耀的一刻。

第四部分

向原住民学习

第十四章
一名苏格兰奥克尼人加入了搜救

　　两年后，约翰·富兰克林爵士仍然未能满怀喜悦地出现在太平洋上，这引起了他的妻子、朋友和海军同仁的担忧。他们开始讨论启动搜救行动。富兰克林的前副手约翰·理查森爵士主动提出率领一支小型搜救队，沿马更些河顺流而下前往北冰洋沿岸。他曾跟随富兰克林进行过两次陆路探险，还娶了失踪上校的一位侄女。海军部批准了理查森的计划，派遣四条船和二十个人前往哈得孙湾的约克法克托里。

　　年近六旬的理查森从没料到自己会在二十年后重返北冰洋。那些年他一直住在伦敦以南 95 千米的朴次茅斯附近，在哈斯拉医院担任首席医疗官，那是当时世界上最大的医院。理查森非常清楚，他需要一位能干的旅伴作二副。他在数百位不同官阶和职业的绅士递交的申请中筛选，他们个个古道热肠，却无一人拔丛出类。

　　随后，在 1847 年 11 月 1 日，理查森在阅读《泰晤士报》时偶然看到了一篇约翰·雷伊医生撰写的报道，后者在北极地区居住了十四年，最近刚刚重返英国，回到奥克尼。在那篇原本是为哈得孙湾公司所写的报道中，雷伊描述了自己如何带领十几个人一路向北，为北冰洋沿岸绘制地图。他曾在里帕尔斯贝过冬，住在远离陆地的冰面上。他证明"布西亚费利克斯"不是一座岛屿而是半岛，并证明与托马斯·辛普森等人的猜测相反，没有一条西北航道从布西亚湾的尽头西去。理查森当时住在医院院内的一幢独立住宅里，在家中读到雷伊的报道时，他一下子跳起来，冲妻子喊道："我找到旅伴了，要是能说服他跟我一起航行就好了！"

1813年，约翰·雷伊出生于奥克尼群岛斯特罗姆内斯的克莱斯特雷恩府邸。作为地产富商之子，他整个青少年时代都在户外度过，登山、钓鱼、徒步、打猎、航海。十四五岁时，这名苏格兰奥克尼少年进入爱丁堡大学的医学院读书，19岁便以军医身份随哈得孙湾公司出海航行。那次航行遇到了浮冰而无法返航，雷伊就在哈得孙湾尽头附近小小的查尔顿岛上度过了一个寒冬，两个世纪以前，亨利·哈得孙就曾在那个岛上度过一个可怕的严冬。

雷伊在那里经历了食物短缺、极寒和导致团队中两人死亡的坏血病。春天，他意识到自己完全能够适应哈得孙湾公司的"荒野生活"，便签约在未来两年中担任公司的医生，结果在哈得孙湾公司的第二大毛皮贸易站穆斯法克特里一待就是十几年。在那里，雷伊无数次与一位名叫乔治·里弗斯的驼背克里人一起出门打猎。里弗斯年轻时身材高大、结实有力，后来因为脊椎受伤变成了驼背，站起身来也就1.5米高，但他一如既往地勇敢无畏。

雷伊和里弗斯一起猎杀驼鹿和驯鹿，这不仅为克里人提供了主食，毛皮晒干之后还能做成外套、长裤和裙子。雷伊本来就长于野外活动，但里弗斯还教给了他本地人打猎和诱捕的技巧，以及如何把肉保存在很重的石头下面以防被野兽叼走，如何清洁、剥皮和分割大的猎物，并把猎物的胃翻过来做成袋子，

约翰·雷伊在克莱斯特雷恩府邸出生长大。2016 年，约翰·雷伊学会买下了这座始建于 1769 年的帕拉第奥式住宅。该学会目前正在修复该府邸，使之成为奥克尼的一个主要旅游景点。

把动物的血保存在里面。他教雷伊如何从动物尸体中取出食管，解释说如果漏掉这一步，肉很快就会变质，不能吃了。

里弗斯是个无所畏惧的划艇好手、值得尊敬的猎人和出色的厨子。年轻的医生为报答他的辅导，送给他一把英格兰制的双管短枪，里弗斯用它打猎，百发百中，所获颇丰。在里弗斯的帮助下，雷伊掌握了划艇和穿雪靴行走的技巧。他二十多岁时就成为荒野求生和雪靴行走的传奇人物。有一次他长途返家，两天走了 167 千米，单是第二天就走了 119 千米。

1844 年，当约翰爵士和富兰克林夫人为获得那次划时代的皇家海军探险的指挥官职位而多方游说时，约翰·雷伊从穆斯法克特里来到蒙特利尔。他在那里说服了哈得孙湾公司的总督乔治·辛普森，让后者坚信他才是能够完成北美大陆北冰洋沿岸地理测绘之人，但他需要学习最新的测绘技术。因而第二年，当富兰克林行船驶入航道时，雷伊完成了一次不寻常的陆路旅行。他先划船从穆斯法克特里到达红河（加里堡），行程 1 175 千米。原计划跟从的导师生病去世后，雷伊再次起程，又走了 2 230 千米。起初他穿着雪靴，一路打猎，用两个月时间走到苏圣玛丽。在那里短住之后，他继续前行，主要靠划艇到达了多伦多。那里的磁观测站于六年前建成，就是一个简陋的小木屋（现早已不复存在），位于如今的多伦多大学所在地，他在那里师从著名科学家约翰·亨利·勒弗罗伊，学会了使用六分仪和进行磁观测。

1845 年秋天富兰克林准备在比奇岛过冬时，约翰·雷伊回到红河，大半行程是靠划艇，继而他划着一艘约克船向东、向北行驶，先去穆斯法克特里（1 176 千米），然后去约克法克托里（992 千米）。10 月 8 日，他在呼啸的冷风中到达目的地，在那里度过了接下来的冬天，其间督建了两艘船，并雇人组成了自己的探险队。1846 年 6 月，约翰·雷伊带着十几个人乘坐两艘 22 英尺长的帆船从约克法克托里出发，其中有六个苏格兰人（有四个是他的老乡奥克尼人）、两个法裔加拿大人、一个梅蒂人和一个克里人。

向北航行两周后，雷伊到达丘吉尔。他在这里又雇用了两名因纽特翻译——欧里格巴克和他的一个儿子，十三四岁的小威廉·欧里格巴克——最终完成了探险队的人员配备。老欧里格巴克曾与约翰·理查森一起参与过富兰克林的第二次陆路探险，后来又与彼得·沃伦·迪斯和托马斯·辛普森一起沿北冰洋海岸航行。

年轻的欧里格巴克首次进入书面历史是在 1843 年，当时他和父母一起来到约克法克托里。首席贸易商詹姆斯·哈格雷夫之妻利蒂希亚·哈格雷夫写到过

　　到 19 世纪 40 年代中期，约翰·雷伊已经是一名极其出色的猎人及探险家了。这幅图片是本书作者发表在《瑞普克冒险杂志》上的一篇人物传略的配图。

他："小男孩大约12岁，会说十种语言。他本是个小捣蛋鬼，但人非常聪明，极其肥胖魁梧，穿着讲究。"两年后，哈格雷夫写信给丘吉尔堡的首席贸易商，说老欧里格巴克"之所以被留下来，唯一的原因就是他可能［跟雷伊一起去北极］……他的儿子看上去倒是个有用的小伙子，也有可能参与探险——能得到这样的机会，一定让他父亲满心欢喜"。

由于年轻人会"成为二号译员"，哈格雷夫请求"指示堡内的全体人员只用英语跟他对话"。探险结束之前，雷伊就对年轻的威廉失去了耐心，说他是个"屡教不改的贼……［他］两次被抓到打开他父亲的包裹，偷吃里面的白糖；有些烟草也被偷了，大部分人的长裤……上的扣子也都被他扯掉了"。小淘气鬼又是偷父亲的糖和烟草，又是玩恶作剧，听起来简直像今天的少年小混混。

雷伊在他出版的日志《北冰洋海岸探险纪事》中写道，探险队1846年7月24日到达里帕尔斯贝时，他在岩石嶙峋的海岸上看到了四个因纽特人，遂大松一口气。他们的出现表明这里可以找到猎物，还可能从他们那里交易得来燃料、烹饪油甚至雪橇犬。在欧里格巴克的帮助下，雷伊询问了那一带的地理状况。他当然要亲自勘测，但此时他得知了托马斯·辛普森的结论是错误的：这里没有一条向西的航道通向卡斯托尔和波鲁克斯河口附近，哪怕从梅厄勋爵湾向西也没有。

雷伊这时尚未发现因纽特雪屋的好处，他督建了一座20英尺长、14英尺宽的石头房子，取名为希望堡。随着隆冬来临，他在拜访附近的因纽特人营地时，发现一个名叫什沙克的老人住的雪屋温暖惬意，连他那件冻得硬邦邦的马甲都开始解冻了。

雷伊讨教如何建造雪屋。几次尝试之后，他和几个探险队员都成了熟练的冰匠。到1846年12月，他们已经建起四座雪屋，用储存食物的地道相连。后来整个天地被冰雪和连续的黑暗笼罩，他们用雪建了两个各带一根冰柱的雪地

查尔斯·弗雷泽·康福特绘，《1846 年，约翰·雷伊医生在里帕尔斯贝》（1932 年）。

观测站，一个用来测量气象读数，另一个用来研究北极光的磁效应。

雷伊依靠欧里格巴克及其子的翻译，从一个名叫阿克沙克的能言善道的因纽特人那里收集了不少因纽特故事。例如，他听说一位法力无边的魔法师在创造世界之后施法让自己升上了天，随身带着火和他美丽的妹妹。两人发生了争执，他用火把妹妹的一侧脸烫伤了。她逃走后，变成了月亮。"新月时，"雷伊写道，"她对着我们的就是那一侧被烧坏的脸；满月时，她用另一侧对着我们。"

1847 年 4 月，经历了一个气温低至零下 43 摄氏度的寒冬后，雷伊和五个人一起组成测绘队，向西出发。他先向北走，偶遇了两个正在钓鳟鱼的因纽特家庭和他们的雪屋。他雇了其中一个叫科依克图乌的人在接下来的两天中帮他拖运补给。此人给自己的狗队套上挽具，放好沉重的货物，在雪橇的滑板上抹了些苔藓和湿雪后，在雪地上迅速滑了起来。雷伊立即注意到这种冰封滑板的优势，并相应改装了自己使用的普通滑板。雷伊还描述说他和队员们每晚建造雪屋，仅用一个小时就能盖起"一个宽敞的住处"。另一组队员则盖起一间厨房，这是个必要的附加建筑，"不过我们的烹饪既不精美也不复杂……无非就是把雪水融化"成饮用水。

一行人一路向北，偶尔储存一些补给以备回程时取用。他们到达科米蒂湾（意为"委员会湾"）后，又沿海岸线行走了四天。天气恶劣导致进展缓慢，但 4 月 17 日那天，雷伊爬上一个斜坡，眼前呈现出一派壮阔景象。从他所站的地方能看到"一大片坚冰覆盖的海水，其间点缀着无数岛屿。梅厄勋爵湾就在我前方，那些都是约翰·罗斯爵士〔19 世纪 30 年代初〕命名的岛屿"。雷伊转头向西，还能看到有陆地将布西亚费利克斯与大陆相连，因而它并非岛屿，而是个半岛。

回程中，雷伊和两个奥克尼人在陆地上奋力前行，越过了好几个绵延的冰丘，也就是说，他们爬过了一个又一个丘状起伏的山脊。一位队员弗雷特患上了雪盲症，"古怪地摔了很多跤，"雷伊写道，"还有一两次头朝下脚朝上，行李的绳子绕住脖颈，不靠他人帮忙的话，他根本无法自己站起来。"

就这样一路不停歇地走了三十天，雷伊回到里帕尔斯贝，总算走完了"将近600英里［约965千米］，我相信这是有史以来沿北冰洋沿岸步行最长的行程"。但雷伊的行程还没有终结。休息一周后，他又带着四个人步行到梅尔维尔半岛西海岸，这一路又是寒风，又是飘雪，又是起伏的冰丘，最终到达了距离弗里-赫克拉海峡几千米的地方。这个海峡是皇家海军探险家威廉·爱德华·帕里命名的。

在这第一次探险的过程中，约翰·雷伊为此前尚未标注的1 055千米海岸线绘制了地图。一个多世纪后，当探险家维尔加尔默·斯蒂凡森通过阅读了解到雷伊的适应能力以及他利用当地资源的办法时，称他为"深谙远行艺术的天才"。他认为雷伊的创新堪称北极探险的革命性进步："雷伊的创举堪比达尔文。"雷伊本人从没有如此自我吹捧。他是自己领导的每一次探险的首席猎手，也是第一个采用因纽特人的远行方式的欧洲人。但他总是把功劳归于那些教他生存技能的人，不管是克里人还是因纽特人。

1847年8月30日雷伊到达约克法克托里时，惊诧地看到二十个人刚刚从英格兰来到这里。他们作为先遣队带来了四条便携船，准备寻找约翰·富兰克林爵士，后者带着两艘船和一百二十八个人失踪了。雷伊怀疑他们不适合极地搜救，但那不关他的事。从乔治·辛普森写来的一封信中，他得知自己已经被晋升为首席贸易商，目前想去哪儿就去哪儿，只要在1848年6月去参加年度股东大会即可。约翰·雷伊已经十四年没有回过家乡了。1847年9月24日，他登上哈得孙湾公司的一艘补给船，朝斯特罗姆内斯驶去。

✦

回国后不久，11 月 1 日，他关于如何在林木线①以上地区越冬的报告就发表在了《泰晤士报》上。没过多久，他收到了约翰·理查森爵士的邀请。雷伊那年刚刚 34 岁，知道理查森是英格兰最优秀的博物学家。他在富兰克林出版的第一部探险行纪中读到过这位年长爵士的事迹，并清楚地记得理查森表现出来的勇气和慷慨。那时，寻找富兰克林已经是人尽皆知的大新闻。谁能拒绝参与这样的行动呢？他同意作为副指挥官加入搜救。

在伦敦，雷伊在与相关人员的谈话中得知，富兰克林和他的队员带的食物大概足以坚持到 1848 年 7 月。救援人员不可能在那以前找到他们，所以除非队员们设法通过打猎或钓鱼得到新鲜补给，否则将面临物资短缺。但只要有人愿意听，雷伊都会解释说驯鹿和麝牛对猎人很戒备，从南方迁徙过来的更是如此。冬季它们尤其难以靠近，因为溪谷和孔洞里全都是雪，就算是专业的猎人也无处隐藏。原住民们学会了在雪地里挖陷阱来诱捕鹿，那需要极为专门的技巧。雷伊还说，猎捕海豹的难度更大。在里帕尔斯贝，虽说因纽特人每天都能带回一两只海豹，但出色的克里猎人尼毕塔伯连一只都打不着：那些动物哪怕受了致命的伤，也总能跳到冰下游走。

雷伊十分清楚，富兰克林此时所处的困境恐怕比英国公众想象的可怕得多。但他到底在哪里呢？1847 年下半年，海军部扩充了理查森和雷伊拟议的马更些河探险队，增加了两支海上搜救队。其中一艘船，鸧鸟号，将从西边由白令海

---

① 林木线（tree line 或 timberline），简称"林线"，亦有人称之为"森林界线"（forest line/limit），是生态学、环境学及地理学的一个概念，指因气候、环境等因素而影响植物能否生长、形成分隔的界线。在该线以内，植物可如常生长；一旦逾越该线，大部分植物均会因风力、水源、土壤及/或其他气候原因而无法生长。

峡进入北冰洋海域，然后派小船沿着北美大陆的顶端向东寻找。另一支探险队将从东向西航行，包括两艘船奋进号和调查者号，指挥官詹姆斯·克拉克·罗斯自认有义务打破誓言，启程搜救。与此同时，1848年3月25日，雷伊和理查森驾驶着邮船海伯尼亚号从利物浦出发了。他们决心找到约翰·富兰克林。没过多久，世界各地的搜救人员相继加入了寻找富兰克林的行动。

第十五章
航海家们在比奇岛上发现了坟冢

1850 年 8 月某日近午，美国搜救人员伊莱沙·肯特·凯恩的船头卡在比奇岛附近的浮冰中动弹不得，他正在船头聊天，猜测约翰·富兰克林可能选择哪一条路线时，被一声尖叫吓了一跳。"坟墓！"一位气喘吁吁的水手从岸上踉跄着跑过冰面。"坟墓！"那人喊道，"富兰克林过冬的营地！"

搜救者们发现的，是自那以后北极地区参观频次最高的历史遗迹——富兰克林最后一次探险中首批死去的三位队员的坟冢。1846 年，在这杳无人烟的荒凉北地，众人仍怀着发现西北航道的希望，絮叨的富兰克林一定用他洪亮的嗓音为这几个死去的队员主持了葬礼。如今四年已过，费城出生的凯恩领着搜救者们越过冰面爬上一个小山坡，来到那块临时将就的墓地。"在这里，在一望无际的寂寥冰雪中，"他后来写道，"有三块竖起的木板，是按照故乡那种正统的老式墓碑的样子制作的。"

詹姆斯·汉密尔顿根据伊莱沙·肯特·凯恩的一幅素描，对比奇岛的基地景象进行艺术加工，绘成了这幅作品。1850 年凯恩就身处该遗址的发现现场。

　　1820 年，伊莱沙·肯特·凯恩出生在被称为"美国雅典"的费城，是一个贵族家庭的长子，就读于医学院。他疾病不断，频频出现健康问题——因为心脏病，那次北极探险后不到十年就去世了——却成了我们今天所谓的"极限探险家"。他二十多岁时，就在菲律宾下到一座火山底，在西非渗透进一群奴隶贩子中，在谢拉马德雷发生的一场肉搏战中躲过了擦身而来的刺刀。

　　他在担任美国海军的助理外科医师期间，曾随军四海远航，从地中海到南美全都去过，但凯恩极其厌恶船上严苛的纪律。看到一位船员被鞭笞三次，另一位挨了五十鞭之后，他想办法调动工作，去了美国海岸测量局，那是为绘制海港和海岸线地图而成立的机构。

当时该机构已是美国率先倡导"洪堡科学"的政府部门。19世纪初，亚历山大·冯·洪堡建立起一种全新的地理学研究模式，他在南美洲内陆探险期间获得了辉煌的声誉，树立起愿为科学和人类进步事业献出生命的科学真理探索者的形象。

正如戴维·蔡平在《探索其他世界》中所写，进入海岸测量局后，凯恩发现那种探险模式值得仿效。想到要在户外工作、把私利置于公益之后，还要连续数周睡在帐篷里，他非常激动。凯恩被分配到步行者号汽船上，参与测量北美洲东南海岸。

1850年1月，凯恩航行驶入南卡罗来纳州的查尔斯顿时，对寻找约翰·富兰克林爵士已经很感兴趣了。前一年4月，富兰克林夫人写信给美国总统扎卡里·泰勒，请求美国"同心同德，参与把失踪的航海家们从荒芜的坟茔中解救出来的事业"。纽约船运巨头亨利·格林内尔认为，寻找富兰克林的行动可以和证实一个广受美国地理学家关注的科学猜想的探索行动相结合，一箭双雕。那个猜想就是，在世界之巅存在着开放极海，盛产鱼类和哺乳动物。

与富兰克林夫人通信之后，格林内尔决定赞助一支美国搜救探险队。他对简·富兰克林说，为了把费用控制在合理范围之内，他需要美国海军提供人力和补给。1849年12月，这个思路清晰、言辞犀利的女人再度写信给泰勒总统，强调说失踪的水手们"不管仍在船上还是分散在各个地方，已经在那暗无天日的孤独寂寥中迎来了第五个冬天，弹尽粮绝"。

伊莱沙·肯特·凯恩在那年1月的一张报纸上读到，泰勒总统把富兰克林夫人的要求提交国会，请求美国海军为格林内尔提供两艘船。那以后不久，凯恩还在步行者号上就给美国海军部长写了一封信，主动提出只要有北极搜救探险队成立，他就愿意加入。年轻的军官没有收到回复，也就放弃了希望。

但后来，5月12日星期日凯恩正在亚拉巴马州的莫比尔畅泳墨西哥湾时，他被叫到岸上接收一封令他惊喜的电报。是"那种来自华盛顿的恭恭敬敬的简短信件"，他后来写道，"电报的发明使得海军军官都很熟悉那种信件"。电报把他调离海岸测绘工作，命令他"立即启程赶往纽约，准备接受北极探险任务"。

凯恩对这样的安排欣喜若狂。他的母亲没那么高兴，但知道"难过也没有用，伊莱沙不冒险就活不下去"。他那位法官兼幕后政治家父亲写道："听说他要去参加这次探险，我高兴不起来。他的动机可歌可泣，但我觉得该任务不够谨慎周全，也担心装备不足。我发自内心地希望约翰·富兰克林爵士能够再度与妻子团聚，过上他们往日那平凡的生活……但事已至此，我们必须全力以赴：——哦！人人趋之若鹜的荣耀啊！当代价日渐高昂，那实在不是一桩值得的冒险。"

前往纽约途中，凯恩以为这次探险队驾驶的一定是两艘大船。毕竟，约翰·富兰克林爵士的失踪船只，幽冥号和恐怖号，分别重达370吨和326吨，加起来能容纳逾一百三十人。他不是唯一一个抱有这种期待的人。另一位即将随探险队航行的军官罗伯特·伦道夫·卡特刚刚离开萨凡纳号，那艘巨型轮船重达1 726吨，能容纳四百八十人。他设想，毫无疑问，寻找约翰·富兰克林爵士的美国格林内尔探险队开的一定是这种船。

然而，5月21日星期二，当凯恩来到布鲁克林海军造船厂报到时，他沮丧地发现，被冠以"格林内尔探险队"这么一个气派名号的船队居然只有两艘小船，小到桅杆只比码头边缘高出一点的程度。旗舰前进号仅重146吨，救援号只有91吨。这两艘体量极小的"水陆两栖双桅帆船"——横帆装前桅，纵帆式主桅——预备总共搭乘三十三人，设计时充分考虑了机动性和速度，却没有一点点海军气派。一半的货物堆积在甲板上，凯恩觉得他"一步就能从主舱口跨到舷墙"。两艘船看上去"更像是一对贴着海岸航行的纵帆船，而不是准备奔赴遥远的危险海域的国家海军中队"。

凯恩很快就意识到，亨利·格林内尔和探险队指挥官埃德温·德·黑文为让这两艘船胜任北极航行做了充分的准备。凯恩将在 88 英尺长的前进号上担任军医，这艘船被包裹了两层厚橡木板材，从船头到船尾都用铁板条加固过。船头后面的空间填了 7 英尺长的实木。船舵可以被拖上船，绞车、起锚机和绞盘都"用了最好、最新的构造工艺"。凯恩还发现船上的图书室藏书丰富，关于北极探险的书更是应有尽有。

海军提供的设备就没那么先进了。陈旧的锅炉装在货舱底部，武器大多是实弹毛瑟枪，就是"各种过时的老卡宾枪，还要带一堆不实用的实弹"。凯恩担心食物供应，虽然或许能够应付目前计划的三年航行，但多样性大概不足以预防坏血病。

在金主格林内尔先生的"热心帮助"下，凯恩在纽约城里奔走了几个小时，购买温度计、气压计和磁强计。这些东西"装在船上会对我有用"，他后来写道。他此前在家里停留了几天，还从家里带来几本书、一些粗羊毛衣物和一件来自"飘雪的犹他州"的漂亮的野牛皮袍子，那是他弟弟托马斯送给他的临别礼物，托马斯后来成为美国内战中的英雄。

在前进号上，凯恩和德·黑文及另外两名军官合住甲板下的一个隔间，"比监狱的囚室"还要小。这间阴湿的住处容纳了四个人的折凳、置物柜和铺位，还有一张铰接式方圆桌和一把"湿淋淋的梯子，直接从楼上到处是水的甲板上挂下来"。凯恩的铺位是"一个直角形的方洞"，180 厘米长，80 厘米宽，不到 1 米高，用几码印度防水布盖着。

钻进铺位，他把自己的书和一盏台灯放在狭小的架子上，然后用钉子、钩子和绳子把几样东西悬挂在墙上：手表、温度计、墨水瓶、牙刷、梳子和发刷。全都安置好后，凯恩"通过印度防水布的一道窄缝从又湿又冷又杂乱的外面爬到我那片复杂小天地的正中央"，对自己创造的舒适环境极其满意。1850 年 5 月 22 日下午 1 时，伊莱沙·肯特·凯恩到达纽约的第二天，一条喘着粗气的蒸汽拖轮把前进号拉出布鲁克林海军造船厂，随后它摆脱蒸汽拖轮，开始了漫长的航行。

　　在前进号北行的过程中，凯恩克服了晕船，开始细读马修·方丹·莫里①的分析文章，力图弄懂这位理论家的观点，这些观点后来被写入莫里1855年出版的经典著作《海洋自然地理学》。经过数年研究，莫里已成为那种盛行一时的理论的最主要倡导者，即世界之巅有一片开放极海。

　　鲸鱼们有时会带着背上的鱼叉从西边的白令海峡游到东边的巴芬湾。由于这些哺乳动物无法在冰下游走这么长的距离，莫里推测，"至少有时候，海水能畅通于大西洋和太平洋之间的北极区域"。因此他重新提出了北部的冰圈之内还有开放极海的理论，这个观点的提出可以追溯到16世纪。

　　德·黑文船长是一位经验丰富的水手，他怕写报告，对莫里也不感兴趣。但想象力丰富的凯恩对这位科学家的猜想津津乐道，因而当他提出要写一本关于这次航行的书时，德·黑文举双手赞同。每天深夜，其他人都睡着了，凯恩还蜷缩在铺位上就着小台灯的光奋笔疾书，决心写出"一部个人叙事风格的航行史"。

35岁的伊莱沙·肯特·凯恩手持望远镜。

---

①　马修·方丹·莫里（1806—1873），美国天文学家、历史学家、海洋学家、气象学家、地图制作师、作家、地质学家和教育家，被称为"海洋探路者"和"现代海洋学与海军气象学之父"。1855年，《海洋自然地理学》出版之后，他又获得了"海洋科学家"的称号。

到达格陵兰时，凯恩已经航行经过了有生以来见到的第一座冰山——一个巨大的立方体冰块，外面包着雪，像"一块巨型大理石，等待着凿子雕刻出……一座流动的帕特农神庙"。他第一次见到一群鲸鱼像鼠海豚一样在船边腾跃——"巨大、粗放、翻滚嬉戏的海兽，喷出白花花的水柱。"他惊叹着高纬度北地夏季不熄的日光："黑夜和白昼这类词汇开始让我困惑，因为我意识到塑造这些名词的时间周期带有多么强烈的主观性。"

1850 年 7 月 3 日，恢复航行并驶经凯恩所谓的"一群庄严屹立的冰山"之后，两艘美国船遇到了一大片冰山点缀的浮冰。盛行流①通常会把这种所谓的"中冰"推到西边，沿格陵兰海岸打开一条航道。捕鲸船通常会顺着这条航道——比小缺口宽不了多少——向北最远到达梅尔维尔湾，然后转向西，走一片冰相对较少的北部可航水域，穿过中冰北边的巴芬湾。

偶尔，为了在宝贵的夏季节省几周时间，航海者会试图在中冰的缝隙中穿过巴芬湾。1819 年，爱德华·帕里就成功地做到了这一点；十五年后他再度尝试，却浪费了两个月时间。现在，1850 年 7 月，凯恩写道，这片"起伏的巨大冰原"制造出无法用语言形容的破裂声、摩擦声和泼溅声："无数的冰山，形状从最简单到最复杂，颜色有蓝色、白色还有泥土色，搅动在这片流动的冰原里。"一天傍晚，他站在甲板上数了数，共有二百四十座"大型"冰山。

凯恩写道，到 8 月中旬，美国人知道他们不得不"在北极搜救的过程中找一个地方"过冬了。8 月 19 日前进号驶近兰开斯特海峡入口时，领航员看到有

---

① 盛行流，某一地区在一定时期内（如一个月、一个季节或一年）最常被观测到的洋流。

两艘英国船紧跟其后。四个小时后，两艘船中较大的那艘来到他们旁边。它是富兰克林夫人号，在捕鲸船船长威廉·彭尼的率领下前来寻找富兰克林。彭尼也在梅尔维尔湾遇到了麻烦。在驶过航速较慢的前进号之前，他告知说由霍拉肖·奥斯丁上校率领的四艘船组成的英国探险队最近刚刚走过那条路，补给船北辰号也是如此。

几晚后，美国人正逆着强风航行，每次海浪翻滚都会导致船只进水，穿过兰开斯特海峡时，他们超过了另一艘英国船。这艘较小的纵帆船拖着一条汽艇，"像一只折翅的小鸟一样在海浪里飘摇"，它就是费利克斯号。凯恩望见"一位老人出现在背风舷梯上，睡衣外面披着斗篷，越过风声向他致意"。二十年前，约翰·罗斯曾经在北极遭遇船难并度过了四个寒冬，现在他兴致勃勃地高喊着："你和我比他们都快！"

罗斯来到甲板上，他身体硬朗、双肩宽阔，看上去根本不像个 73 岁的老人，他对凯恩说奥斯丁那个四艘船的中队已经躲到各个海湾里避难去了，大风大浪中，彭尼也失去了影踪。凯恩时年 30 岁，对北极历史足够了解，知道自己遇到了一位多么伟大的航海家，他很高兴在阿德默勒尔蒂湾附近遇到约翰·罗斯，十七年前，这位老水手正是在这里设法逃过了坚冰的钳制。另外让凯恩惊叹的是，罗斯"在奔走呼号捐钱集资之后"，仍不顾反对乃至嘲笑，亲自驾驶"一条脆弱的小船"来寻找他的老朋友。

8 月 25 日，落后的前进号循着与它搭档的救援号的路线向赖利角驶去。美国人从甲板上看到两个堆石标，较大的那一个还插着一根旗杆。他们登上陆地，在较大的堆石标里面找到一个锡罐，其中有一张纸条。两天前，英国船长翁曼尼刚刚带领协助号和无畏号来过这里，两艘船都属于奥斯丁的四船探险中队。他在附近发现了一个英国的临时营地，还说在附近位于惠灵顿海峡入口处的比奇岛上，也有人报告了类似的发现。

后来在自己的书中，凯恩指出翁曼尼隐瞒了那次登陆的一个重要事实："我们后来得知，与我们同组的救援号也有同样的发现，但英国指挥官埋在堆石标里的纸条以及他的官方报告都引向了截然不同的结论。事实上，［救援号的］船长格里芬是和翁曼尼船长一起登陆的，发现这些痕迹时，两位军官都在场。"骄傲的美国人凯恩后来又重温了这一话题，即大英帝国独断排外的民族主义。

此时，他带着笔记本考察了赖利角。他发现了五个明显的"居住痕迹"——四个圆形的碎石灰岩堆，显然曾被用作帐篷的底座，第五个这类石堆是三角形的，体积更大，入口面向南边的兰开斯特海峡。他还看到有巨大的方形石头被摆放成壁炉的样子，海滩上还有几块从船上拆下来的松木。在凯恩看来，证据不多但结论不容置疑："所有这些都表明，富兰克林中队曾经有一个登陆小队来过这里。"

第二天早晨，前进号继续驶向比奇岛，这一石灰岩地块"隆起呈一个雄伟的纪念碑状"，凯恩认为它是一个岬角或半岛，因为低处的地峡把它和比它大得多的德文岛连接了起来。到 8 月 27 日，由威廉·彭尼、约翰·罗斯和埃德温·德·黑文这三位指挥官率领的五艘船都停泊在此处，相距只有几百米。在比奇岛附近，彭尼发现了富兰克林探险队的更多踪迹——带有制造商标签的锡罐、署期为 1844 年的报纸碎片，还有两张纸，上面写着富兰克林队中一位军官的名字。

早饭后，凯恩和德·黑文拜访了彭尼的皇家海军舰艇富兰克林夫人号。他们和约翰·罗斯及彭尼本人一起，站在甲板上讨论在接下来的搜救工作中应当如何更好地合作。彭尼提出了一个粗略的建议。他向西航行寻找；罗斯穿过兰开斯特海峡与艾伯特亲王号取得联络，以防其不必要地向南行驶；他已经与美国人商量过，让他们继续向北，穿过惠灵顿海峡。

就此达成一致之后，罗斯起身回到费利克斯号上。凯恩继续与经验丰富的彭尼讨论后者曾经发表的一篇猜想存在开放极海的文章，就在那时，他听到一声叫喊，看到一名水手匆匆忙忙地穿过冰面往这边跑。那名水手顶着风声和海浪声高喊道："坟墓！彭尼上校！坟墓！富兰克林的冬营地！"

军官们下船来到冰上迎接那位报信者。在勉强清楚地回答了问题之后，那位水手领路登上了比奇岛，沿着一条山脊来到了三块竖起的木板及其标示的坟墓前面，三座坟冢形成一条直线，面对着赖利角。木板上刻着的碑文称，这是为纪念三位水手而建的——幽冥号上的 W. 布雷恩，死于 1846 年 4 月 3 日，时年 32 岁；幽冥号上的约翰·哈特内尔，日期未标注，死时 23 岁；以及约翰·托林顿，"于公元 1846 年 1 月 1 日在皇家海军军舰恐怖号船上辞世，时年 20 岁"。凯恩在描述这一场景时突出了"船上"两字。他补充道："如此说来，富兰克林在比奇岛上扎营时，他的船还没有沉没。"

发现墓地带来的兴奋心情将在世人心头回荡几十年。而此时，1850 年 8 月 27 日，伊莱沙·肯特·凯恩抄下碑文，还画了一幅素描，再现了坐落在荒凉岛屿上的三座坟茔。随后他细察了附近区域，到处是零碎的痕迹——一只残缺的袜子、一只破旧的手套、木头刨花、一个初具雏形的菜园的遗迹。在距离墓地几百米的地方，他还看到六百多个咸肉罐头，堆放得整整齐齐。其中的肉已经吃光，里面塞满小小的石灰岩碎石，"或许是为了在乘船出海时方便用作压舱物"。

还有无数其他迹象，各种各样的琐碎小玩意儿，包括麻布、绳子、帆布和油布，以及纸片、一把小钥匙和零碎的铜制品，证明这里确实曾经被用作冬季营地。然而没有人找到任何书面记录，哪怕最含混地暗示该小队意图的纸片也没有。凯恩觉得这有些不可思议——"对于约翰·富兰克林爵士这么一位能力超群、经验丰富的北极指挥官来说，这样的疏忽着实令人费解。"

后来，凭借着后见之明以及不断累积的证据，其他人曾怀疑富兰克林并没有他的同时代人认为的那么能力超群。1850 年，凯恩站在比奇岛上，当然不可能不去猜测那支英国探险队的命运。在得出自己的结论之前，凯恩总结了无可辩驳的事实：1845—1846 年冬天，恐怖号曾在这里过冬，一些船员还留在船上；幽冥号上的一些船员也在这里；一个有组织的小队曾进行过天文观测，制作了一些雪橇，还准备打造一个菜园来预防坏血病。

除了这些事实，其他的都是猜想。凯恩推测探险队员的健康状况大体上还不错，将近一百三十人中，只有三人去世。他对废弃的锡罐一番猜测，"不算珍贵，但也并非无用"，还猜想它们被留在那里大概是因为富兰克林急着离开比奇岛——比方说，因为冰面意外地融化了。

当然，主要问题还是：富兰克林去了哪里？凯恩对开放极海的猜想十分着迷，他想象 1846 年夏初，富兰克林焦急地望向海面，等待着冰面融化。他认为，第一条出现在冰面上的裂缝或开口几乎一定是沿德文岛海岸朝向西北的。富兰克林会等到南边的兰开斯特海峡可以通行，返航尝试巴芬湾的上流水域吗？"还是他会一路向北，"凯恩问道，"驶过眼前的那条开放航道？"

凯恩认为，任何了解富兰克林的个性、决心和目标的人都会觉得这个问题很容易回答。"我们身为搜寻者都会被惠灵顿海峡那些隐伏的朝北航道所诱惑，希望能够继续前行，有幸找到一个通向远方的出口。难道约翰·富兰克林爵士不会同样受诱惑？一个像他那样心细又胆大的领航员是不会等待冰面闭合的。"

就连想象力如此丰富的凯恩也没有想到，在比奇岛上扎营之前，富兰克林或许已经考察过惠灵顿海峡了，他也没有想到面对西边的坚冰阻隔，富兰克林只有一条路可走：南行。

第十六章
约翰·雷伊的壮举

　　1850 年 5 月，当 30 岁的美国医生伊莱沙·肯特·凯恩从纽约城出发北行时，比他年长七岁的苏格兰医生约翰·雷伊正乘坐划艇沿马更些河前往北冰洋海岸。雷伊刚刚被任命为哈得孙湾公司在该地区的负责人，此行是去监督冬季的毛皮收集。马更些河沿岸的贸易商们每年必须在 6 月份把毛皮运到上游，以便赶上哈得孙湾公司从约克法克托里开往英格兰的船队。过了辛普森堡，为减少阻隔和交通堵塞，负责人会把"马更些团"编成两个小队，让半数小船早几天出发。

　　1850 年 6 月 16 日，凯恩在格陵兰海面上那些惊心动魄的冰山中间航行时，雷伊让自己的副手带着满载货物的四条小船回到上游。四天后，他自己又带着五条小船紧随其后，有时不得不上陆地拖运。接连九天，他凌晨 2 时出发，马不停蹄地带领手下逆马更些河而上，一直到晚上八九点钟，只在早餐时短暂地休息一会儿，夜间上岸后才吃晚餐，其间饿了就吃点儿肉糜饼填填肚子。

　　前一年寒冷黑暗的冬天，雷伊一直驻扎在辛普森堡，他曾写信给乔治·辛普森请假。由于他刚刚为寻找约翰·富兰克林忙碌了一番,他认为一定会被批准。他打算就从约克法克托里走,先到纽约市,再回到他心爱的奥克尼。

两年多以前,从利物浦出发的雷伊和约翰·理查森于 1848 年 4 月 10 日到达纽约市。他们乘坐轮船向北到达蒙特利尔,在乔治·辛普森爵士位于拉欣附近的石头庄园里与他共度了三天。两人急于启程搜寻,便分头出发。理查森乘坐大英帝国号轮船向西行驶,雷伊搭乘加拿大号,他手下有十一个易洛魁人和法裔加拿大包运船户,在总共十六人的划艇队里,他们是主力。

5 月初,雷伊和理查森会合后,又划船向西北驶出苏圣玛丽,紧挨着被称为"五湖之首"的苏必利尔湖湖岸行驶。理查森说这个大湖的面积快赶上整个英格兰了,此话不假。两个苏格兰人各坐一只划艇,每人带着八名包运船户,沿着通常的毛皮贸易路线航行。

他们从苏圣玛丽出发,行进了 2 237 千米,四十一天后,雷伊总算在坎伯兰豪斯遇到了首席贸易商约翰·贝尔和二十名刚刚从约克法克托里来到这里的英国军人,他将同他们前往北极。——面试过这些人之后,1848 年 6 月 13 日,雷伊写信给乔治·辛普森,表达了自己的疑虑。这些坑道工兵、工程兵、水手无一人惯于陆上拖运,或是驾着划艇和小船航行。没有一个人会打猎。他们的四条船和英国军人都不适合眼前的工作。雷伊写道,唯一令人欣慰的是,年轻的因纽特翻译"独眼艾伯特"加入了探险队。

雷伊曾于 1842 年在穆斯法克特里见过这个年轻人。事实上艾伯特双眼齐全,由此可以推断他的父亲大概是一位独眼人。他 1824 年左右出生于詹姆斯湾东岸所谓的"伊斯特梅恩",那是哈得孙湾公司的领土。艾伯特 18 岁时,一位来访的首席贸易商认为他很有前途,便带他穿过哈得孙湾到了南部最大的贸易站穆斯法克特里,彼时雷伊已经在那里工作。艾伯特签约做了学徒工,为期七年。

那一年还没过完,他就被临时调派到伊斯特梅恩北边的乔治堡去做翻译。

1848 年年初雷伊打算请他来帮忙时，他还在乔治堡。哈得孙湾公司贸易商约翰·斯潘塞从乔治堡写信说自己"非常舍不得他走"，还说艾伯特是"一个友善踏实的小伙子，是他的部落里最受欢迎的人"。6 月 13 日，雷伊从坎伯兰豪斯写信给辛普森，说他和理查森此去北冰洋海岸没带猎人，得靠雷伊自己去打猎，或者指望"我们的爱斯基摩翻译的本领……那个身手很不错的小伙子""无疑是个很棒的猎鹿人"。

✦

虽说搜救探险队名义上的领袖是约翰·理查森，但实际负责人却是约翰·雷伊，他的荒野生存本领要大得多。他率领团队向北经过大奴湖，并于 1848 年 8 月沿马更些河而下。"独眼艾伯特"可以与马更些河三角洲的因纽特人顺畅交流，理查森后来也证实了这一点。当他们询问一位当地人是否有任何白人生活在某个岛上时，那人回答说有。理查森曾在前一天到过那个岛，知道事实并非如此。他让艾伯特告诉那人他在撒谎。"他微笑着接受了反驳，"理查森写道，"脸上没有一丝不安，但再也没有重复过先前所说的谎话。"历史学家肯·哈珀指出，艾伯特的语气大概没有像探险家理查森本人那么咄咄逼人。

出了马更些河入海口，雷伊便沿海岸向东航行，重走理查森二十年前走过的那条路线。眼看冬天就要到来，他没有发现富兰克林的影子，便带队逆科珀曼河而上，到达大奴湖①。他和理查森在迪斯和辛普森建于十年前的康非登斯堡度过了那个冬天。他们建起一座小小的观测站，每天读取气象数据多达十六七次。多年后，气象历史学家蒂姆·鲍尔说："约翰·雷伊的记录比其他任何人都准确。"

---

① 原文为大奴湖，疑为大熊湖之误。——编者注

约翰·雷伊创作的钢笔画《康非登斯堡，冬景，1850—1851 年》。

1848—1849 年那个冬天，理查森已经 61 岁了。雷伊这么能干，他觉得自己留在那里已是多余。1849 年 5 月，他启程登上回英格兰的漫漫长路。出发前，雷伊诱使他写下书面命令：沿着伍拉斯顿地和维多利亚地的海岸寻找富兰克林，到这年年底即可收手。雷伊在康非登斯堡告知乔治·辛普森，他将沿科珀曼河而下，然后争取穿过多尔芬-尤宁海峡到达维多利亚岛。团队成员包括艾伯特，他说他是个"身手很不错的小伙子"，"能胜任体力劳动者的一切任务"。

6 月 7 日，雷伊从康非登斯堡出发了。他于 7 月初到达海岸，那时科罗内申湾还被冰面封锁着。他带着几个人继续赶路，到达克鲁森施滕角，希望驶过多尔芬-尤宁海峡到达伍拉斯顿地。冰海阻碍了这一计划。8 月 19 日，观察到开放水域比先前大了一些，雷伊挺进纷乱旋转的浮冰群。

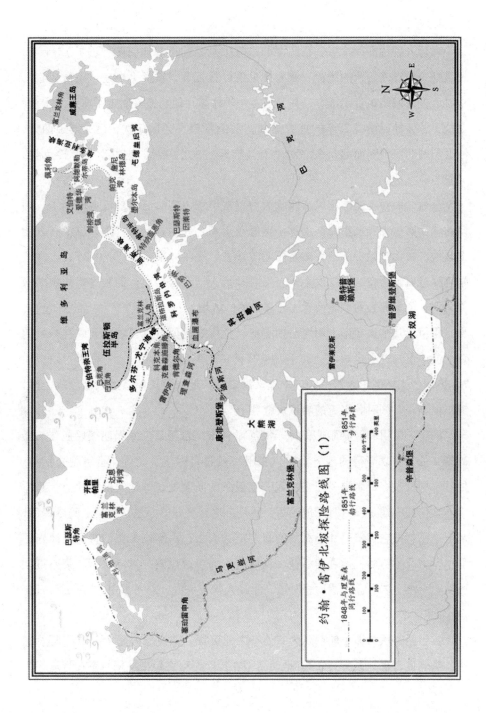

约翰·雷伊北极探险路线图（1）

一行人到达开放水域，在阴湿的浓雾中划桨前行。他们刚行进了 12 千米，就遇到一段浮冰翻滚的激流。眼看能见度已接近零，雷伊下令返航。奋战三个小时后，他们终于走出浓雾，却又遇上一段冰障。他们拖着船走了将近 1 千米，在位于原营地以南几百米的地方登陆。雷伊希望再尝试一次，就又等了两天，但猛烈的北风呼啸而起，在"海岸上（堆起）大块浮冰，这些对手冰冷无情，又毅力非凡"。

最后，面对呼啸的狂风和倾盆大雨，雷伊意识到自己已经没有时间了。即使约翰·富兰克林就在海峡的那一侧翘首等待，在这样的条件下，也没有人能去救他。雷伊开始带队向科珀曼河上游驶去。就在那条路上，8 月 24 日，他们刚刚经过血腥瀑布，悲剧发生了。当时一行人已经成功地行船驶过最猛烈的激流，到达了水流强劲但表面看去还算平静的区域。

雷伊让几个人在岸上用绳子拽着船，觉得如此便可以驾驶着装载有补给的船逆流而上。"刚走一半，舵手就被某种莫名的恐慌击垮了，"雷伊写道，他"让拖船的人把绳子放松一些，才放松没多远，他和负责船头的人刚刚跳上岸，绳子就断了，侧对着水流的船很快就翻了"。

约翰·雷伊和"独眼艾伯特"沿河岸奔跑，希望某个漩涡能把船拖住。船滑到艾伯特站立等待的地方附近，他用一根船桨钩住了龙骨。雷伊跑去帮他。他从水中扯过一根木棍，把它插入一根板条的断裂处。他让艾伯特和他一起抓牢。艾伯特不知是没有听见他的话，还是自觉有更好的办法，他跳上侧翻的船，水流立马就把它朝着一处小海湾的岩岬推卷而去。雷伊以为艾伯特安全地到了那里，但几秒钟后，他看到船被水流推出了那个避风港，滑向水下。艾伯特试图从船上跳上岩石。雷伊后来写道，年轻人脚下一滑，落入水中，"再也没有露出水面"。

雷伊始终认为那个舵手要为艾伯特之死负责，他说那人是个"臭名昭著的贼，满嘴谎言也是人所共知"。他曾希望在探险结束之后把艾伯特留在身边，帮助他管理马更些河地区。雷伊曾对辛普森说"倘若需要与马更些河口的爱斯基摩人有所协商，艾伯特就能派上用场"，他希望"把他变成全公司最有用的全能之人"。

雷伊在康非登斯堡怀念着死去的"独眼艾伯特"。"这次悲伤的事故让我难过得无以言表，"他写道，"人人都喜欢艾伯特，他脾气温和，性情活泼，交给他的任何任务都能积极完成。我已经十分依赖那个可怜的小伙子了。"

时至1850年6月25日，还有一天他们就到大奴湖了，就在雷伊梦想着可以回到他心爱的故乡奥克尼时，他遇到了两名带着"加急快信"的本地划艇手。他上岸收信，然后坐在水流湍急的大河边读完了三封信件。第一封是乔治·辛普森从拉欣寄来的。搜救人员没有找到约翰·富兰克林的踪影，英格兰方面越来越担心。辛普森希望雷伊立即重启搜寻，争取到达从未有人到过的高纬度地区。雷伊有些眩晕地拿起另外两封信。身在伦敦的富兰克林夫人写了一封措辞友好恭敬乃至巴结奉承的信："〔我对您的期待〕不像其他人那么不切实际，如今人们已经习惯了把别人无法完成的一切都抛给您——'哦，雷伊在那一片，雷伊一定能成功'——仿佛您和您的一条小船就能纵横四海，仿佛没有任何障碍能够阻挡您……至于我本人，我觉得您所在的区域是迄今最有希望找到他的，因为很明显……那正是我丈夫受命前往的区域，他也一定在那里付出了最艰苦的努力，我对此毫不怀疑。"

最后一封信同样来自伦敦，是海军部的首席水文学家、英格兰的官方地图制作师弗朗西斯·波弗特爵士写来的："我忍不住写信告诉您……大家都用恳切的目光看着您……〔想〕看看您，独看您一人，还能在下一季做些什么……因此，我亲爱的医生，请允许我和那两艘不幸船舰上的海员的妻子儿女们一起悲叹呜咽，一起恳求您以发自内心的人道主义精神积极努力，不惜财力亦不遗余力地完成这一神圣使命。十天后将有两艘船出发前往白令海峡，另有船只将于明年春天出发前往巴芬湾。美国人也在准备搜救，但我指望着您来让悬在我们心头的大石落地，一解我们的无限愁绪。"

　　通读完这些信后，雷伊独自一人沿着马更些河岸徘徊。他觉得自己正处在生命中前所未有的低谷期。刚刚过去的那次探险中，他不但没有实现找到富兰克林的主要目标，甚至没有完成到达伍拉斯顿地，甚或发现西北航道最后一段这一次要目标。富兰克林失踪迄今已五年，谁也不指望听到什么好消息了。雷伊一直以来梦想的不是返回北极继续寻找，而是回到奥克尼，然后在伦敦娶妻成家。而今他又要去寒冷无情的北极与暴风雪搏斗，而不是牵着一位漂亮姑娘在海德公园漫步。他站在那里，望着奔流的马更些河，抬手轰赶着周围盘旋的蚊子。唉，这一切到底是为什么，富兰克林干吗不在家里好好待着呢？

　　约翰·雷伊一面卸任马更些河地区的首席代理商，一面组织了一场分两阶段的探险，重新开始寻找富兰克林————一个壮举。他将在这年秋天带着十四个人（和几位乡下妻子）北行至康非登斯堡。随之而来的冬天，他将设计和建造两条船。来年春天，打猎钓鱼获得足够的食物之后，他将再度起程，在坚冰融化之前带领几个人前往北冰洋海岸，穿雪靴横越多尔芬-尤宁海峡，探索维多利亚地的海岸。他将在春天解冻前再度穿过那条海峡，到达海岸附近的肯德尔河临时补给站。部分探险队员会把事先建造的两条船拖运到那里并与他会合。然后随着坚冰融化，大队人马将开船沿科珀曼河驶进科罗内申湾，继续行船寻找。

　　设想出这个两段式搜寻方案后，约翰·雷伊着手行动起来。随之而来的那个冬天，雷伊在康非登斯堡教约翰·贝兹和彼得·林克莱特如何建造雪屋————两人都是出生于鲁珀特地的奥克尼人。这两人将跟随他进行第一阶段的探险。雷伊还仔细吩咐赫克托·麦肯齐如何应对每一种突发情况，麦肯齐是他的副指挥官，也来自鲁珀特地，因为会拉小提琴而很受欢迎。比方说，假如雷伊没有回来，假如雷伊带信过来说有了重要发现，或者假如收到信说已经找到了富兰克林，遇到这些情况当如何行事，雷伊都为他提供了建议。

队员们不会携带任何无用的行李。在北极乘雪橇探险的海军军官们会拖着人均将近 25 磅的被褥，而雷伊将之缩减到自己和同伴每人只带一条毯子、一件鹿皮大袍和两张带毛鹿皮。他在写给乔治·辛普森的信中说这些已经"很奢侈了，总重 22 磅，但如有必要，很容易再减"。

雷伊出行时穿戴因纽特人的服饰：一顶皮帽，手腕处有一圈皮毛的大皮手套，以及用烟熏驼鹿皮做成的莫卡辛软皮鞋，码数大得足以穿下两三双毡袜，鞋底贴了防滑的皮条。他还穿风帽和袖子都有皮衬里的轻质棉布外衣、棉布马甲和厚厚的驼鹿皮裤，带着"一两件备用的羊毛衬衣和一件用最薄的带毛幼鹿皮制成的外衣，重量不过四五磅，以备在雪屋里或者观测时穿"。他的个人物品还包括一把便携梳子、一把牙刷、一条毛巾和一块粗糙的肥皂。

准备工作就绪后，雷伊开始了第一阶段的探险。他穿着雪靴，于 1851 年 4 月 25 日带领四人驾四副雪橇向东走出康非登斯堡。狗群拉着其中三副，不像英国海军那样排成队列，而是像因纽特人那样排成扇形。两人拉着第四副。雷伊为这段雪靴跋涉之旅带了足够维持三十五天的肉糜饼和面粉，还按照每天 1 磅的定量带了油脂，用作煮食燃料。与政府的雪橇队不同，他的雪橇队没有专门的午餐时间，只停下来抽一口哈得孙湾公司的人所谓的"烟斗"，吃一两口肉糜饼，就继续赶路。

雷伊 4 月 27 日到达肯德尔河补给站时，天气变得异常恶劣。蜷缩在一座雪屋里挨过了风暴肆虐的两天后，雷伊带领众人继续北行。杂役队走到距离北冰洋海岸不到 16 千米的地方，大部分时间承担着拖雪橇的沉重任务，他们于 5 月 2 日开始往回走。雷伊带着贝兹和林克莱特继续前进，两人都出生在鲁珀特地，也都是 20 岁出头的年纪，他们身体健壮，是理想的旅伴。

约翰·雷伊把自己当成原住民，会向世居民族和因纽特人学习。这张水彩肖像画来自卡尔加里的格伦堡博物馆，为威廉·阿姆斯特朗所画，题为《北极探险家约翰·雷伊医生》（1862）。

　　到达科珀曼河口以西 8 千米的理查森湾北冰洋海岸时，雷伊发现眼前的冰面上没有冰丘和冰脊，行走条件不算差。下午，太阳高挂在空中，冰雪的反射可能会引发雪盲症，患者会感觉眼睛里仿佛进了沙子。为避免这种情况，雷伊决定白天休息，夜间行走，夜间的能见度相当于低纬度地区的黎明时分。

　　午夜前两个小时，他穿上雪靴出发穿过科罗内申湾，前往维多利亚岛上的伍拉斯顿半岛。为了在队员赶着狗拉雪橇直行的同时考察海湾、河流和内湾，雷伊自己另外拉了一副小雪橇，上面堆着铺盖、仪器、肉糜饼、一支毛瑟枪和用于建造雪屋的工具。沿海岸奋力前行了一段之后，他到达了劳基埃角的陆地，然后途经道格拉斯岛穿越多尔芬-尤宁海峡，他在道格拉斯岛上储存了一些供回程取食的肉糜饼。

　　四天后，雷伊到了富兰克林夫人角附近的伍拉斯顿地，当时人们认为它和维多利亚岛是分开的。为了寻找富兰克林探险队失踪的船只，以及伍拉斯顿地与维多利亚岛之间那条根本不存在的海峡，雷伊又沿海岸东行。一次，他一边观测时间和纬度，一边射杀了十只野兔："这些漂亮的动物又大又乖，如果不是怕追逐它们浪费时间和子弹，我还能多打死几只。"

　　气温很快降到零下 30 摄氏度，一位队员的脸严重冻伤，一行人躲进他们新盖的雪屋里，心满意足。5 月 10 日，雷伊走到了比迪斯和辛普森 1839 年到达的区域更远的地方，他从东边经过这个点，没有看到任何南北向的海峡。他不久后将从这里继续乘船寻找。此刻他原路返回，打算到登陆地点以西搜索一番。

　　那天夜里，一场暴风雪将能见度降到 60 英尺，所幸这些雪靴旅人是顺风而行。雷伊找到了他们此前的足迹，因而不需要反复定位："经过七个多小时寒冷但还算迅捷的行路，我们很高兴终于到了旧营地的小屋里，我们的衣服从上到下、从里到外全都渗进了细雪粉。"

　　那场暴风雪一直持续到第二天夜里，行路是不可能了，但早晨伴随着狗的喘气声、雪橇的吱吱声和雪靴柔和的噗噗声，雷伊再度拖着自己超过 35 磅重的雪橇向西走去。他一路抵御着坚冰和风吹起的雪，沿着海岸线朝北转弯，遇到了十三座因纽特人的小屋。他与居民们亲切交谈。他们起初很胆小，但很快就有了足够的信心把狗吃的海豹肉、人用的鞋靴和海豹皮卖给他。这些因纽特人住在伍拉斯顿半岛西岸，他们从未见过白人或帆船。

到 5 月 23 日，春天冰雪融化随时可能把这一群没带船的人困在多尔芬-尤宁海峡的这一侧，雷伊意识到他必须抓紧时间准备回程了。当晚，这位探险家在雪屋里就着烛光做笔记，决定向北进行最后一次突击。他将轻装上阵，只带彼得·林克莱特一人，因为林克莱特在两个年轻人中间算是腿脚较快的，狗和约翰·贝兹留在营地休息，准备漫长的归程。

午夜过后，看到太阳总算降到地平线以下，雷伊摇醒林克莱特。他烧了些热水，喝了一杯茶，然后穿上雪靴，沿着伍拉斯顿地未经勘测的海岸朝北前行。两人离开营地时只带了一个罗盘、一个六分仪和一支防狼防熊的毛瑟枪，因此走得很快。他们走了六个小时，中间只应年轻人的请求停下来短歇过一次。最后，初升的太阳报晓时，雷伊绕过了巴灵角。林克莱特落后了一段距离。但探险家一路向前，激动地爬上一个岬角，站在那里，望见远处有一个高高的海角。

他用乔治·巴克的名字将这处显眼的地标命名为巴克角。1821 年，巴克找到一群耶洛奈夫-甸尼人前来营救富兰克林和理查森，才让他们没有饿死在恩特普赖斯堡。在那处海角和他所站立的岬角之间，雷伊看到很大一片海水（艾伯特亲王湾），心想不知这是不是一条东西向的海峡。就在十天前的 1851 年 5 月 14 日，罗伯特·麦克卢尔刚刚从陷入冰围的调查者号上派出一支雪橇队到这个海峡的另一侧，在此地以北 64 千米。当然，雷伊对此并不知情。他渴望继续前行，但心里很清楚，他已经没有时间了。

5 月 24 日，雷伊开始原路返回。他核查了测量读数，取回了储存的补给，还遇到几名友好的因纽特猎人。他们没有一个人见到或听说过有任何欧洲人出现。回程走了六天，找到约翰·贝兹后，雷伊带着两人再度穿过多尔芬-尤宁海峡到达克鲁森施滕角北部的一个高高的岩石角。6 月 4 日，三人到达理查森湾时，冰上的一层海水表明，他们恰好赶上时候，该结束这趟雪靴和雪橇之旅了。

雷伊带着他的人从海岸跋涉五天，到达肯德尔河站点，"其间我们曾步行十四个小时，并持续在冰冷的海水和湿雪中涉水前行，水太深了，我们的爱斯基摩靴子根本没用"。林克莱特滑了一跤，烹饪用具、盘子、锅和勺子全都落入水中被冲走了。最后两天，三人只好用表面平滑的大石头做饭。他们射杀大雁、山鹬和旅鼠来吃，把这些动物的肉放在火上或夹在两块石头中间烤一烤，味道尤其鲜美。

雷伊在官方报告中表扬了两位旅伴。他估算，从肯德尔河出发开始计数，他们总共走了 824.5 海里，约 1 516 千米，他在私人信件里猜想，这"大概是有史以来沿北冰洋海岸在冰上走过的最长的［路程］"。

接下来就是这次重要探险的第二阶段。1851 年 6 月 13 日，赫克托·麦肯齐带着八个人和两条船从康非登斯堡出发，按计划到达，在肯德尔河加入雷伊的队伍。两天后，雷伊带着麦肯齐和十名队员一起顺肯德尔河向下游的科珀曼进发。冰迫使整队人马在集合点等待了将近一周。耽搁了一些时日后，一行人拖着船在陆地上绕着难走的路，又行驶过一段湍流，终于到达了血腥瀑布。在那里，他们在瀑布下的漩涡中布了一张渔网，只用十五分钟就捕到了五十条鲑鱼。

在科珀曼河河口，雷伊搭建起营地，等待浮冰继续融化，流入科罗内申湾。最后在 7 月初，一阵微风打开了一条向东的狭窄航道。雷伊抓住这一时机，趁夜航行 35 千米，但又被冰阻断了继续前行的路。从那一刻开始，沿海岸他只要看到开放水域就会向前行驶，行程自是缓慢而艰难。在许多地方，冰紧靠着岩石，迫使队员们必须上陆拖着船前行。虽然一路艰辛，所幸稳步前进的队员们已经习惯了这样的劳作。

天气仍然多变。7月16日早晨，雷伊和队员们航行绕过巴罗角时，遇到了瓢泼大雨。上岸吃过早餐后，天气转晴，雷伊爬上一个岬角。站在最高的岩石上，他向北边和东边望去，可以看到迪斯海峡那一端情况并不理想。目力所及之处，海峡被一层无法突破的坚冰覆盖，冰面如此厚重，几百头海豹正在它的边缘欢跃嬉戏。

雷伊上船继续前行，沿着崎岖的水道穿过冰面缓慢地行驶着。驶过巴罗角六天后，一阵寒冷的东南风打开了一条航道，通往肯特半岛西端的弗林德斯角。那是富兰克林在他第一次灾难性的探险期间命名的海角，雷伊看到那一带有三名因纽特猎人，就上了岸。还有六七名因纽特人在附近的一座岛上看着他们。

探险家走近猎人们，注意到他们看起来比他在里帕尔斯贝附近遇到的北冰洋原住民瘦，显然吃得没有后者好。那些人起初恐惧而戒备，这让雷伊再度为"独眼艾伯特"之死深感遗憾。他送了一些小玩意儿给那些陌生人，这一举动赢得了他们的信任。这些人从未与欧洲人有过交流。雷伊用手势、手语和他偶然学会的几个伊努克提图特语词询问了他们半个小时。他们打一出生就住在这里，但谁也没有见过大船，此前也没有见过任何外人。雷伊是第一个。

雷伊很失望但并不意外，他继续向东航行。他经过特纳盖恩角——1821年，富兰克林最终在这个地方掉头，开始了绝望的陆路撤退，可当时为时已晚。7月24日，雷伊到达肯特半岛东端的亚历山大角，比迪斯和辛普森1839年那一次提前两天。这里是迪斯海峡最狭窄的地方，雷伊提议从这里穿过海峡去维多利亚地的南岸。他不久后写道："如果地理发现是这次探险的目标，我会继续沿海岸向东航行到辛普森海峡，然后横越海峡到［威廉王岛上的］富兰克林角。然而这段路程在我规划的路线之外，可能会使我受到指责，说我忘记了自己肩负的使命。"

讽刺的是，如果雷伊继续向东航行，他大概就会发现富兰克林探险队的命运了——这也的确是一桩悲剧。他或许能看到幽冥号或恐怖号，这两艘船至少有一艘很可能还漂浮在海面上，他或许还能救下最后几位幸存者。如果看不到船，那么他几乎一定能在威廉王岛的西南海岸看到几具冰冻的尸体——有些在小船下，有些在帐篷里，还有些趴在雪地上。他有可能还会发现日志、日记和遗书。

然而，1851 年 7 月 27 日，当冬冰开始破裂之时，尽职尽责的雷伊向北穿过迪斯海峡到达了维多利亚地。他进入剑桥湾，由于暴风雨来临，在那里待了两天。8 月初，一行人到达科尔伯恩角。从这一地点往东，雷伊开始绘制此前未曾测绘过的海岸线的地图。除了做饭时间以外一路未停地行驶逾 150 千米后，雷伊遇到了一堵无法穿越的冰障。

海岸上看不到植被，甚至连浮木也没有。由于冰的挤压，一大片浅灰色的石灰岩高高地堆积在海岸附近。从北边又吹来一阵强风，带来了飑、雨夹雪和大雪。最后，风小了一些，岸边现出一条航道，露出暗礁。雷伊绕过这些暗礁进入了开放海域，他把船帆收到最小，在汹涌翻滚的大海中砥砺前行。材质轻薄的小船受到重压，巨浪席卷而来时，简直不堪重负，但最终雷伊进入了一个风平浪静的小海湾，保住了两条船。

8 月 5 日，在恶劣的天气下，雷伊路过了一些高耸的石灰岩悬崖，它们的表面都有深雪的痕迹。一场冰冷的浓雾降临，船四周结了冰壳，于是他登上陆地，搭建帐篷。入夜，队员们又向前航行了 5 千米，一路推挡着越来越厚的浮冰。最后，刚过艾伯特·爱德华湾北端，船就动弹不得了。

其后两天，一阵持续的东北风把冰推近海岸，似乎没有停下来的打算。雷伊决定在陆地上继续前进。万一富兰克林到了正前方的海岸呢？万一雷伊在伍拉斯顿地西岸看到的航道就是正前方的那条海峡，它恰恰构成了西北航道的最后一段呢？

8 月 12 日午前，雷伊带着三个人、他可靠的毛瑟枪和足够维持四天的食物开始向北跋涉。"我们希望避开海岸边堆积的尖利粗糙的石灰岩砾石，所以起初在内陆走了几英里，但并没有好到哪儿去，因为内陆到处都是湖，要绕过那些湖，我们得绕行很长的路。路面也没有比海岸附近平坦多少，事实上一样糟，要证明这一点，就要提到我的一双垫着厚厚的原生野牛皮鞋垫的新莫卡辛软皮鞋，还有厚实的粗呢袜子，两个小时就全都穿坏了，那天的行程还没过半，我的脚就开始流血，疼痛难忍。"

雷伊回到船上前，在一座堆石标里留了一张纸条，总结了这次探险，提到他从这个地点向北考察了 35 英里（约 56 千米）的海岸线。两年后的 1853 年 5 月，由理查德·柯林森上校率领的皇家海军军舰奋进号在剑桥湾过冬，他派出的一支雪橇队发现了这张纸条。

1851 年 8 月 15 日清晨，一阵猛烈的东北偏北风吹来，如果风向转向东，两条船就会陷入危险，因此雷伊往回航行几千米，到达了一个更安全的海港。他在那里等待风向和冰面状况变得有利，使他能够利用阿德默勒尔蒂岛（意即"海军部岛"，是他前一周刚刚命名的）的庇护穿过维多利亚海峡，到达威廉王地上他所谓的"富兰克林角"——也就是维多利角和克罗泽角之间的一个地岬。

如果雷伊顺利穿过维多利亚海峡到达这一地点，他还是有可能发现富兰克林的命运的：这里是富兰克林的许多队员沿着威廉王岛海岸向南奋力前行时遇难的地方。但他没有。那天近午时分，雷伊驶入海峡，但微风变成强风，转为东向。看到冰在眼前迅速堆积，雷伊驶入一个海角的背风处躲避。第二天早晨风力减小后，他再度试图推进到阿德默勒尔蒂岛，但冰比此前任何时候都更难突破。

用四天时间又向南行驶了若干千米后，雷伊第三次试图向东朝威廉王地突破出一条航道。但走了 8 千米后，他遇到一堵密不透风的冰墙，除返航之外别无选择。雷伊当然不知道，即便到了今天，他遭遇的情况仍然时常出现，因为摆脱了北极冰冠的浮冰一路顺着宽阔的麦克林托克海峡南下，全都堵在了较为狭窄的维多利亚海峡。天意弄人，2014 年的一支加拿大探险队之所以能找到幽冥号，恰恰是因为厚重的冰面使得他们的轮船无法进一步搜查这一区域。

1851 年，由于无法到达威廉王岛，雷伊只能继续向西南行进。8 月 21 日，沿着他所谓的帕克湾海岸缓慢行进时，雷伊偶然看到了一段松木。他十分激动地仔细查看。这不是浮木，而是一段人造木柱，几乎有 6 英尺长，直径 3.5 英寸①，除了底部的 12 英寸是方形的，上面全都是圆形的，似乎是一根小旗杆的根部。它的一侧印着一个看不清的标记，根部附近用大头钉固定着一条白色短线，构成了一圈信号旗升降索。白线和黄铜大头钉上都有英国政府的标记：白线中间缠着一段红色的精纺毛线，这是"标识绳股"，黄铜大头钉的钉头底面还有一个宽箭头形戳记。

雷伊在日志中详细描写了这段旗杆。两条船又向前航行，不到几百米就看到另一根漂浮在海岸附近的木头。这是一段橡木，近 4 英尺长，直径 3 英寸，顶端有一个孔洞。这根旗杆或栏杆是用绞车床制成的，底部呈方形，雷伊从一段很宽的锈迹推断，它曾经被固定在一个铁钩里。

预见到这些木段的来源将会引发一场辩论，雷伊在公开报告中给出了自己的分析，因而成为首位认定维多利亚地是一座岛的探险家。他以涨潮来自北部为据，坚持认为一定有一个宽阔的海峡隔开了维多利亚地与北萨默塞特岛，这些木段就是沿着缓慢行进的巨大冰面被吹到这条海峡中的。在他粗略的笔记中，雷伊写到这两根木柱"它们可能是约翰·富兰克林爵士某条船上的断片。上帝保佑船员们尚安全健在"。但他的官方报告中没有这一段。

和绝大多数海军专家一样，雷伊坚信失踪的探险队还在更北的北方。发现的这两段木头也没有让他改变想法。他关于这些断木来自哪个方向的猜测没有

---

① 1 英寸等于 2.54 厘米。

错，但他过高地估计了它们漂浮了多远。

雷伊因这些断木成为自富兰克林的一艘船困在冰面中动弹不得之后，第一位发现其遗迹的探险家。他在官方报告中仅仅描述了它们的状态。仔细保存好这些木头、大头铜钉和线绳后，雷伊开始集中精力对付海上的风浪。

从帕克湾向西航行十分顺利。8 月 29 日，他穿过科罗内申湾，看到科珀曼河水流湍急。过了两天也不见水面平静下来，雷伊宣称他对队员们的技术很有信心，开始向上游驶去。悬崖底部的岩架就暗藏在急流下面，因此溯河而上就意味着要走在悬崖顶端拖行。最结实的绳子断了四次，因而他们不得不跳到激流中把船推过岩障。五天的艰苦劳作后，一行人在肯德尔河岸上扎营，最艰难的时候已经过去。

几天后，1851 年 9 月 10 日，雷伊和队员们回到康非登斯堡。检查确认一切正常，还有三千多磅干粮储备，雷伊命令赫克托·麦肯齐关闭该站点并给队员们发薪水，还明确了奖金和报酬金额。后来，他的上司们责怪他对队员们太慷慨了。

在雪靴旅行中，雷伊跋涉了 1 740 千米，是有史以来穿越北冰洋冰面距离最长的探险之一。随后他立即达成了第二个令人瞠目结舌的成就。他在夏季向东并继而向北沿维多利亚岛航行期间，行驶了 2 235 千米，为 1 015 千米未经前人探索的海岸线绘制了地图，完全能与迪斯和辛普森 1838—1839 年的航行相媲美，创下了小型船只在北极航行的最高纪录。除了这些超越人类和地理探索极限的成就外，雷伊还发现了富兰克林探险队的第一批遗迹。

约翰·雷伊完成了历史上最了不起的北极航行之一，到达康非登斯堡的第二天，他就向南出发，享受来之不易的假期去了。他的目的地是奥克尼，这一次，再没有什么能够阻止他的返乡之旅。

第十七章
罗伯特·麦克卢尔险些万劫不复

1851 年 4 月 18 日,当约翰·雷伊还在大熊湖安排他伟大的两段式探险时,在大熊湖以北大约 500 千米的地方,罗伯特·约翰·勒马叙里耶·麦克卢尔上校的船被冻在威尔士亲王海峡的冰面上,他派出了三支探险雪橇队。1851 年 5 月 14 日,当雷伊沿着维多利亚岛南岸向西跋涉时,麦克卢尔的一支雪橇队在威廉·哈斯韦尔的带领下到达艾伯特亲王湾的北侧。十天后,当雷伊站在同一峡湾的南侧眺望时,麦克卢尔正在汇编雪橇队带回的数据,不耐烦地等待着冰面融化,好让他重启航行,找到西北航道,享受随之而来的名利。

1807 年,罗伯特·麦克卢尔出生于一个有军队背景的爱尔兰家庭。他尝试过参加陆军,但 17 岁便为追求更刺激的人生而转入了皇家海军。他曾在加勒比海上进行反奴隶制巡查,晋升十分迅速。1836—1837 年,他在乔治·巴克率领的恐怖号上以大副的身份前往北极,那次探险中他们与北极坚冰搏斗了很久,九死一生。1848 年,在北美和加勒比海服役之后,他作为詹姆斯·克拉克·罗斯上校率领的奋进号的舰务官,加入了寻找富兰克林的行列——由于坚冰阻隔,探险队在萨默塞特岛东北岸的利奥波德港苦熬一个寒冬,只考察了 250 千米的海岸线。

两年后，海军部决定派两艘船从太平洋进入北极，由奋进号的理查德·柯林森担任总指挥，麦克卢尔担任调查者号的指挥官。两船最终分道而行，仅差一天而未能在火奴鲁鲁会合。麦克卢尔选择穿阿留申群岛这条危险的捷径，于1850 年 7 月 31 日先于柯林森到达白令海峡。野心勃勃的麦克卢尔没有像另一艘船上的一位高级海军军官提议的那样留在原地等待，而是继续航行。8 月 7 日，调查者号成为第一艘绕过巴罗角①进入波弗特海的探险船。

摩拉维亚传教士约翰·米尔兹钦曾在拉布拉多住过五年，学习伊努克提图特语，在这位传教士的帮助下，麦克卢尔当面询问了当地的因纽特人，得知他们没有一个人听到过富兰克林的任何消息。探险的首要目标是获得关于失踪的约翰·富兰克林爵士探险队的情报——虽然，这不是麦克卢尔的目标——为此，队员们打算用陷阱活捉一些狐狸。他们会给狐狸戴上印有船只和补给的位置的铜环，然后把它们放了，希望富兰克林的探险队员们能够抓到其中的一只。

和其他探险队一样，这支探险队也携带着镀金的"救援徽章"，上面印着标记关键地点的文字。队员们把这些徽章送给他们遇到的每一位因纽特人，希望后者能戴上它们，吸引富兰克林一行中的幸存者的注意。此外，麦克卢尔还定期放飞一些氢气球，气球上挂着色彩鲜艳的纸张，也写有相关信息。简言之，搜寻动用了各种孤注一掷的手段。

这次探险名义上的总指挥官理查德·柯林森在白令海峡遇到厚冰，撤退到香港过冬去了。而麦克卢尔已经向东驶过马更些河入海口。他只有一艘船，缺乏支援船只提供保护。看到冰开始沿海岸集结，他在维多利亚岛和班克斯岛之

---

① 此处的巴罗角（Point Barrow）是指美国阿拉斯加北冰洋沿岸突出的一处沙嘴，位于阿拉斯加最北端。与上文雷伊 1851 年探险途经的科罗内申湾沿岸的巴罗角（Cape Barrow）是两个不同的地方，但中文译名难以区分。

间的航道上向东北突破，进入了威尔士亲王海峡。

当时（现在也常常如此），那条海峡的东端终年壅塞着从永久性极地冰冠缓慢移动而来的浮冰。9月底，因为被浮冰挡住前路，麦克卢尔在那条海峡里扎营过冬。10月的最后十天，麦克卢尔和另一名队员一起乘雪橇向班克斯岛北岸走了大约55千米。他放眼望去，越过100千米宽的冰封海峡（如今称为麦克卢尔海峡）看到了威廉·爱德华·帕里1819年取道大西洋到达的梅尔维尔岛。他后来辩称，自己越过不可突破的坚冰远眺这一行为，也算是发现了西北航道——海军部出于自己的目的，居然也同意这一说法。

1851年春，本章开头提到的雪橇旅行开始了。6月初，当约翰·雷伊正在他横穿多尔芬-尤宁海峡的雪靴探险的最后一段路上跋涉时，麦克卢尔和米尔兹钦南行来到了威尔士亲王海峡入口寻访当地的因纽特人，后者向他们保证，维多利亚岛的确是一个不可分割的整体。回到船上，试图向北突破并再度失败后，麦克卢尔向南撤退，然后绕过班克斯岛向北。

在东北岸的默西湾，他的船再次被永久性的流动浮冰困住了。冬月没有很快过去。1852年春，从4月11日开始，麦克卢尔带着另一个人乘雪橇穿越麦克卢尔海峡的冰面到达了梅尔维尔岛，正是当年爱德华·帕里过冬的"温特港"。他在一块巨大的砂岩——"帕里岩"——那里留下一张纸条，上面写着他船只的坐标，然后回到被困的调查者号上。调查者号从来就不是一艘快乐的船，如今更是日益阴森绝望。

1852—1853年冬，水手们为生存而挣扎，定量补给越来越少的同时，这艘船也变成了一个冰封的地狱，人们要忍受鞭挞、禁闭、饥饿、坏血病，甚至还有几个人悲惨地死去。麦克卢尔居然喜欢把某些军官——特别是舰务官威廉·哈斯韦尔——长期禁闭起来，这几乎是那个时代绝无仅有的。有好几次，他下令给海员们四十八记鞭子，那是海军部规定的惩罚上限。

1853年初，他的船仍然困在冰面上，饥饿的队员们患上了严重的坏血病，

塞缪尔·格尼·克雷斯韦尔与威廉·辛普森创作的这幅《1851 年 8 月 20 日皇家海军军舰调查者号在巴灵岛北岸的关键位置》凸显了罗伯特·麦克卢尔声称自己找到的这条西北航道的可通航性：这条"航道"根本无法通航。

麦克卢尔觉得那些病得最重的船员活着就是浪费本就很少的补给，便想出一个恶毒的方案，准备甩掉那三十个人。他提议他们组成两个雪橇队，分别向南和向东寻求帮助，两支队伍携带的补给都少得可怜。他和最健康的船员将留在船上，静观事态发展。

那年 4 月，他正准备过几天就实施这一计划时，皇家海军军舰果敢号上的一位水手看到了调查者号。果敢号也属于一支搜救探险队，正困在距离梅尔维尔岛 95 千米的冰面上。有人在温特港发现了麦克卢尔的纸条。麦克卢尔起初拒绝弃船，直到一位高阶军官命令他这么做，后者之所以如此下令，只因一位军医登上调查者号看到了那些"主动"留下之人的骇人惨象。就这样，麦克卢尔和他那一群骨瘦如柴的队员拉着雪橇步履蹒跚地越过结实的浮冰，来到了果敢号上，后者是从大西洋进入北冰洋水域的。正如威廉·詹姆斯·米尔斯在《探索极地前沿》中所述，当时的真相是"只差一步，就会发生与富兰克林探险队类似的灾难"。

原本，政府会给完成西北航道之发现的人——从一个大洋航行到另一个大洋，要么从大西洋到太平洋，要么反之——提供一笔奖金，麦克卢尔也很清楚这一点。他不情愿地放弃了自己的船，后来坚称，若非有人干涉，他已经完成了该航道的通行。他还辩称，步行和拉雪橇在冰面上行走一段路程，再乘坐另一艘船回国，也算是发现了西北航道。

当然算——不过那样一来，就必须承认步行横穿一段因坚冰阻隔而无法通过的航道也能合理地算是实现了原初的目标。待有人真正航行穿过班克斯岛北边的所谓麦克卢尔海峡，时间已经过去了一个世纪。1954 年，在加拿大和美国联合开展的波弗特海探险中，美国海岸警卫队的北风号破冰船成为第一艘取道该处走通西北航道的船只。十年前，加拿大纵帆船圣罗奇号试图走这条路线，却被迫转向西南方向从威尔士亲王海峡穿过。

2010 年，加拿大考古学家在默西湾发现了麦克卢尔的调查者号的残骸，正是在他放弃那条船的地方。船静静地躺在海平面以下 8 米处。如今，初次游览比奇岛的游客往往会感到困惑，既然富兰克林探险队只有三个人埋在那里，为什么他们看到了四座坟墓和四块木板。第四个是能干的海员托马斯·摩根之墓，他于 1854 年在此地去世。他勉强撤离了调查者号，但因病得太重，没能幸存下来。他是麦克卢尔原先挑选出来进行死亡行军的队员之一。

第十八章
格陵兰因纽特人挽救了凯恩的探险队

    1853年5月底，罗伯特·麦克卢尔仍被困在北冰洋西部时，伊莱沙·肯特·凯恩驶出纽约，开始了他的第二次航行。从比奇岛回来后，这位善于表达、魅力超群的医生被任命为第二次格林内尔探险的指挥官，继续寻找富兰克林。他对当时流行的地理理论笃信不疑，相信富兰克林和他的一些队员仍然活在世界之巅的开放极海，那里有成群的哺乳动物。9月，他驾驶26米长、144吨重的木质小型船前进号进入史密斯海峡，创造了高纬度航行的新纪录，继而被伦斯勒湾的浮冰困住，再也动弹不得——此地是他以他外祖母的姓氏命名的。

    凯恩在这里度过了两个极其可怕的寒冬，漫漫长夜天凝地闭，气温降至零下32摄氏度左右。而后他才开始规划起艰难的逃生。起初船上有二十个人、五条狗，凯恩尽量保持船上的卫生，避免疾病肆虐。为了预防坏血病，他定期召集船员体检，还定期检查并清理住舱。肉类逐渐耗尽，他就依靠卷心菜补充维生素，然后是生土豆和酸橙汁。即便如此，船员们仍然开始显现出坏血病的症状：关节痛、牙龈肿、皮肤出现块状变色。

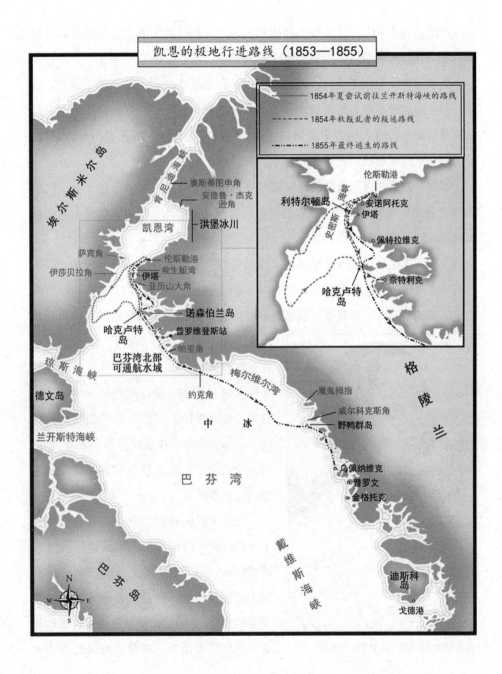

严寒让凯恩失去了两名部下。霜冻把他们的脚变成了黑色，经历截肢的痛苦后，一人死于破伤风，另一人死于细菌感染。凯恩把他们掩埋在一个岩石岛的一处洞穴里并举办了葬礼。随后就发生了一场准哗变。一群心怀不满者违抗命令，企图越过冰面去格陵兰北部的乌佩纳维克。他们走时只给凯恩留下了几个尚有活动能力的人和若干病弱的同志。由于缺乏领导，叛乱者们几近饿死，最后只好不顾羞耻地回到船上。

那时，凯恩凭借因纽特翻译汉斯·亨德里克的帮助，已经与住在南边大约80千米处的伊塔的因纽特人建立起坚固的同盟。若非此一结盟，凯恩和他的队员都不可能活着回到纽约。

汉斯·克里斯蒂安·亨德里克（因纽特名为苏厄萨克）1834年出生于格陵兰南部的菲斯克纳斯，后来在好几次北极探险中发挥了举足轻重的作用。1853年，凯恩来到他的家乡，希望给探险队添一位因纽特翻译兼猎人。这时亨德里克才刚满19岁，当地主管推荐了他，说他精通皮划艇和标枪投掷，凯恩看到这个胖胖的年轻人时却半信半疑。但他后来写道，这位懒散的因纽特人"虽然像我们看到的任何一个印第安人一样迟钝而平平无奇"，却用标枪投中了一只正在飞翔的鸟，展示了他的出色本领。

凯恩不仅同意付给亨德里克一份中等水平的薪酬并给他母亲留下两桶面包和52磅咸猪肉，还"送了他一支步枪和一艘新的皮划艇做礼物，这让他在对方眼中显得非常慷慨"。多年后，亨德里克在自己的作品《北极旅人汉斯·亨德里克回忆录》中

PORTRAIT OF HANS.

汉斯·亨德里克（苏厄萨克）19岁时，在格陵兰南部的菲斯克纳斯登上了前进号。这是伊莱沙·肯特·凯恩所绘的素描。

证实了这一说法。据这部作品的第一译者亨利·林克说，手稿"以平实易懂的格陵兰语写成"。亨德里克还写道，他听说凯恩会付报酬给他母亲之后，才决定参加探险。他的父亲曾经给社区的三位神父当过助手，前一年刚刚去世。母亲恳求他不要走，"但我回答说：'如果没有不幸发生，我会回来的，我可以给你挣钱啊。'"

凯恩驶入史密斯海峡，如上所述，在那里扎营过冬，打算在来年春天扬帆起航。遥遥无期的极夜让众人的情绪极为低落。11月中旬，亨德里克宣告他再也受不了这困兽一般的悲惨生活了。他卷起自己的衣物，带上自己的步枪准备离开。后来在出版的回忆录中他写道："我从未见过那样持续整季的黑暗。真的很糟糕，我以为我们再也看不到白天了。我十分恐惧，不禁抽泣起来。我有生以来从未见过正午时分竟然暗无天日。黑暗一连持续了三个月，我真的以为世上再也不会有日光了。"

与凯恩谈过之后，亨德里克留在了船上。指挥官经过询问得知年轻人想念"菲斯克纳斯的一位女士"，还发现"他像任何一个温和气候的爱好者一样，饱受极夜的折磨"。凯恩大大提升了他的地位，轻而易举地解决了问题："他现在是我最信任的心腹，这让他自重起来。他替我驯狗、搭建捕猎陷阱，还和我一起踏冰散步，而且除打猎外，我不给他分配其他任何任务。他开始依恋我，变成了一个快乐的胖子。"亨德里克起初很难适应船上的生活，凯恩对他的照顾使得一位妒忌的海员称这个年轻人为"船长的爱斯基摩宠儿"。

1854年4月的一天，凯恩正在甲板下陪护因破伤风而奄奄一息的病人，这时听到附近海岸上传来奇怪的声音。他爬到亮处，看到"岩石嶙峋的海港上到处"人影绰绰，"雪岸边全是黑点，从晦暗的悬崖边冒出来，样子野蛮无礼"。因纽特猎人们爬到岸冰的最高处，正一个接一个地挥手叫喊着，"简直像歌剧里的群像演出"。

汉斯·亨德里克正在外打猎，但他很快就回来了，发现自己可以和对方交流。他们居住的地方比约翰·罗斯四十多年前遇到的那些人更北。亨德里克后来写道，起初，"我怕他们会行凶，因为他们不是（信仰基督教的格陵兰人），但事实正好相反，他们温和而无害"。

经历了最初的一些误解——推推搡搡，顺手牵羊，以至于公然抢劫——之后，凯恩与他们协商定下了一份正式的协议。经亨德里克从中翻译，因纽特人同意不再偷盗，还答应带领水手们去找动物。作为回报，白人会释放三名因偷盗而被他们抓起来的猎人，并在一起出征打猎时负责用枪射杀猎物。

缔结这份友好协议后，水手们开始和因纽特人一起打猎。"我无法用语言描述在打猎时爱斯基摩朋友们的建议有多宝贵，"凯恩后来写道，"他们会注意到每一块冰、每一阵风、每一丁点季节变化，预测出它们对飞鸟的行程有何影响，他们正是凭借这样的智慧摸透了本地动物的生活习性。"

凯恩对北极野生动物的生动描写在当代引发了广泛思考。他描述了射猎鸟类、海豹和海象的场景，这些动物的数目如今都严重衰减；提到力大无穷的北极熊时，他的文字出人意表地传神。例如，他写到几头北极熊洗劫了补给存放处，扯开了铁匣，要三个壮年男子合力才能搬动的大石头，它们轻轻一拨就滚到一旁了。

第二个冬天，船仍然牢牢地陷在浮冰里，伊塔的人们搬进了两座埋在雪地里的大屋子，它们完全是封闭的，只留一些通风口。凯恩跟他们同住了一周。他一面融入部落生活，一面做些人种学研究。在他的《北极探险》一书中，凯恩用了二十多页的篇幅描写当地人的习惯和风俗，涉及各个方面，从餐具、丧事、宗教信仰到酋长特权，后者"拥有可疑的特权：只要养得起，他想娶多少个妻子都行"。

　　凯恩对其衣物、雪橇、武器、住房和生活习惯的详细描写为今昔对比提供了独一无二的素材。与其他人不同，这位来自费城的绅士非常谦卑地向那些出生在北极、承袭了长久以来的求生传统的狩猎采集者学习。

　　凯恩还是个出色的艺术家，画了很多素描，后来又把它们加工成自己书中的蚀刻画。有一段时间，他甚至利用音乐记谱法为"爱斯基摩人的私语"标注了六个音部，其物证至今还保留在美国哲学学会的档案馆里。凯恩用了几个月来加工这些素描并添加说明，对因纽特人的生活进行了详细描写和刻画。历史学家 L. H. 尼特比后来指出，这些文字"是《北极探险》中最有趣的部分"。在那个电影和照片都还没有诞生的年代，凯恩的创作塑造了许多"南方人"心目中"爱斯基摩人"的标准形象。

　　被困的第二个冬天里，凯恩在日志中写道："我决定向我们的爱斯基摩邻居学习，把我们的横帆双桅船改造成一座雪屋。"他赞美因纽特人的住所和饮食方式是"当前形势要求我们掌握的最安全和最好的"，让队员们到岩石缝里寻找苔藓和草皮，然后把这种材料铺在上层后甲板区，以便保温。他在甲板下打造了一个约 18 平方英尺①大的房间，内墙也都用苔藓和草皮铺成。

　　凯恩分析得出了传统雪屋狭窄的入口隧道独具创意的功能——它能把热量流失降到最低，于是让木匠克里斯蒂安·欧尔森为船舱建了一个同样的入口，把它与船上更冷的地方隔开。这位船长写道，冬营地没有"一年前那么气派了"，但他和队员们已经化身被困的武士，蹲在"炮台"或地堡里，全部的精力都"用来抵御外面那个充满敌意的大自然"。

　　凯恩意识到因纽特人的衣物适于应对当地的气候，便也开始穿鸟皮袜子和毛皮靴，还有狐狸皮套衫或带有密闭风帽的宽大上衣，以及熊皮裤子，但他把裤样改了一下，以便挡住"文明国家最需严密遮盖的部分"。在室外，他学会

------

① 1 平方英尺约为 0.09 平方米。

了"咬住一条狐狸尾巴来保护鼻子不被风吹"。

凯恩在亨德里克的帮助下建立的跨文化联盟不仅救了大多数队员的命，还成为后代效仿的榜样，至今仍为格陵兰的因纽特人所称颂。20世纪80年代，法国人让·马洛里在批评了其他几位探险家的傲慢和麻木之后，赞美了凯恩与因纽特人结下的"非凡协议"，指出"我的爱斯基摩朋友们对凯恩的美好记忆固然已十分模糊，却久久流传"。

1855年春，看到海冰还是没有破裂的迹象，凯恩制订了详细的逃亡计划。到5月中旬天气不再那么寒冷彻骨时，他将带领队员拖着船沿浮冰带行走，然后越过史密斯海峡的浮冰——跋涉极为艰苦，全长约110千米。队员们将在那里上船向南行驶，从而完成"在冰上和水上交替（行进），合计逾1300英里[约2000千米]的行程"。至少有四名队员必须被人抬着——三人因为截肢，还有一人是因为冻伤。

凯恩向队员们给出了乐观的分析。不久，猎获就会变得丰厚，等吃到新鲜的肉，他们就能一起克服坏血病了。暖和的天气能让他们到达伊塔，还能让他们清洁处处油烟的船舱，晾晒散发阵阵恶臭的被褥。他还劝队员们齐心协力，只有这样方能扛住前方的重重挑战。他已经开始整理文件和记录，挑选出那些必要的加以保存。他让队员们整理衣物、靴子、铺盖和补给，在他的命令下，大家每天都忙着切割毛皮、缝补船帆。

眼见前进号仍然困在冰中，凯恩带上亨德里克和其他几人外出查看浮冰的面积到底有多大。他们在利特尔顿岛附近发现了一大群鸭子，并循着鸭群来到一个崎岖的小岩架，这里的野鸟数不胜数，每走一步都会踩到一个鸟窝。他们射杀了几百只作为食物。一座栖满海鸥的嶙峋岩石岛尤其多产，凯恩为它取名

"汉斯岛"。

亨德里克是探险队迄今为止最好的猎人。有一次，大部分队员都生病了，补给也行将告罄，凯恩写道："如果汉斯也牺牲，那就只能祈求上帝保佑了。"回到船上，凯恩派亨德里克去伊塔寻求帮助。没过多久，他在日志中写道，年轻人带回了新鲜的食物、三个猎人同伴和更多的话题："对于陷入当前窘况的我们而言，汉斯倒像个城里人。"亨德里克在安诺阿托克住了一晚，第二天到达伊塔。他受到了欢迎——但发现那里也都是"瘦骨嶙峋的可怜人"。伊塔人也面临着饥荒，甚至吃掉了三十条狗中的二十六条。

亨德里克提议捕猎海象时，他们都翻白眼表示不以为然。他们曾屡次尝试猎杀海象，但海水结着冰，只能从冰洞中抓捕这种狡猾的动物，用鱼叉做此事简直难于登天，因为即便被戳中，海象也能潜入水中逃走。听到这里，亨德里克向他们展示了凯恩的步枪，并示范了它的用法。他们挖出一副雪橇，用最后的四条狗来拉。在随后的狩猎中，一行人用鱼叉和猎枪猎杀了不止一头海象（用了五发毛瑟枪子弹），还捕到了两只海豹。

三个猎人离开后，亨德里克"愁眉苦脸地"走到凯恩跟前，请求允许他到南边去找一些制作靴子用的海象皮。他婉拒了凯恩让他带上狗一起去的好意，坚称天气还不错，他能走八九十千米到伊塔。指挥官同意了，但随后他一去不归，前者唯有苦苦等待。

凯恩一度担心起来。但他从其他来访者那里得知，亨德里克爱上了一位名叫默苏克的姑娘，她是尚胡的女儿。"汉斯是大家的宠儿，"凯恩后来写道，"姑娘们尤其喜欢他，而且他也是北方最优秀的男人之一，算是一门好姻缘。"他继续打听他的消息，因为"抛开一切公务不提，我个人也很喜欢他"。

后来，汉斯·亨德里克写道，他怀疑同伴们到不了乌佩纳维克。他在伊塔期间生了场病，当地人"对我很好，我开始考虑留下来不走了"。不过他说他最后一次离开时，原本是打算回探险队的。但伊塔人"开始劝说我留下来。他们说我的同伴们到不了乌佩纳维克，还说他们离开那里时，会把我一起带走的"。

他补充说，"我（仍旧）打算回去。但我开始羡慕周围的人了，他们过着无拘无束的快乐生活"。最终，他写道："我找到了一个恋人，决心再也不离开她，而要把她带到基督徒的地盘上做我的妻子。后来她受了洗，成了领圣餐的人。"这就是默苏克，后来给他生了不少儿女。

与此同时，凯恩写道，他的一些队员"情绪极度低落"，但多亏汉斯和其他因纽特猎人提供的肉食，大多数人的坏血病开始有所好转。他被迫把船梁都当作燃料烧了，只留下一点木料，足够做两副 17.5 英尺长的雪橇。4 月底，他定下出发日期。5 月 17 日启程之时，队员们将用新雪橇把两条捕鲸船拖到伊塔以南的开放海域中去。他们将用一副较小的雪橇拖运较小的红胡子埃里克号，继而沿着水岸驶向乌佩纳维克。

凯恩本人将用一副狗拉雪橇运送食物和设备到废弃的因纽特狩猎营地安诺阿托克，从那里到伊塔还有一半路程，可以当作中继站。还有四名队员无法行走，凯恩将用狗拉雪橇拉着他们，先到安诺阿托克，再到浮冰的边缘。随着准备工作的推进，凯恩召集全体船官，宣布他将最后一次向北去寻找约翰·富兰克林的踪迹，后者可能仍然困在开放极海的某个巨大冰缘的后面。

到目前为止，探险队已经找到了肯尼迪海峡，它位于格陵兰和埃尔斯米尔岛之间，如今是"美国人的北极路线"的一部分。凯恩还发现了北半球最大的冰川，并用科学家亚历山大·冯·洪堡的名字为它命名。4 月，最后一次北行之后，凯恩结束了"（富兰克林）搜寻行动"。

如今一心一意计划撤退，并决心避免一切导致哗变的灾祸，凯恩对从炊具到武器弹药的一切都做了安排。他让欧尔森负责修缮船只，欧尔森虽然是个无出其右的出色木匠，也有能干的助手，但没有人能百分之百地确定三条船中是否能有一条足以出海航行。

两条捕鲸船——20 英尺长、7 英尺宽、3 英尺深——已经被冰雪蹂躏得不成样子。欧尔森加固好船底，又为它们装配了一层轻质帆布制的整洁外套。他还给每条船增加了一根桅杆，可以卸下，与船桨、钩杆和冰篙一起拖着走。

然而两条船的板材太干燥了，填缝也无法使之足够防水。第三条船是体量较小的红胡子埃里克号，它小到可以挂载在拖运忠诚号的旧雪橇上，也可以最后劈了当柴火用。

出发日期越来越近，凯恩给队员们二十四小时选择每人 8 磅重的个人物品。每个人都有羊毛内衣裤和全套因纽特式毛皮套装，包括上衣、风帽和长裤。每人有两双靴子、备用袜子和一条用于拖拉、调整到合适长度的帆布长绳。凯恩还规定必须佩戴因纽特式眼镜以防雪盲症，此外还有野牛皮的睡袋、用防水帆布套好的羽绒被以及放置个人物品的帆布袋，为避免混淆，每个袋子上都有编号。

1855 年 5 月 20 日星期日，凯恩召集全体队员走进已经拆卸的冬舱，跟这条横帆双桅船正式道别。苔藓墙被拆除，木头支架也已付之一炬。大多数铺盖都已安置在小船上，桨帆船内寒冷寂寥。凯恩在这荒凉的所在祈祷，念了一节《圣经》，取下鼓舞士气的约翰·富兰克林爵士肖像。他把肖像画从木框中取出，装上印度橡胶卷轴放好。凯恩还在舷梯底部附近的连接杆上固定了一张纸条，上面写着放弃这条船的理由，解释说："第三个冬天即将到来，迫使我们……放弃了与船和它的一切同在的最后希望。因此无论如何，它都无法继续寻找约翰·富兰克林爵士了。"

与四名无法走路因而要继续在横帆双桅船里待一段时间的伤残者暂时告别后，其他人全部爬到甲板上。凯恩升起了美国国旗并向它敬礼，继而最后一次降旗。他免除了更多的仪式。他认为欢呼简直就是嘲讽，手中没有酒，他也就没有致最后的敬酒辞。"大家都准备好之后，"他后来写道，"我们一起在冰上踉跄前行，就像一群码头装卸工，准备处理堆满码头的残破货物。"

凯恩和队员们不得不拖着船越过一片巨大的冰原。天气越来越暖，冰面开始融化，南行的路变得愈发危险。

伊莱沙·肯特·凯恩知道，缺乏军纪必将导致叛变，因而他下决心保持纪律严整，明确上下级关系。他指定了每个人在拉索时的固定位置，并下令除了捕鲸船船长外每个人都要轮流做饭。他知道六个精疲力竭的人无法拖动沉重的雪橇，就规定整个团队先把一副雪橇拖到某个地点，然后再去拉第二副。他们把这段距离定为 5 千米，往返拖拉三副雪橇单去程就是 15 千米。

到 5 月 24 日，队员们已经把两条捕鲸船向南拖了 11 千米。那天夜里，他们没有回到横帆双桅船上，而是睡在捕鲸船旁的帆布屋里。第二天，修补了红胡子埃里克号并为其填缝之后，三名队员把它拉过冰面，开始加入轮换。气温仍在零下，但现在太阳很少落下。为防止日照刺眼，队员们白天睡觉，傍晚时分行进。

凯恩开始一个一个把四名伤残者拖到安诺阿托克。他用的是六条狗和一副轻雪橇，同时也捎上了横帆双桅船上的补给，直到总重量达1 500磅，即两条捕鲸船的最大载重。这时，一些来自伊塔的因纽特朋友看到他们正在撤退，开始不请自来地帮助他们。一位名叫奈萨克的老人用自己的狗帮忙运送补给，还在横帆双桅船上给凯恩烤面包。

太阳越来越高，气温开始上升，岸边流冰带的硬度越来越低。6月5日，拖着希望号的雪橇撞破了流冰带，六个人落入水中。他们设法爬回了冰面上，但凯恩担心自己可能会被浮冰阻隔，回不了安诺阿托克的救援小屋了。他着手把货物转运到两个临时站点。

没过多久，积雪和扩大的裂缝使得流冰带几乎无法穿越了。凯恩被迫踏上浮冰，看着冰面越来越湿，还带着从底下钻上来的海水，他的担忧日益加剧。除了正在运送的货物之外，有近900磅的补给保存在安诺阿托克，还有200磅在另一个地点等待被拖运，其中包括枪支和子弹袋。

凯恩决定请求伊塔人出借他们四条狗中的两条。他捎口信命令安诺阿托克的伤残人员准备立即动身，随后自己向伊塔疾行，并在接近午夜时抵达，那时日悬低空。虽然气温仍只有零下20摄氏度，但他看到三十个因纽特人聚集在室外光秃秃的岩石上。融雪把他们的小屋变成了一片狼藉，因此现在他们只得露天宿营，聊天、睡觉、煮食海雀或是咀嚼鸟皮。

在那里过了一夜，凯恩把疲惫的狗群留下，用它们换得了那个定居点的两条狗，这实在是不公平的交换。老奈萨克在凯恩的雪橇上堆满了海象肉，两名中途赶来的年轻人帮他穿过了一片碎冰。凯恩后来在《北极探险》中忧伤地怀念起那些熟悉的身影："一想到他们即将面临的命运——在那片漫漫长夜的无尽寒冬，大地没有任何产出，淡水也被冻结——没有任何可诉诸的技能乃至最粗糙的技艺材料，冰障把他们与整个世界隔开，看不到任何出路。"

凯恩还预先做了一个人口调查，"根据三位报信人的精准确认"，他了解到从梅尔维尔角附近的大河到多风的安诺阿托克小屋，近1 000千米的海岸线上零星住着一百四十个人。他写道,在这狭窄的地带,人们"相互友爱,共享资源,像一个大家庭"。他们的小屋都分布在狗队可以到达的地方。他们给每一块岩石、每一座山丘取名字,所以就连最年轻的新手猎人也能找到储藏在该地区任何地方的肉类补给。

但此时,凯恩没有时间过多思考。有了两条活蹦乱跳的狗和一副装满肉的雪橇,他很快就从伊塔回到捕鲸船所在地,那里距离安诺阿托克只有 5 千米了。天气转暖、猎物和饮食的增加,以及更多的锻炼改善了队员的健康状况,但也让他们更饿了。有些食物还留在船上,凯恩设法取回了它们。

凯恩越来越担心通往安诺阿托克的道路中断,于是开始把伤残人员从那里运送到捕鲸船上。第二天,他的一名队员从伊塔回来,带来了几名因纽特人、装着肉和鲸脂的雪橇,还有他们剩下的所有健壮的狗。凯恩再次拥有了一支可以利用的狗队:"人们很难想象,当时的处境那么危险,拥有这么一群动物为我们带来了多么巨大的欣慰和安全感,"他写道,"简直比队伍里多出十个壮丁还要管用。"

凯恩从前进号上取来最后一点可燃的猪油,对于即将到来的航行来说,这必不可少。然后他又把伤残人员从安诺阿托克运回来。他在悬崖下行走,惊叹着景观的巨大变化。炙热的太阳把冻在冰里的岩石解放出来,它们滚下满是砾石的山坡,"丁零当啷的,像一片战场……全都堵在脚下的流冰带里了"。

一名队员在冰上死于雪橇事故。之后的 1855 年 6 月 16 日,凯恩和队员们开始在伊塔附近的海湾河口装载船只,那里距离开放水域还有不到 2 千米。队员们已经没有停歇地拖运了一个月,其中只有短短一小段时间借助一阵来自北方的微风,设法在一段平缓的冰面上利用长舵桨作为帆桁"航行"了一段。冰上航行的感觉太奇妙了,队员们情不自禁地唱起歌:"迎着风暴前进吧,我亲爱的少年!"

但他们大部分时间都在艰苦跋涉,靠绞盘棒和控制杆翻过冰丘和雪堆,小心地越过到处是致命黑潭的"冰盐沼"。凯恩写道,如果没有因纽特人的帮助,逃亡大概就失败了。当地人给来客准备了大量的小海雀，人和狗一起每周能吃掉八千只之多。有一次，一副雪橇深陷在冰里，上面的捕鲸船都要漂走了，五个因纽特男人和两个女人与水手们一起用了半天时间才把它拉出来，什么报酬也没要。

最后，心中充满敬重和感激的凯恩在海岸边把针线、各种衣物乃至他的手术截肢刀都分给了伊塔的因纽特人。他把剩下的雪橇狗捐赠给整个部落，只把图拉米克和威蒂带上了船："它们是一路为我带队的狗，我舍不得离开它们。"

一些因纽特人哭了，凯恩对他们充满眷恋——"再见了，我的邻居们，你们已经成了如此忠实的朋友。"要不是这些人，他写道，"我们可怕的行程还将延长至少两周，而就算现在，我们的时间也不多了，晚几个小时都可能致命。"风继续吹，凯恩把"那些悲伤而忠诚的人"聚到冰岸上，他们围在他的身边，他像对兄弟姐妹一样与他们倾诉衷肠。

凯恩对他们说，在南边几百英里的地方住着其他因纽特人部落，那里没有这么寒冷，有日照的季节更长，打猎的收获也更丰富一些。他说如果他们勇敢而自信地付诸行动，耐心地行走几季，就能到达那个更宜人的环境。他恳求他们尽快启程。

6月19日下午，海上风平浪静，天空晴朗无云。下午4时，凯恩和队员们备好船只，把雪橇抛到舷缘之外捆绑妥当。三条船体积很小，负载很重。风霜使之开裂，日照使之翘曲，缝隙袒露，需要反复填补才能航行。凯恩计划乘坐这些脆弱的小船航行近800千米。海水看上去平静得像一个观光湖，虽然天空中堆着黑色的雨云，船长和队员们仍然奋力驶离冰岸。星条旗在风中飘扬，他们朝着家的方向驶去。

水手们用了过去的一个月（5月17日到6月16日）运送补给，在冰面上把三条小船向南拖了八九十千米到达伊塔。此刻，与帮助他活下来的因纽特人依依惜别之后，凯恩和剩下的十六名队员登上了他们的小船，开始了驶向乌佩纳维克的 800 千米航程。他们在那几条敞篷的船上度过了风暴肆虐的七周，一路忍饥挨饿，与暴风雪和致命的浮冰搏斗着。

但在 8 月 1 日，凯恩看到了梅尔维尔湾著名的魔鬼拇指①。靠近野鸭群岛时，他断定在这次可能是北极历史上最困难的航行的最后这一段，不能鲁莽地愚勇冒险，而是要小心翼翼地沿着海岸绕过星罗棋布的海岛。8 月 6 日，凯恩和队员们绕过一个海角，看到了高高耸立在乌佩纳维克上方的桑德森角雪峰。他们听到了犬吠声，还听到工人的钟响了六下。这是做梦吗？他们靠近海岸，划过老旧的啤酒厂，然后在一群孩子的喧闹声中，最后一次把船拖上了岸。

　　如今的乌佩纳维克是个一千两百人的多彩小镇。但伊莱沙·肯特·凯恩和他的探险队 1855 年驾着小船到达这里时，整个定居点只有这几座房子。

---

① 魔鬼拇指（Devil's Thumb）是一座高 546 米的尖顶山峰，位于当今格陵兰西北部的阿凡纳塔（Avannaata，意译为"北方"）辖区内。

　　乌佩纳维克人为美国人改建了一处厂房作为寓所，跟他们分享自己所剩不多的补给。这时，凯恩了解到曾经有两艘船为寻找他而经过这里。从一份由当地牧师翻译过来的德国报纸上，他得知了失踪的富兰克林探险队的消息。在此地西南 1 600 千米的布西亚半岛上，哈得孙湾公司的约翰·雷伊找到了探险队的遗物。显然，富兰克林探险队遭遇了不测。最后几名幸存者还被迫同类相食。什么？不会吧。这是真的吗？

第十九章
苏格兰人、因纽特人、欧及布威人

一年多之前的 1854 年夏初，一些因纽特人带来了失踪的富兰克林探险队的遗物，小威廉·欧里格巴克坐在里帕尔斯贝的帐篷里——询问他们。这个 24 岁的因纽特人引导他们说出所发生的故事，并把细节——传达给约翰·雷伊，以此大大弥补了自己年轻时犯浑做过的那些荒唐事。小欧里格巴克 16 岁时，曾经令雷伊怒不可遏。在 1846—1847 年的那次探险中，雷伊两次抓到这个少年从父亲的行囊里偷糖和烟草。不止如此，小欧里格巴克还把队员们裤子上的纽扣拔下来，很可能想用它们去换东西。

1852 年 11 月，雷伊从伦敦回来，开始组织另一支探险队，他向约克法克托里的哈得孙湾公司的人打听除了欧里格巴克及其子威廉外，还有没有别的翻译可用："我对欧里格巴克没有特别的意见，"他写道，"但曾经跟我一起探险的那个男孩（他儿子）实在是世上最可恶的混蛋之——他的谎言和劣迹也令他父亲不悦和不满。我倾向于选择欧里格巴克的［另一个］儿子唐纳德，虽然他只能说一点儿英语，但他是个性情温和、踏实肯干的小伙子。"

老欧里格巴克在 1852 年去世。第二年 7 月，雷伊在途经丘吉尔前往北方时，听说指定的翻译小威廉·欧里格巴克出门猎捕鼠海豚去了，随时可能回来。雷伊与一位名叫奥蒙的哈得孙湾公司老资格雇员讨论自己应做何选择，后者坚信年轻的欧里格巴克是当前可用的最好的翻译，如今的他长了几岁，不再是雷伊记忆中的那个小男孩。奥蒙宣称这位年轻人"除了母语之外，英语、克里语和法语说得都不错，而且他翻译过来的信息忠实可靠，给爱斯基摩人的答复也相当准确"。

欧里格巴克不见踪影，面对即将错过航海季的压力，雷伊带着一个名叫芒罗的因纽特人上了船，后者的语言技能还过得去。他在丘吉尔以北 65 千米处遇上了一群划着皮划艇的因纽特猎人，年轻的欧里格巴克就在其中。雷伊只用五分钟时间就看出芒罗的语言功底与欧里格巴克不可同日而语，当即聘用了威廉·欧里格巴克。年轻人快速处理了自己应得的那份猎物，并把他的个人物品转移到雷伊的船上。

一个月后，雷伊在切斯特菲尔德因莱特遭遇了一次挫折，决定改变行程，把一半队员解散回家，选择翻译时，他毫不犹豫地遣散了芒罗，留下小威廉·欧里格巴克。后来，1854 年 9 月在归国途中，雷伊写道："我的好翻译威廉·欧里格巴克［在丘吉尔］登陆了，与他道别前，我送给他一把制作精美的猎刀，那是上校乔治·巴克爵士委托我送给他的前旅伴欧里格巴克的，但既然老人已经去世，我就自作主张把它送给了他的儿子，未来如果他还将为我们效力，希望他在这

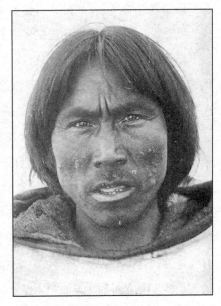

威廉·欧里格巴克的这幅肖像是乔治·辛普森爵士的曾外孙乔治·辛普森·麦克塔维什 (1863—1943) 在约克法克托里收集得来的。它出现在他自费出版的著作《峭壁之后》中。

个礼物的激励下，仍然表现良好。"

1853 年 8 月，约翰·雷伊带着包括威廉·欧里格巴克在内的仅仅七名队员，在凄冷的毛毛雨中驾着一条小船进入了里帕尔斯贝。他希望来年初在春季破冰之前经由陆路完成布西亚西海岸的测绘。前一年，把他发现的残骸碎片呈交给英国海军部之后，雷伊获得了皇家地理学会授予的创立人金奖，以表彰他"为北极地区的地理……增加了许多重要信息"。

雷伊在奥克尼的斯特罗姆内斯探望母亲期间制订了一个计划，准备完成北美洲北冰洋沿岸地图的绘制。他在 1852 年 11 月 26 日发表于《泰晤士报》的一封信中列出了该计划，并在附言中写道："我没有提到失踪的航海家们，因为在我即将前往的区域，发现他们任何踪迹的希望都微乎其微。"1853 年 1 月，雷伊重返伦敦。他拜访了前旅伴约翰·理查森爵士，还和艺术家兼探险家乔治·巴克共进晚餐，其间后者委托他把那把刀送给老欧里格巴克。

眼下是 8 月中旬，里帕尔斯贝比雷伊记忆中的更加凄冷阴郁、令人生畏。他原以为这个时节这里还不至于如此冰冷酷寒。厚厚的冰堵塞了海岸，每一条溪谷和朝南的陡岸都堆满积雪。他旧日的登陆点处覆盖着几英尺厚的冰雪。

雷伊沿着北极河缓慢上行，发现了一个新的登陆点，那里的条件显然更适宜，就把船停泊在了那里。雷伊满脑子旧日回忆，一跳上岸就直奔希望堡，那是他在 1846 年亲自督建的居所。石墙与他离开时别无二致，小小的土灶虽经日晒雨淋，仍然完好如初，因纽特猎人们曾用它来保存肉食。他在树林里找到了他曾在每晚上床之前来回走动暖脚的小道。石屋周围的致密泥土中还能看到旧日的足迹，看得出队员们穿的英国制造的鞋靴的轮廓，那些脚印十分清晰，仿佛不是数年前，而是几天前刚刚踩上的。

雷伊百感交集地完成侦察——在这里过冬真是历尽艰辛——回到了河上。他看到船已泊好、帐篷搭起，部分货物也已卸下。这让他十分高兴："我的同伴们工作自觉而努力，根本不需要我监督了。"

自他第一次在里帕尔斯贝短住以来，雷伊又有不少长进，主要是从因纽特人那里学到了很多在林木线以上过冬的知识。他甚至没考虑重新住进自己七年前建的那座石屋希望堡，而是和队员们搭起帐篷。一旦有了足够的雪，他们就在威廉·欧里格巴克的指挥下建起雪屋，搬进去住了。

11 月天气晴朗，平均气温为零下 27 摄氏度。但 12 月便开始风雪肆虐，平均温度降至零下 30 摄氏度。2 月果然是一年中最难熬的月份，气温降到零下 47 摄氏度，太阳终日躲在地平线下。那时，细心的雷伊已经开始为即将到来的春季行程做准备了。他雇用了约翰·贝兹的亲戚、木匠雅各布·贝兹。约翰·贝兹曾踏着雪靴跟雷伊去过维多利亚岛，他也参与了本次探险。在一个用雪建成的工作间里，雷伊让"巧手"的雅各布·贝兹拆掉探险队的四副雪橇，缩小框架，这样重新组装后就能比之前更安全。贝兹听从雷伊的吩咐，收窄了雪橇的滑板，使它们的重量减少了三分之一。

为了找到弱点并提前确定旅行速度，雷伊让队员们拖着负重的雪橇行走一段固定距离，并为其定时。他本人也拖着负重 120 磅的雪橇进行了同等距离的测试。他专门分出了他所建议的食物定量，和队员们一起测试了四天时间。他检查了自己的"6 英寸多拉德①六分仪"，还校正了两只精密计时表，把它们裹在腰间厚厚的毛毯腰带里，以防温度过低，影响使用。

春天越来越近，雷伊还想买几条雪橇犬，于是派三名队员最后一次去寻找因纽特人的踪迹。他们什么也没找到，探险家只好诉诸人力拖运。他计划留下三个人看守船只和其他物品：托马斯·米斯特甘、默多克·麦克伦南和约翰·贝兹。除了他自己之外，欧及布威人米斯特甘是探险队最好的猎人，这样安排是为了让留下的人不至于挨饿。但雷伊指定贝兹为负责人，因为整个冬天他一直

---

① 多拉德（Dollard），实为多隆德（Dollond），指的是 1750 年约翰和彼得·多隆德父子在伦敦创建的多隆德与艾奇逊光学仪器店。

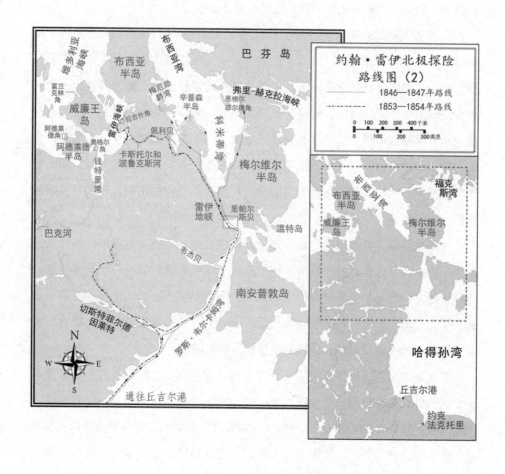

在教年轻的贝兹阅读和写作，现在他已经能写粗略的日志了。

1854 年 3 月 31 日，在北极的海冰上度过又一个寒冬后，40 岁的约翰·雷伊带着四名比他小十多岁的队员从里帕尔斯贝出发了。前路充满艰险，但五人出发那天天气晴朗，他们身体健壮、兴致勃勃。留下来看护物品的人中有两位还陪他们走了 12 千米。

起初，雷伊沿着他 1847 年走过的路线向西北进发。他提议穿过布西亚湾，画出从卡斯托尔和波鲁克斯河（这是迪斯和辛普森到达的最远之处）到 1852 年发现的贝洛特海峡的这一段西岸地图。两天后，雷伊意识到他选择的四人中间有一个已经疲惫不堪，还伴有胸痛，不可能继续前进了。他让他回里帕尔斯贝替换托马斯·米斯特甘，后者被留下后一直心怀不甘。除其他优良品质之外，米斯特甘还是个出色的雪靴步行者和雪橇拖行者，颇能耐受严寒。这位欧及布威猎人于 4 月 4 日赶上了前方小队。同伴们为他准备了丰盛的晚餐，他刚刚完成了 55 千米的急行军，坐下来好好饱食了一顿。

约翰·雷伊用因纽特人的方式在所到之处建起雪屋。这些雪屋可防狂风，平均只需一个小时就能建好，但只要把屋门封好，回程仍然能看到它们完好无损。此外，旅行者省去了把笨重的帐篷支起、放下、打包放在雪橇上，还有拖着行走的麻烦——和铺盖一样，帐篷也会因受潮而越来越重。另一个好处是，人们呼吸产生的湿气会紧紧地吸附在雪屋的墙壁上，而不会像住在帐篷里那样凝结成水珠，滴在铺盖上。

海军探险队的习惯是一天做两次饭，此外还有午餐休息时间，雷伊却一刻不停地行进，早餐通常吃水果、一块冷冻肉糜饼和半块饼干："我们从不停下来吃喝，只是把早餐的那一小块肉糜饼放在口袋里，随时拿出来咀嚼。"晚餐通常是把更多肉糜饼与面粉和腌土豆放在一起烹制成粥状的烩肉饭。

夜间，五个人全都"躺在一间屋里"，雷伊写道，"脱掉外衣，让胳膊更近地接触身体。我们只脱掉外衣，换掉莫卡辛软皮鞋。我总是和第二天负责做饭的人一起睡在最外的两侧。那些睡在中间的人比较暖和，但如果睡在外侧的人觉得冷，他只需转过去轻轻推一下同伴，所有的人都会转个方向，感觉冷的那一侧不久就暖和了。我们很快就习惯了这种方式，以至于我觉得大家不需要从睡梦中醒来，就能从一侧转向另一侧了"。

雷伊尽量提前出发，出发日期在探险季内已经是最大胆的选择，但这时天气又开始转冷了。刺骨寒风和漫天飞雪把队员们困在雪屋里，不然就是把每天的行程缩短到区区 9 千米。气温降到零下 52 摄氏度，雅各布·贝兹冻伤了两根脚趾。4 月 10 日，一行人到达科米蒂湾海岸的站点（探险家打算从那里穿过布西亚半岛，向正西方前进）时，包括雷伊在内的全部队员都患上了一定程度的雪盲症，眼睛像塞满沙子一样刺痛。

雷伊率领队员们在能见度为零的狂风暴雪中继续前进，全靠罗盘指引方向。天晴了一阵，但一到佩利贝，天降浓雾，又一次必须靠罗盘指路。由于地形多山，无法通行，雷伊转向西南横穿布西亚半岛，偶然看到一个因纽特人拖一副雪橇的新鲜印迹。雷伊派欧里格巴克和米斯特甘去找这位旅人。十一个小时后，他们带着十七个因纽特人回来了，其中还有五个女人。雷伊曾于 1847 年在里帕尔斯贝见过其中某些，但另一些是生平第一次见欧洲人，表现得有些气势汹汹。

"他们不愿意给我们任何可靠的信息，"雷伊在提交给哈得孙湾公司的正式报告中写道，"虽然我承诺了丰厚的报酬，但他们没有一人愿意陪我们走一两天。"这些因纽特人反对探险队继续西行，且对此不做任何解释，雷伊起初十分迷惑不解。他写道："我看出他们的目的是要迷惑翻译、误导我们，就拒绝从他们那里再买东西，只买了一块海豹肉。我让他们走，却也不容易，因为他们赖着不走，想偷点东西。虽然我们有所防备，但他们还是从我们的一副雪橇上偷走了几磅饼干和油脂。"

第二天发生了一件怪事。午后没多久，探险队停下来保存海豹肉时，威廉·欧里格巴克溜走了，想去和前一天碰到的那群因纽特人会合。雷伊注意到他不见了，立即起程追赶，无论如何也不愿意丢掉这位出色的翻译。他和米斯特甘疾走七八千米才追上因纽特人。年轻人哭得像个孩子，推说自己病了，为试图叛逃找借口。雷伊接受了这个理由，在报告中说欧里格巴克"在本地人的雪屋中受到不错的招待，吃了太多的煮海豹肉"。

这样的解释让雷伊的很多同时代人以及后来的一些读者觉得很不可信。或许年轻人在当地人的雪屋里受招待的那几个小时看上了某一位姑娘，希望回到她身边也未可知。或许雷伊也怀疑甚至知道这一点，却选择不向公司汇报此事。

多年后，最可靠也最善于表达的因纽特人之一因努克普遮祖克解释说，佩利贝的那伙人可能故意恐吓年轻的欧里格巴克，说住在西边的因纽特人不友善，很可能会杀死全部探险队员。但那一地区并没有发生过这样的事，他们为什么要编造谎言呢？

雷伊推测猎人们可能在西边贮存了动物肉，不想让它们被偷，因此恐吓欧里格巴克，希望他能说服探险队改变行程。无论事实如何，欧里格巴克一看同伴追来就哭起来，表示愿意回到探险队。关于某些因纽特人不友善的说法几乎立即就被证明是谎言，因为有两名住在佩利贝的因纽特人加入，愿意和探险队一起西行，毫无畏惧之色。

雷伊遇到的第一个佩利贝因纽特人是希乌提楚，当时他正赶着一群狗往前走，狗拉的雪橇上堆着麝牛肉。雷伊雇了这个人，他当场把自己的猎获埋起来，建议探险队沿着他方才走过来的路线西行。一行人刚刚装满狗拉雪橇准备出发，第二个因纽特人因努克普遮祖克就带着更多的狗来了，他主动提出加入探险队。后来，他成为发现富兰克林探险队命运的关键人物。

这时，目光敏锐的雷伊注意到因努克普遮祖克戴着一条金帽带，就问他是哪儿来的。这名因纽特人显然很善于表达，回答说它来自那些白人死去的地方，是他拿东西换来的。雷伊在威廉·欧里格巴克的帮助下继续追问。那天晚些时候，他在野外记录中写道："遇到了一个很善于沟通显然也很聪明的爱斯基摩人。他从未见过白人，但说有一群'卡布隆纳人'〔Qallunaat，意为白人，常被写成'kabloonas'〕，至少有三十五到四十人，在距此地很远的一条大河以西饿死了。到那里大约需要十到十二天。无法判断距离，从未去过那里，也不愿陪我们走那么远。有人在两条大河对岸看到了死尸。不知道那是何地，也不能或不愿在地图上解释它的方位。"

根据后来披露的事实我们知道，其后探访和考察了富兰克林悲剧发生地的因努克普遮祖克本人，此时也不知道到底发生了什么，地点又在何处。那三十五至四十名水手的尸体最终是在威廉王岛西岸的恐怖湾发现的，还有很多尸体出现在饥饿谷附近的北美洲海岸。关于具体事件、地点和时间的讨论，将一直持续到 21 世纪。

雷伊当场买下因纽特人的金帽带。他怀疑它有可能来自失踪的富兰克林探险队，但随即觉得那不可能。有六七条船正在更北的水域和岛屿间寻找，大家一致认为那里才有可能找到他们。此外，他要对此采取何种行动呢？一些白人死在距此地十至十二天脚程的地方，连这些因纽猎人也从未到过那里，如今更是冰雪覆盖。信息太模糊了。雷伊对因努克普遮祖克说，如果他和同伴们还有白人的其他任何遗物，请把它们带到探险队位于里帕尔斯贝的冬季营地，他会厚赏他们。

两支狗队都累了，一行人沿着一条河缓慢地朝辛普森湖行进。几天后，加入他们的两名因纽特人想回家了。希乌提楚担心狼獾会吃掉他埋好的麝牛肉。雷伊付给两人丰厚的报酬，重申了他关于遗物的承诺，并与他们道别。他继续自己的行程，注意到有鹿和麝牛的足迹，知道附近这片被一望无际的冰雪覆盖的冻土是猎物丰富的猎场。

　　这幅画描绘的是探险史上最重要的时刻之一——约翰·雷伊在布西亚半岛上第一次听说一群白人饿死在西边某地。这幅画由查尔斯·弗雷泽·康福特创作于 1949 年，题为《雷伊医生遇到了爱斯基摩人/富兰克林探险队遗物的发现》。威廉·欧里格巴克正在跟一位戴着雪镜、用手指着方向的因纽特人说话，雷伊手中握着一把勺子。

几周前，雅各布·贝兹的两根脚趾冻伤了。4月25日当天跋涉了三十多千米过后，他几乎走不了路了。身材瘦小的约翰斯顿也显出疲态。雷伊让两人缓步走到正前方的岩石处建一座雪屋，在里面等着。第二天，他携两名最健壮的队员欧及布威人米斯特甘和因纽特人欧里格巴克，带上足够四天的补给，朝着卡斯托尔和波鲁克斯河的入海口出发——那是十五年前彼得·沃伦·迪斯和托马斯·辛普森从西边探险而至的最远点。

1854年4月27日，雷伊见到了海冰：海岸线近在眼前。他路过几处石堆，显然是因纽特人作储存食物之用，继而看到一个石头垒成的柱子，其目的显然是作标记而不是保护财产。石柱顶部已经倒塌。他让米斯特甘去西边紧挨着的像是冰冻河床的地方一探究竟，看看是不是一条小河，自己和欧里格巴克一起拆除石柱，看有没有埋文件。他没有发现文件，但查看纬度后发现他们距离托马斯·辛普森1839年在卡斯托尔和波鲁克斯河入海口建起的那个堆石标的位置不到四分之一英里。米斯特甘也回来了，确认了结冰的河床的确是一条河。雷伊实现了他的第一个目标。

现在他准备实现这次探险的主要目标了。他将沿着布西亚半岛海岸向北向西走到贝洛特海峡，完成北美大陆北端的地图绘制。他和两名队员原路返回，在崎岖的冰冷地域艰难行走了十五个小时、55千米后，回到贝兹和约翰斯顿所在的雪屋。两人什么猎物也没有捕到，收集的燃料也少得可怜。贝兹连动一下都很困难，因此雷伊不顾二人的抗议，坚持让他们留在原地。

4月30日凌晨2时，为欧里格巴克和米斯特甘的雪橇装上了足够维持二十二天的粮食以后，雷伊自己拖着第三副堆满仪器、书籍和铺盖的雪橇，率队出发去寻找北美大陆最后一段没有地图的海岸线。他顶着寒风和飞雪，沿着布西亚半岛海岸向北行进。

正对着他取名为斯坦利的岛屿，望向西边的冰原，雷伊注意到一处遥远的地岬，并将它命名为马西森岛（后更名为马西森角）。他惊奇地发现，这段海岸线没有像航海图上画的那样转向西面与威廉王地连成一体，这让他很感兴趣。雷伊继续北行，并于 1854 年 5 月 6 日到达了他命名为拉吉什角（北纬 68°57′7″，西经 94°32′58″）的一处海角。雷伊和两名队员一起站在那里望向一个结冰的海峡，航海图上显示，他们应该在那里发现陆地。

　　大雾和暴风雪天气拖延了他们到达这一地点的进度。考虑到行程长度、此时距离春季融雪的时间以及队员们的状况，雷伊意识到他们已经无法到达贝洛特海峡并按计划完成整个海岸的测绘了——会有生命危险。几十年后，雷伊在一篇书评中写道："因此 1839 年［彼得·沃伦·迪斯和托马斯·辛普森探险之后］余下的那未经绘图的 1 000 英里中，有近 800 英里……是由我完成的，但从贝洛特海峡到布西亚西岸的磁极还有大约 200 英里［约 320 千米］在地图上是一片空白，它们是由麦克林托克在［1859 年］那次令人难忘的航行中完成的。"

　　有些评论家误读了雷伊提到的"未经绘图的"里程。他们混淆了北极海岸线与从帕里海峡（兰开斯特海峡的延伸）向南拓展的开放航道（包括皮尔海峡和富兰克林海峡），后者是首次通航的西北航道的一部分。1891 年雷伊写那篇书评时，人人都知道富兰克林曾经直接从这段未经勘探的海岸线驶过，他因而确定远至南边的威廉王岛一路都存在可通航的海峡，而他在那里遭遇了坚冰阻隔。他的航行倒使得雷伊这一小段未经绘图的海岸线变得与关于西北航道的讨论无关了。

　　1854 年 5 月，约翰·雷伊站在布西亚半岛的海岸越过一段结冰的海峡西望，看向他此时已知道只是一个岛的威廉王岛时，禁不住想：这个海峡就是人们一直在寻找的那缺失的一段吗？一贯务实的雷伊让威廉·欧里格巴克着手搭建一座雪屋。他拿出仪器和地图，让米斯特甘穿过冰面向北去，看看拉吉什角那边有些什么。猎人步行了八九千米，爬上一个冰面崎岖的山坡，站在又一个制高点上。陆地继续向北延伸，而在西北，冰原背后很远的地方——大约有 20 千米吧——出现了更多的陆地。"看起来，这片陆地，"雷伊写道，"大概率就是马蒂岛或威廉王地的一部分，后者显然也是一座岛。"

在雷伊所到达的地点，除了他面前那条未知的海峡之外，他的测绘均符合詹姆斯·克拉克·罗斯爵士 1830 年的勘测，"考虑到当时的测绘条件……"，可以说达成了"非常一致的结论"。如本书第十一章所述，在漫天大雪中，詹姆斯·克拉克·罗斯没有发现约翰·雷伊能够清楚看到的海峡，因而绘出了一个封闭的海湾——虽然他用的是虚线，还加了一个问号。他的叔叔，也就是发现子虚乌有的克罗克山脉的约翰·罗斯爵士，在绘制探险地图最终版时把它们改成了实线，还为它取名"波克特斯湾"——大概本来打算叫它"诗人湾"。无论如何，这个原以为的封闭海湾事实上是一条开放的海峡。

雷伊对着眼前这条冰封航道沉思起来。这里的冰是他所谓的"新冰"，与他三年前在威廉王岛西侧遇到的那种崎岖得多的冰面截然不同。显然，那座岛阻隔了从北极流过来的坚不可摧的浮冰，没有让它阻塞这条航道。维多利亚海峡无法通航，但这条航道应该可以。

雷伊看向北方，那里是詹姆斯·克拉克·罗斯乘狗拉雪橇穿冰而行的地方。雷伊此前猜想这附近应该没有航道存在，虽然他还有些犹豫。雷伊顺着海峡向南望去。1835 年，乔治·巴克在不情不愿地撤回大陆之前，曾站在那里向北望，心里琢磨着这条航道。四年后，托马斯·辛普森也曾在这条海峡南部驶过，坚信这附近就藏着西北航道的秘密。辛普森下决心要回来继续探查一番，不料却在次年夏天遭遇了不测。

现在，约翰·雷伊虽然无法证实，但他知道在布西亚半岛和威廉王岛之间，他已经发现了西北航道的隐秘入口。他与欧里格巴克和米斯特甘一起，解开了19 世纪探险史上的第一个巨大谜团。半个世纪后，罗阿尔·阿蒙森证实了雷伊的想法。那天夜里，在拉吉什角的尖角以南建起一座堆石标后，雷伊和他的两位最能吃苦耐劳的手下——因纽特人和欧及布威人——心满意足地踏上了返回里帕尔斯贝的漫长征程。

到达雪屋后，看到他留在那里原地等待的两个人，雷伊意识到回程的决定是对的。两人都精疲力竭，雅各布·贝兹的一只大脚趾从关节处坏死。在更靠南的地界，雷伊曾经敷用一种松杉木的内层树皮做成的膏药，成功地治愈过冻疮，但此时条件更艰苦，无计可施。贝兹坚持跛行，严词拒绝由人拖行。天晴了，雪被压得很实，路比来时好走。一行人于 5 月 17 日午夜后不久到达了位于佩利贝的雪屋，明亮的太阳低低地挂在地平线上。

雷伊注意到雪地上有脚印，便在休整之后派米斯特甘和欧里格巴克去一探究竟。八小时后，两人带着十几个因纽特男人、女人和孩子回来了。其中一个因纽特人拿出一副银叉和银勺，雷伊立即买下："勺子上的首字母缩写 F. R. M. C. 不是刻上去的，而是用什么锐器划的，它们让我十分困惑，因为那时我并不知道约翰·富兰克林爵士探险队的军官们的教名。"雷伊仍然确信富兰克林的失踪地点在更远的北方，他想到了罗伯特·麦克卢尔上校，后者曾于 1850 年出海搜救，这些首字母有没有可能是代表他的，那个小小的 c 被省去了——或许是 F. 罗伯特·麦克卢尔？

两名因纽特人开出价码，答应乘坐一副狗拉雪橇陪同探险队走两天，其中一人雷伊在 1847 年见过。雷伊一贯注重节省自己的人力，接受了出价。两位来客离开时，他买下了其中的一条狗。在狗的助力之下，他仔细画出了佩利贝的海岸线，就此一劳永逸地解决了他 1847 年探险后提出的所有地理问题——布西亚真的是个半岛吗？没有向西的秘密海峡吗？——然后就继续向南出发了。

约翰·雷伊于 5 月 26 日凌晨 5 点到达里帕尔斯贝，他用二十天的时间走完了这段路，去程时在天气更糟的情况下，（减去 50~60 千米的）这段路程他们走了三十六天。他看到自己留下的三个人与新来的几个因纽特家庭相处融洽，后者在附近搭起了帐篷。"这些当地人的举止堪称典范。"雷伊写道，"他们中的许多人缺乏食物，靠我们储存的野味为食，这也是遵照我的指令。"

　　这些因纽特人来自佩利贝，他们带来了做交易的遗物，也有不少故事要讲。雷伊终于有机会探明那些白人饿殍的情况了。到现在，雷伊才开始越来越恐慌地意识并领会到，这些来客所说的几乎肯定就是九年前出海失踪的富兰克林探险队。

　　交易遗物时，雷伊通过威廉·欧里格巴克提了不少问题，后来又更彻底地盘问了一番。因纽特来客们对他说，那些"卡布隆纳人"几年前就全都死了。探险家没理由怀疑这一点：不断有耶洛奈夫-甸尼人被哈得孙湾公司派去寻找他们，这些原住民有弹药、清楚的指令以及关于报酬的承诺，却没有一名探险队幸存者被带回哈得孙湾公司的任何一个贸易站。

　　新到的因纽特人解释说，在四个冬天以前的 1850 年，一些因纽特家庭在一座大岛（雷伊现在知道那就是威廉王岛）的北岸猎杀海豹时，曾见到至少四十个白人拖着一条船和一些雪橇往南走。这些白人没有一个会说伊努克提图特语，但他们通过手势表示他们的船被冰撞沉了，打算走去某个能打到鹿的地方。

　　那些人看起来又瘦又饿，除领头的那位之外，其他人都拽着雪橇的拖绳。领头的中年男人又高又胖，肩上斜挎着一架望远镜。这群人显然补给不足，他们从因纽特人那里买了一些海豹肉，然后搭起了帐篷休息。后来这些白人穿过冰面向东，朝一条大河的入海口走去——现在雷伊通过他们的描述反应过来，那条河只能是巴克的大鱼河。

　　因纽特人来年春天到那条河边捕鱼时，发现了大约三十具尸体。他们在大陆（努纳）上看到坟墓，一座岛（凯伊克塔）上还有五具尸体，那座岛位于河流的西北方向，需要一整天才能到达。雷伊猜想他们提及的可能是奥格尔角和蒙特利尔岛。因纽特人在帐篷里发现了一些尸体，还有的死在船身下，船被翻了过来，成了一个躲避风雪的所在。另有几具尸体横七竖八地散落着。

　　雷伊盘问的因纽特人中没有一个见过那些"卡布隆纳人"，无论死活，但他在北极工作的时间足够长，知道因纽特人之口耳相传的说服力和可信度。这是一种口述文化。他坐在帐篷里，通过威廉·欧里格巴克反复询问，根据他所记得的乔治·巴克和托马斯·辛普森的记述，核实眼前这些报告人的可信度。

因纽特人觉得奇怪的是，尸体所在的地方没有雪橇，船倒是还在。雷伊指出，白人既然已经到达大鱼河入海口，就会乘船前行，大概把雪橇当作燃料烧了。"他们脸上立刻显出恍然大悟的神情，"他写道，"他们说可能还真是如此，因为有火的痕迹。"

他继续写道："有几个不幸之人大概活到了野鸟到来的季节（也就是 5 月底），因为有人听到过枪声，还在悲剧发生地的附近看到过大雁羽毛和骨头。弹药似乎是足够的，因为堆在地上的圆桶和盒子里的弹药是后来被原住民拿空的，还有一部分枪弹落在了高水位线以下，很可能是在春天融雪前被留在了海滩附近的冰上。"

一天夜里，尽可能收集全部信息之后，雷伊开始整理他得到的遗物。其中有望远镜和枪支的碎片，有坏了的手表和罗盘。他再次清点了可以辨识身份的物品，上面都刻有富兰克林两艘船上的军官的纹章和首字母缩写，总共十五件，包括一块金表、一把外科手术刀、几把刻有富兰克林纹章的银勺和叉子、一枚星形勋章和一只雕刻着"约翰·富兰克林爵士，K. C. B. ①"的小银盘。

雷伊在灯光下仔细研究那个刻字的盘子，不觉惊叹：富兰克林本人曾用它就餐。这件银餐具加上其他遗物，毫无疑问能够证实因纽特人讲述的故事。他就这样获知了 19 世纪北极探险史上第二个巨大谜题的答案：失踪的富兰克林探险队的命运。

但此刻雷伊面临着两难选择——或许是他一生中最重要的选择。他把银盘

---

① K. C. B. 是 Knight Commander of the Order of the Bath 的缩写，意指巴斯骑士勋章，由英王乔治一世于 1725 年 5 月 18 日设立。"巴斯"一名来自中世纪册封骑士的一种仪式——沐浴，象征着净化。以这种方式册封的骑士称为"沐浴骑士"，音译为"巴斯骑士"。

放回自己的皮袋，走到帐篷外。已近午夜，但这里是北极，天空只呈现为积云层叠的灰。雷伊在帐篷旁来回踱步，两手紧握在身后。他应该立即赶回英格兰报告自己的发现呢，还是应该在这里等到来年春天走陆路出发，看能否找到那些尸体？

夏季即将到来，他无法指望开启又一次长达八到十个月的惊人探险。冰很快就要开始融化，届时不可能进行任何长途旅行。他也没有船等在行程的那一端，好让他们坐到威廉王岛或巴克的大鱼河。即便现在手里有船，他也没法拖着它走上好几百千米。

另一方面，他有足够吃三个月的肉糜饼。如果决定再往北去，大概要等到冬天。他应该这么做吗？约翰·雷伊抬头凝视着空中的雨云，否定了这一计划。至少有六七条船，或许更多，正在错误的地方寻找约翰·富兰克林。它们的船长身负命令，必须持续寻找。在这种情况下，雷伊有义务尽快把自己知悉的一切传达出去，以减少不必要的牺牲。

经过询问因纽特人和筛选遗物的艰难时刻，约翰·雷伊已经掌握了那场世纪性的北极悲剧的基本真相。他当然觉得有必要把它告知世人。1854 年 8 月 4 日，浮冰最终融化殆尽，雷伊向南驶入里帕尔斯贝，起程返回英格兰。这位以历尽试炼而立业的探险家还不知道，在此行的终点，他将面临自己一生中最为严峻的考验。

第五部分

维多利亚时代的反响

第二十章
富兰克林夫人恳求查尔斯·狄更斯

1854 年 10 月 23 日，《泰晤士报》在头版报道中引用了刚刚从北极归来的探险家约翰·雷伊的叙述。雷伊讲述了他和几个人一起穿越布西亚半岛时偶遇若干因纽特猎人的情景。他从其中一个那里听说，有一群白人在西边某个遥远的地方饿死了。后来他还搜集了详细信息，购得了相关物品，"毫无疑问地确定了约翰·富兰克林爵士失踪已久的探险队的部分（乃至全部）队员的下落，其命运之悲惨，远超我们的想象"。

雷伊解释说，为获得相关信息，他提供了丰厚的报酬。在春日的阳光即将融化北极坚冰时，他在位于里帕尔斯贝的营地里与威廉·欧里格巴克一起询问来访的因纽特人。他从他们那里得到了勺子和破损的手表、金色穗带、帽带、一把烹饪刀。他认为富兰克林的大部分探险队员在维多利亚海峡威廉王岛附近的海面上放弃了船只。与人们起初的猜想不同，他们步行朝南边的北美大陆跋涉，许多人死在途中。

一群因纽特人发现了三十五到四十具尸体。有的躺在帐篷里，有的曝尸荒野，还有的倒在一艘倒扣的船下。其中一人显然是军官，死时肩上还系着一架

《伦敦新闻画报》的插图描绘了约翰·雷伊带回英格兰的富兰克林探险队部分遗物。富兰克林夫人一看到它们，就知道丈夫已经去世了。

望远镜，一把双管霰弹枪压在身下。雷伊的报告本是写给哈得孙湾公司和海军部，而不是给大众阅读的，加上他早已习惯面对超出大多数读者日常经验的现实，因而用震惊世界的语言描述了未经粉饰的事实："从许多尸体的残破状态和烧水壶中的内容物来看，显然，我们可怜的同胞为延长生命，被迫诉诸最后的手段——同类相食。"

雷伊的报告不仅在英国而是在整个欧洲掀起轩然大波。约翰·富兰克林爵士和他尊贵的船员们不得不在冰天雪地的北极……同类相食？《人类的故事》的作者、历史学家亨德里克·房龙后来写道，他当时住在荷兰的父亲永远记得"那种巨大的恐怖……席卷了整个文明世界"。

富兰克林夫人病倒了。朋友们给她打了预防针，向她转述了一篇最初出现在蒙特利尔报纸上的报道。她断然拒绝相信约翰·富兰克林曾亲自参与同类相食，那是难以想象的。就连他的某些船员不得不诉诸如此绝望的手段的说法也不可信，他们可是皇家海军的精英啊。

然而当她在海军部仔细查看雷伊从北极带回的遗物时，那些饰带、纽扣、金色穗带、坏了的手表让简·富兰克林终于不得不直面可怕的事实。近十年来，她一直怀着一线希望。此刻，她认出了曾经属于约翰爵士的那把刻字的勺子，感觉到银器在手中沉甸甸的分量，真相宛如黑色的巨浪，把她击倒了。她再也见不到丈夫生还了。

1854 年年底，简·富兰克林起身下床。约翰·雷伊关于同类相食的指控危及丈夫的声誉，因而也有损她本人的名声。那样的言论断断不能容忍。雷伊带回的遗物让她确信富兰克林已死，但她决不能接受与之相伴的那种说法。当探险家雷伊出于道义带着一脸在北极蓄起来的大胡子礼节性地登门拜访时，简毫不避讳地说他不该相信那些"爱斯基摩野人"的话，他们中没有一个能断言自己见过尸体，只是以讹传讹。约翰·雷伊当然不会被吓倒。他一听就知道那就是真相，况且他的报告不是写给《泰晤士报》，而是写给哈得孙湾公司和海军部的。简·富兰克林回答说，他根本就不该把那样的无稽之谈诉诸笔端。

最终，事实证明雷伊没有错。其后数十年间，研究人员会挖掘出更多细节，让整个事件的原委变得更加清晰。但没有一个人否定过他那份初始报告中的关键内容。活到最后的人中的确有人被迫食人。这就是富兰克林探险队的命运。

然而在 1854 年，富兰克林夫人拒绝接受这样的现实，而且她不乏盟友。这些人包括富兰克林探险队队员的亲戚朋友，还有很多与皇家海军的名声休戚相关的军官——詹姆斯·克拉克·罗斯、约翰·理查森和弗朗西斯·波弗特等人。但她知道，所有这些人一旦发声，就会被指片面辩护。

长袖善舞的夫人于是想起了查尔斯·狄更斯。他的父亲不是与皇家海军有点关系吗？他一定会愿意出面让人们端正态度吧？这位 42 岁的作家已经出版了《雾都孤儿》《大卫·科波菲尔》《荒凉山庄》等经典小说。就她的目的而言更为重要的是，他编辑了一份名为《家庭箴言》的双周报，那可能成为替她发声的完美工具。简通过好友卡罗莱娜·博伊尔——国王威廉四世的配偶阿德莱德王后的前宫女——转达了自己的意愿，希望狄更斯尽快来拜访她。

作家在百忙之中放下一切，于 1854 年 11 月 19 日出现在她家门口。关于那次会面的目击者证言无一留存。不过确定的是，简·富兰克林希望约翰·雷伊受到谴责，特别是他关于同类相食的指控，并希望由那个时代最伟大的文学巨匠来完成这项任务。第二天一早，狄更斯就写了一张字迹潦草的纸条给自己那个时期的助手，一个名叫 W.H. 威利斯的人。狄更斯虽然迄今很少关注此事，但他写道："我很擅长写航海和食人的话题，大概能在《家庭箴言》的下一期发表一篇有趣的短文：就雷伊医生报告中的那个部分提出一些辩驳，指出这种事情不大可能发生。你能给我找一份刊登了他报告的剪报吗？如若不能，可否帮我抄写一份，直接送到塔维斯托克府？"

狄更斯根据富兰克林夫人的提示，写了一篇言辞激烈的谴责文章《失踪的北极航海家们》，分两期刊登。第一部分是 12 月 2 日那一期的头版文章，第二部分在随后那一期刊登出来。狄更斯承认雷伊有义务报告自己听到的消息，因此文章用看似理性中立客观的口气谴责海军部发表了雷伊的报告却没有考虑后果。虽然他不认为雷伊个人应该负责，但他抨击探险家的结论，说无论如何不该相信"我们可怜的同胞为延长生命，被迫诉诸最后的手段——同类相食"。

与富兰克林夫人商议之后，查尔斯·狄更斯认为他"很擅长写航海和食人的话题"。他随后发表了一篇长文，分两期刊登，可耻地谴责约翰·雷伊的报告，还给因纽特人贴上了"野人"的标签。这大概是狄更斯写过的最糟糕的文章。

　　鉴于他拿不出任何新的证据，也从未到过北极附近，狄更斯是通过类比和概率来论证的。他指出"富兰克林的勇敢队伍"的残部很可能是被因纽特人杀害的："我们在判断任何野蛮种族的特征时，不可能以他们在白人强大时表现出的恭顺态度为依据……我们相信每个野人的内心都是贪婪、奸诈和残忍的；我们尚未听闻白人——迷了路，无家可归、无船可依，似乎已被同胞忘却，显然挨饿受冻、身体虚弱、茫然无助、奄奄一息的白人——会受到爱斯基摩人发自内心的温柔相待。"

狄更斯的话音在弦外。他批评雷伊采信"野人的话"，自己还混淆了因纽特人与维多利亚时代刻板印象中的非洲人，声称"哪怕这种或那种信仰图腾的部落中真有人看到了被烹制或切割的人体，也不足为信。这不就是他们向自己宽喉凸眼的野蛮神祇呈送的合适贡品么，常有人看到野人们这么做，举世皆知"。

狄更斯动用天才的文学技巧发表的檄文，从 21 世纪的视角来看只能是恼人的种族主义偏见。至少在这件事上，这位大作家没能超越自己的时代。时间会证明，他那篇分两期发表的论说文只是自欺欺人和掩耳盗铃的杰作。但 1854 年年底，它像雪崩一样淹没了约翰·雷伊。探险家尽可能提出驳斥，但他能说的只有事实，何况在任何时代、任何国度，能与文章辞藻处于鼎盛时期的查尔斯·狄更斯相媲美的作家凤毛麟角。狄更斯的文章一出，在维多利亚时代的舆论界，约翰·雷伊就和富兰克林一样悄无声息了。

1855 年年初，富兰克林夫人开始要求派遣更多的探险队前去搜寻。在本应是"最后一次（的）北极航行"中率领五条船出航的爱德华·贝尔彻爵士已经回到伦敦。他不顾手下高级官员的反对，在北极放弃了四条船，显得既不果断也不勇敢。属下们怒不可遏，希望他受到军事法庭的审判，但他勉强逃过了责难，因为他可以援引模棱两可的命令。贝尔彻救了罗伯特·麦克卢尔，但他没有进一步带回富兰克林探险队的消息。

至于约翰·雷伊，富兰克林夫人指责他提前擅自离开了搜寻区域，别听他说什么冬冰已经开始融化成水，什么布西亚西岸和威廉王岛附近的任何区域没有一条可供他使用的船。哈得孙湾公司既然资助了雷伊的这次搜救之行，当然会极力配合完成这项业已开启的任务。那么英国海军部呢？既然现在已经精确定位了正确的寻找区域——她倒是接受了因纽特人这部分对她有用的证词——他们就有道义责任去寻找更完整的答案。

雷伊关于她丈夫已经死在北极的证词加强了富兰克林夫人的紧迫感。同样让她觉得必须立即行动的是，有传言说罗伯特·麦克卢尔已经发现了西北航道，现在，就连她当作朋友的某些"北极人士"也开始提这种说法了。麦克卢尔一到英格兰，就宣称乘雪橇越过冰原登上救援船也算是"走完了"西北航道——他的这一成就理应获得为发现可通航航道而悬赏的 10 000 英镑奖金。

和雷伊关于富兰克林已经死在北极的证据一样，麦克卢尔的声明也让简·富兰克林有了更明确的行动方案。大多数同时代人以为，她之所以敦促人们启程去寻找她失踪的丈夫，是因为她爱他胜过爱生命——她鼓励人们这么想——但对她而言，确认"富兰克林的命运"与寻找西北航道一脉相连，更与确认她丈夫已经以某种方式"发现了"那条隐秘的航道息息相关。

1855 年 7 月 20 日，面对罗伯特·麦克卢尔的声明，英国下议院成立了一个国会委员会，专门调查研究西北航道的奖金问题。它收到了好几项声明，但只有两个皇家海军的人——麦克卢尔和缺席的约翰·富兰克林——受到严肃对待。麦克卢尔声称他成功地步行穿越了那条被坚冰堵塞的海峡，因而应该得到 10 000 英镑奖金——保守估计，放到今天其价值超过 130 万美元。

富兰克林夫人面对的情形更为复杂。她可以仅根据约翰·雷伊的证词代表已故的丈夫提出索偿。虽然她拒绝接受雷伊提到的同类相食的说法，却接受他所宣称的，富兰克林已经航行远及南部的威廉王岛，以及失踪探险队的有些队员已经踏上了北美大陆。

为证明自己的论点，富兰克林夫人意识到她需要放弃最初的"可通航"标准。她不能说麦克卢尔步行穿过冰冻的海面抵达救援船不算发现了西北航道。从雷伊的证词来判断，富兰克林最多也就实现了类似的成就，结局还不如人意。他的探险队最后的幸存者们在从船所困之地沿大陆海岸线向南跋涉的路上死去了，显然是饿死的。

简·富兰克林感到自己必须接受麦克卢尔"步行穿过航道"的论据，于是就用自己特有的聪明才智予以反证。她提出可能有好几条，而非只有一条西北航道。她辩称富兰克林率先发现了他那条"更能通航的"航道——即便他的船未能出现在另一侧，而被困在坚冰阻塞的海峡，那条海峡在整个 19 世纪下半叶和 20 世纪的大部分时间都无法通航。正如英国作家弗朗西斯·斯普福德在《我可能需要一些时间：冰和英国人的想象》中所说，要达到这一结论，成功发现西北航道必须"被谨慎地重新定义为一种难以理解的目标，不需要生还，也不需要把这个消息报告给世人"。

简·富兰克林在写给奖金仲裁人的信中说，她不愿意"质疑麦克卢尔上校的声明，他的祖国无论如何都该给予他应得的荣誉"。她接着写道："那位一往直前的军官当然是某条西北航道的发现者，或者换句话说，是连接以前的探险家们业已确定的航海通道所需的某一段路程的发现者，因为我丈夫指挥的幽冥号和恐怖号在此之前已经发现了另一条更可通航的航道，当

根据画家托马斯·博克所绘，这就是富兰克林夫人中年的样貌。这幅肖像是在澳大利亚画下的，用粉笔绘于纸上。的确还有第三幅简·富兰克林肖像，画中的她坐在椅子上，但它变成了澳大利亚私人藏品而无从寻觅。

然麦克卢尔船长并不知情。事实上那条航道，如果船只试图从一个大洋穿过它到达另一个大洋的话，必将是被采纳的一条。"

不要在意富兰克林同样被困在那条浮冰阻塞的海峡里动弹不得，一直要到20世纪中后期，维多利亚海峡才实现通航。然而国会委员会陷入了两难境地。唯一符合逻辑的回复是承认没有一条"被发现的航道"满足"可通航"这一初始条件。按照逻辑，迄今还没有人成功地完成任务。

然而承认这一点就意味着要重启代价高昂的冒险。当前形势容不下此类开支：英国刚刚卷入一场与俄罗斯的昂贵战争。委员会转而宣布："毫无疑问，麦克卢尔上校作为首位穿过环绕地球两大洋之水上航道者，的确享有崇高的荣誉。"麦克卢尔手下的低阶军官塞缪尔·克雷斯韦尔成为首个回到英格兰的人，但根据皇家海军的传统，他不能作数。政府以封爵和 10 000 英镑奖金奖励了麦克卢尔。他和队员们活着回到了英格兰，成为"证明西北航道切实存在的活生生的证据"。

富兰克林夫人没有认输。她输掉的只是一场小冲突，而不是战争。她也知道应该明智地放弃把"可通航"作为航道发现的标准。的确，最近这场争论引入了两个有用的观念，它们都是对初始难题的修正，值得注意。首先，麦克卢尔指出，不需要航行穿过即可"完成"航道或"履行"航道功能。的确，他步行穿越冰原，至少成功地从一个大洋穿行到另一个大洋——无人能将其归为富兰克林探险队的成就。不过没关系。富兰克林夫人本人引入了第二点：存在不止一条，而是好几条航道。她将充分利用这两个观念——近一百七十年后，在幽冥号和恐怖号被发现之后，狂热的辩护者们还会将之双双重提。

起初，富兰克林夫人及其同盟牢牢抓住"步行穿越航道"的逻辑。曾两度与富兰克林一起航行、后来还娶了他侄女的约翰·理查森爵士发明了一个诗意的表述来概括探险队员们的成就："他们用生命补足了最后一段航道。"

但最清晰的总结来自约翰·雷伊。1855年8月，他从斯特罗姆内斯写信给理查森，同意这位昔日旅伴的观点，认为麦克卢尔很幸运。至于下议院对此事所作的论断，雷伊宣称"全都是胡说八道，只能说服那些对此事一无所知的人"。

与此同时，1855年夏，为了应付富兰克林夫人的纠缠不休，哈得孙湾公司派毛皮贸易商詹姆斯·安德森沿大鱼河去了北冰洋沿岸的钱特里湾。安德森按照约翰·雷伊设计的计划出行，在如此短暂的准备时间里，只能使用唯一可能的旅行方式：划艇。他遇到几名因纽特人，又买了几件遗物——一只残破雪靴的局部、一副西洋双陆棋棋盘的皮衬里——然而，他需要一名因纽特人翻译却未能如愿，因而没有获知任何新的细节。

鉴于英国卷入了前文所述的克里米亚战争，海军部越来越迫切地需要终止北极探险方面的花费。为了在财务方面止血，大臣们开辟了第二条金钱奖励的防线。1856年1月22日，他们宣布将在三个月后决定是否提供10 000英镑奖金给发现富兰克林命运的人。这么做就意味着不必继续探险了。同样，好几位申请人站了出来，其中包括比奇岛的坟墓被发现时在场的捕鲸船船长威廉·彭尼，以及很久以前与乔治·巴克一起跨陆路探险的劲头十足的理查德·金："多年来，只有我孜孜不倦地指出，大鱼河就是富兰克林可能被发现的地方。"

海军部的声明发出后不久，约翰·雷伊再度拜访了富兰克林夫人，他并不知道她说服查尔斯·狄更斯写了一篇谴责他支持因纽特人的文章，分两期登在他自己的报纸上。如弗朗西斯·斯普福德后来所说，这个女人"抬手功成身遂，放手功败垂成，既能慈悲为怀，也能赶尽杀绝。没有哪一个19世纪的女人像她一样成功地筹资启动了三次北极探险，并对上校和上尉的任命拥有举足轻重的决定权"。

约翰·雷伊对富兰克林夫人说，他已经请求自己侨居上加拿大的两位兄弟帮忙，定制了一艘纵帆船。他打算利用他收到的奖金再组织一次北极探险，力图获得更多的证据来印证自己的报告。他大概没有提起，但这位经验丰富的探险家显然希望在同一次航行中，利用自己已经发现的威廉王岛以东的那条海峡，航行走完整个西北航道——那条 22 千米宽的海峡已经被命名为雷伊海峡，1903—1906 年挪威人罗阿尔·阿蒙森正是穿过这条海峡，成为在西北航道上通航的第一人。

富兰克林夫人不为所动。她在会面结束后说："雷伊医生刮掉了那一脸可恶的胡子，但看起来仍然十分危险，令人不适。"尽管如此，她利用自己从这位探险家那里获得的信息，于那年 4 月份写了一封措辞严厉的长信，强调奖金应该颁发"给任何根据海军部的判断，凭借他或他们的努力首次成功地确认探险队命运的个人或团队"。

简·富兰克林首先论述，她丈夫的探险队命运尚未确认，因为太多的问题仍未水落石出。她坚称，即便雷伊已经——通过无数次面谈和盘问——确认了他们的命运，但他并非依靠自己的努力，而是偶然获知。海军部如果现在就发放奖金，无异于否定了那些通过正当手段争取奖金之人的努力。这会抑制或阻止"任何确认探险队命运的其他努力，似乎与下议院投票为该目的发放大额奖金的人道主义初衷相矛盾"。

简·富兰克林长信的结尾很有煽动性："我们不知道那些撞沉或搁浅的船只还藏有什么秘密，不知道我们不幸同胞的坟墓或窖藏里还埋有什么亟待发现的东西。我们听说的尸体和坟墓尚未被亲眼看到，据说已被爱斯基摩人拿去的簿册［日志］尚未归还，因而它们仍处在混沌与黑暗中，当我们所获和所知如此之少，我们真的能够宣称已经确认了探险队的命运吗？这么做真的合适吗？"

海军部的大臣们并不买账。他们已经厌倦了富兰克林夫人那些不请自来的冗长建议。1856 年 6 月 19 日，也就是承诺日期的三个月之后，海军部通知约翰·雷伊他将得到那笔奖金。雷伊本人得到五分之四，他的队员们平分剩下的五分之一。

　　富兰克林夫人又输了一场小冲突。虽然她不遗余力地反对，但在她提出抗议之后，先是罗伯特·麦克卢尔，现在又是约翰·雷伊得到了奖金。先是西北航道，现在又是探险队的命运，为什么一切都要与她作对？她已经穷途末路了吗？是时候认输了吗？

第二十一章
夫人不容拒绝

到 1856 年，富兰克林夫人已经为寻找丈夫花费了 35 000 英镑——据保守估计，这一金额相当于如今的 370 万美元。有些是她自己的钱，有些是通过公共募捐筹得的。她还激励美国人出资，经换算价值超过今天的 1 300 万美元，其中有五分之二来自船运业巨头亨利·格林内尔。

自 1848 年以来，共有近四十支探险队出海寻找富兰克林，其中有十支是由富兰克林夫人组织、鼓动或筹资的。此外她还动用公关手段和自己的人脉向海军部的各位大臣不断施压，迫使他们为此花费了 60~67.5 万英镑。

与此同时，在 1856 年 3 月之前的两年里，英国政府在与俄国的克里米亚战争中花费巨大，它与法国和奥斯曼帝国结盟，试图降低俄国对黑海沿岸各国的影响。由于减少支出的压力日增，加上从北极归来的一支又一支探险队毫无收获，海军部的大臣们希望能忘掉失踪已久的约翰爵士。简·富兰克林可不能听之任之。

1856 年春，她组织了又一次请愿活动。她从几十位名人那里征集签名，有科学家、海军军官、皇家学会以及皇家地理学会的现任和历任主席等。签名者

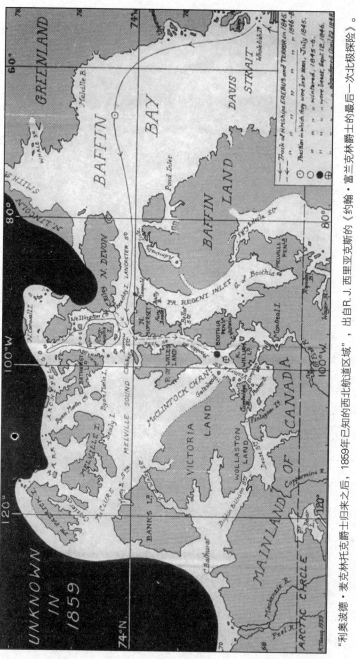

"利奥波德·麦克林托克爵士归来之后，1859年已知的西北航道区域"，出自R. J. 西里亚克斯的《约翰·富兰克林爵士的最后一次北极探险》。

提出，富兰克林的命运还未尘埃落定。他们请求再组织一支搜寻探险队"以捍卫我国的荣誉，解开那个博得整个文明世界深切同情的谜题"。

6月，富兰克林夫人向下议院寻求支持。皇家学会主席对她说，如果她能找到一艘船和一名指挥官，就能获得支持。她名下仍然有伊莎贝尔号纵帆船，自认为可以把那艘船派回去进行北极探险。要找人指挥那艘船，同时也要巩固她与美国人的联盟，她想到了伊莱沙·肯特·凯恩。

凯恩在他最近那次探险中展现出非凡的勇气、智慧和谋略。作为纽约人亨利·格林内尔的门下，凯恩是个很有天分的作家和艺术家。简非常喜欢他出版的第一次格林内尔探险日志。她与他通过几封信。再次从北极归来后，凯恩每天工作十六个小时，把自己详细的日志和逼真的素描整理成一部两卷本的经典：《北极探险：寻找约翰·富兰克林爵士的第二次格林内尔远征》。

就在凯恩为这部著作进行最后润色期间，富兰克林夫人给他写信，请求他再度亲赴北极。如果他同意指挥伊莎贝尔号寻找富兰克林，她将亲自前往纽约，讨论她对这最后一次探险有何期待。凯恩欣然同意，但殷勤地说他将前往英格兰讨论这次任务。

虽然种种不祥的预兆显示他的慢性心脏病已经恶化——体重减轻、憔悴不堪、身体虚弱、精力不足——探险家仍然以为自己只是需要休息。然而到7月中旬，他意识到他无法按计划巡回演讲了。亨利·格林内尔从纽约写信给简·富兰克林说，凯恩来拜访过他，在他那里待了一个小时："我从未见过他状态如此糟糕；他瘦得皮包骨头；他太累了。"凯恩写信说要在去英格兰之前先去法国和瑞士的冰川地区疗养一阵，但格林内尔写道："他每天都会间歇性地发烧，我们这里称之为疟疾。"

《北极探险》出版后不久，凯恩于1856年10月到达英格兰。简·富兰克林非常赞赏那部著作，虽然书中的故事太悲惨，她担心可能会让人们泄气，不愿继续寻找她丈夫。凯恩上门拜访时，她惊异又难过地发现，这位英勇无畏的探险家还没有从上一次北极探险的疲惫中恢复过来。她希望"故国的空气"能让他恢复健康，其后几周一直给他服用鱼肝油。医生们建议凯恩到更温暖宜人的气候下疗养，富兰克林夫人建议他前往北非附近的马德拉。

健康状况日益恶化的探险家选择了离家更近的古巴，他去了那里，此后再也未能远行。1857 年 2 月 16 日，伊莱沙·肯特·凯恩在哈瓦那去世。他在全美国家喻户晓，以至于美国人给了他前所未有的国葬待遇。绕道英格兰大概对他的健康没什么改善。无论如何，凯恩死了。富兰克林夫人不得不另找一位船长。

这时，她卷入一场争端，目的是要得到一艘名为果敢号的英国船。1854 年，探险领袖爱德华·贝尔彻把那艘船和其他三艘船一起丢弃在北极的坚冰中，这成为他一生的耻辱。翌年 9 月，美国捕鲸人詹姆斯·巴丁顿偶然看到漂流在巴芬岛附近的果敢号，位于它被弃之地以东大约 1 900 千米。巴丁顿带领十三名骨干船员把这条船开回了故乡康涅狄格，于圣诞前夜到达。美国海军在亨利·格林内尔的鼓励下买下并修补了这艘被救回的船，打算把它作为礼物还给英国以示亲善。富兰克林夫人听说她的伊莎贝尔号不一定能远航，就与格林内尔协力发起了一场声势浩大的请愿活动，要求获得果敢号，让它再来一场"最后"的搜寻探险。

然而这些年她树敌不少。第一海军大臣查尔斯·伍德爵士和第一海务大臣莫里斯·伯克利爵士都厌倦了霸凌与恐吓，受够了富兰克林夫人简发来的信件，便声言再一次探险的花费之巨着实没有道理，皇家海军为寻找富兰克林已经损失了太多人力。最终，他们成功地拒绝了她获得果敢号的请求。

听到官方答复时，富兰克林夫人已经制订了一个应急计划。在遭海军部拒绝后的一周之内，她设法买下了一艘刚刚公开出售的 177 吨级帆船，价钱低到了非同一般的 2 000 英镑。这艘船本属于理查德·赫顿爵士，他只驾船航行过一次就去世了。这艘福克斯号比果敢号小得多，只有 124 英尺长、24 英尺宽、13 英尺深。它已经为在北极服役进行过整修，完全胜任。

先前的问题仍未解决：谁来指挥这次搜寻探险？

第二十二章

利奥波德·麦克林托克找回了一份记录

在朋友和海军军官中间一番打探之后，富兰克林夫人提出由弗朗西斯·利奥波德·麦克林托克上校来指挥福克斯号。麦克林托克1818年出生于爱尔兰的邓多克，直到接近成年的17岁才以志愿者身份加入皇家海军。1848年，他作为少尉与詹姆斯·克拉克·罗斯一起起航寻找富兰克林。他们的两条船反复被困在冰中，十一个月后，探险队回到了英格兰。

五年后，麦克林托克跟随亨利·凯利特进行过一趟非凡的雪橇之旅，用105天行走了2 250千米，画出了1 235千米此前未经探索的海岸线。他是个精明能干、思虑周全的军官，就为富兰克林夫人服务一事，他明智地写信给詹姆斯·克拉克·罗斯，询问"海军部的许可何时下来，因为我不愿意做出违抗他们意愿的不智之举"。

1857年4月，麦克林托克从都柏林寄给夫人一份有条件的同意书，随信附上了自己向皇家海军请假的申请，请求转交。简写信给艾伯特亲王的私人秘书，请亲王代麦克林托克求情，以便他不至于被迫撤回自己的允诺——这使得结果尘埃落定。4月23日，她发电报给麦克林托克："您的假期已经批准；福克斯

应富兰克林夫人的请求出航之前，利奥波德·麦克林托克已经是一位精明能干、思虑周全的海军军官了。

号是我的了；整修将立即开始。"

六天后，《泰晤士报》以《富兰克林夫人最后的搜寻》为标题，刊出一则募捐广告，在订阅者中间为本次探险筹资。有私营公司捐赠了小船、食物、炉子和帐篷，海军部提供了武器、弹药和三吨肉糜饼。后来，一篇由"富兰克林夫人的朋友们"撰写的报道指出，这次探险花费 10 434 英镑。捐助者不仅包括与富兰克林一同失踪之人的亲戚，还包括小说家威廉·萨克雷和彼得·马克·罗格特①，后者是著名词典的编纂者也是富兰克林夫人的旧情人。商业海运领域的富有船长艾伦·扬捐赠了 500 英镑，并自愿担当探险队的领航员，不收取任何报酬。

麦克林托克前往阿伯丁筛选申请并监督福克斯号的整修工作，整修包括更换天鹅绒家具、存放补给，并把这艘游船变成可穿越冰海的航船。他在阿伯丁期间，一贯喜欢抛头露面的简·富兰克林招呼他去伦敦，在一次公众典礼上参见维多利亚女王。麦克林托克一偿她愿之后，又回到阿伯丁。

几天后，富兰克林夫人也乘坐火车到达这座城市。1857 年 6 月的最后一天，她和外甥女兼私人秘书索菲·克拉克罗夫特登上福克斯号，举办了一场告别午

---

① 彼得·马克·罗格特（Peter Mark Roget, 1779—1869），英国医生、自然神学家和词典编纂家。1852 年，他出版了《英语词汇和短语词典》（*Thesaurus of English Words and Phrases*），后来成为经典。

餐会。后来，麦克林托克写到富兰克林夫人时说："看到她离船时充满不安的神情，我试图抑制船员们的炙热之心，但没有成功，他们发出了三声洪亮的欢呼，久久不息。他们的强烈情感是完全真实的，而这种自发的情感本是为了展现给她而非给我，却很难让她高兴起来。"

1857 年 7 月 2 日，利奥波德·麦克林托克带着二十五名队员驶出阿伯丁，其中十七人都是有过北极探险经验的老手。此次探险是为了收集证据证明富兰克林探险队身上究竟发生了什么。这是他的首要任务。但在出发前几周，他抽空去咨询了约翰·雷伊，讨论他能否驾驶福克斯号穿过布西亚半岛和威廉王岛之间的雷伊海峡。如果他能够航行通过那里，就几乎一定能驶入太平洋，从而成为首位航行穿过西北航道的探险家。

遵照命令，麦克林托克在大西洋中部打开了简·富兰克林写给他的一封指令书。她在其中列出三个优先事项：他应该救助一切幸存者，找回一切可能存在的书面记录，并尽力确认富兰克林的队员们曾乘船到达北美大陆北岸。这最后一项如果得到确认，简就能举证自己的丈夫先于麦克卢尔成为某条西北航道的首位发现者，哪怕他根本未曾到达太平洋，而这条传说中的航道——被坚冰阻塞的维多利亚海峡，与麦克卢尔发现的那条一样虚妄，20 世纪 60 年代之前它始终无法通行。

简·富兰克林自信麦克林托克一定会努力实现她规定的目标，作为一贯关心后辈的人，她还写道："我只担心你们会过于投入地完成任务，因此请务必谨记保全你的旅伴和队员们这一小队英雄的宝贵生命，我把这看得比那些目标更加重要。"麦克林托克在格陵兰西部买到二十几条雪橇犬，还添了一位名唤"克里斯蒂安"的因纽特翻译来协助曾跟随威廉·彭尼和伊莱沙·肯特·凯恩航行的卡尔·彼得森。

麦克林托克继续沿格陵兰西海岸向北驶向梅尔维尔湾，那条新月形的缺口从南向北沿海岸伸出了 240 千米。像他之前的凯恩一样，麦克林托克也直接向西驶进巴芬湾和中冰——那个流动的巨大冰原中时而出现巨型冰山，其中不少冰山的体积比福克斯号还要大。中冰中通常无法穿行，只有少数舰船能设法通过。六年前，凯恩就曾在向北驶入史密斯海峡的途中穿过中冰。他设法使船套住一座巨大的冰山，让它拖着他逆风破浪行驶。他发现那座冰山伸至海面以下很远处，带动它的是一道更深的洋流。

　　麦克林托克没那么幸运。他被困在中冰里，其后十八个月一直身不由己地向南漂流。1858 年 4 月 25 日终于脱身之后，他回到了如今伊卢利萨特附近的戈德港（迪斯科湾），为船只重新补充补给。6 月中旬，他再度向北行驶。这一次他进入兰开斯特海峡，向西驶向比奇岛，一路无虞。在那里，他在诺森伯兰豪斯北部竖起了一块漂亮的纪念碑，那是富兰克林夫人事先做好给他的。

　　福克斯号陷进中冰，其后十八个月身不由己地向南漂流。利奥波德·麦克林托克在迪斯科湾重新补充补给，再次向西行驶。

麦克林托克从比奇岛向正南行驶进入皮尔海峡。但行驶 40 千米后，他再度遭到了冰的阻隔。他向北向东撤退，然后转向南方进入摄政王湾。他希望能向西穿过贝洛特海峡到达威廉王岛。但他到达那条狭窄海峡的西端时，遇到一堵冰墙挡住了通往维多利亚海峡的路途。他向后撤退，并于 1858 年年底建起冬营地，位置就在一条俯瞰如今的罗斯堡（这是哈得孙湾公司 1937 年在那里建立贸易站时命名的）的山脊附近，抬头就能看到那条山脊。

如今在那条山脊的制高点，游人们站在"麦克林托克堆石标"旁边能够望见贝洛特海峡、摄政王湾和福克斯群岛。而在 1858—1859 年冬，攀爬到那个制高点上的人能看到福克斯号卡在冰里，钉上扣板、密闭舱口过冬，还能看到距那条船将近 200 米的地方有一个地磁观测站，麦克林托克写道："它是用锯成块状的冰建成的，因为找不到合适的雪。"

冰面让他们无法继续航行，麦克林托克转而用上了雪橇。1859 年 2 月 17 日，他带着两支狗拉雪橇队前往布西亚半岛西岸的维多利亚角勘察地形，也就是詹姆斯·罗斯找到磁北极的地方附近。麦克林托克在那里遇到几名因纽特人，后者持有一些富兰克林探险队的遗物，很乐于交易，其中包括叉子、勺子、一块奖章和一条金链子。他们中没有一个见到过白人，但一位名叫欧纳里的老人说，有些白人在一条有鲑鱼的河里的一座岛上饿死了，遗物就来自那里。麦克林托克写道，其他人提到有一条船"在威廉王岛以西的海面上被冰撞沉了"。

4 月份以前的天气一直很糟糕，无法继续勘察。但麦克林托克 4 月回到维多利亚角后，遇到另一群因纽特人，其中一名年轻人卖了一把刀给他。麦克林托克写道："经过一番急切的询问，我们得知威廉王岛当地人曾经看到过两艘船，其中一艘沉没在深水中，他们什么也没有打捞到，深觉遗憾，但另一艘被冰推上了岸，他们猜想它现在仍在那里，但已经破碎不堪了。他们把这条船上的大部分木头和其他物资都取了下来。它搁浅的地方叫作乌特鲁利克。"

这些大部分都是麦克林托克从卖刀给他的年轻人那里听到的。"老欧纳里3月份为我画了一张粗略的地图说明沉船的位置,现在又回答了有关被推上岸的那条船的问题。此前我们问过他们是否只知道一条船的下落,他压根一个字都没提过第二条船。我觉得他大概是有意对我们隐瞒了船难发生在他们海岸上的事实,而年轻人无意间让我们知道了。"精明老练的欧纳里大概想要换取贵重的商品。

从这时起,故事开始变得一波三折。年轻人"还说船上有一具男尸",麦克林托克写道,"说一定是个魁梧的人,牙齿很长。因为那时他还是个小孩子,现在还能想起来的就这么多了"。两人都说船是在 8 月或 9 月遇难的,"说全体白人都乘着一条 / 多条小船去了那条大河,第二年冬天,他们的尸骨就出现在那里"。

富兰克林探险队有两艘船,那具尸体在哪艘船上?今人猜测,最有可能的是幽冥号,2014 年 9 月人们在威尔莫特和克兰普顿湾阿德莱德半岛西北岸附近的乌特鲁利克发现了它。那艘船是哪一年搁浅的?最有可能的是 1851 年——距离麦克林托克开始询问之时已八年。但随后出现的东西让人们觉得,大可把因纽特人的口述历史抛在脑后:一份书面记录。

1859 年 4 月,在布西亚半岛的维多利亚角,麦克林托克把探险队分成了两个小队。他派副指挥官威廉·霍布森去绘制威廉王岛北部和西部的海岸线。他本人则向南穿过雷伊海峡。他穿过辛普森海峡到达蒙特利尔岛和大鱼河(如今叫作巴克河)的入海口。除了一个因纽特人堆石标里的几件遗物外,他一无所获,便再度穿越辛普森海峡,沿着威廉王岛南岸向西行驶。他发现了一具没有埋葬的尸骨和一些富兰克林探险队的遗物,在赫舍尔角,他拆除了托马斯·辛普森二十年前建起的堆石标,但里面什么也没有。

麦克林托克又向前行驶了 19 千米,看到一个新的堆石标,里面有他的副指挥官留下的纸条。霍布森有了一个重大发现。他发现了两条字迹潦草的讯息,写在皇家海军的印刷表格上，保存在维多利角附近的金属圆筒里。第一条讯息写于 1847 年 5 月 28 日，指出幽冥号和恐怖号前一年冬天是在费利克斯岬附近、威廉王岛西北角的冰上度过的。它说再上一个（1845—1846 年）冬天他们在比奇岛上度过，在那之前，富兰克林已沿惠灵顿海峡到达北纬 77°，并绕行康沃利斯岛。一切顺利。

十一个月后的 1848 年 4 月 25 日，同一张纸上添了第二条讯息，说幽冥号和恐怖号自 1846 年 9 月起就陷进了维多利角西北 20~25 千米的浮冰中，已于三天前"被弃"："共一百零五名军官和船员在 F. R. M. 克罗泽上校的指挥下，在这里［给出了地理坐标］登陆。约翰·富兰克林爵士死于 1847 年 6 月 11 日；截止到当日，探险队去世人员的总数为九名军官、十五名队员。"弗朗西斯·克罗泽上校最后还加了几个字："明天，26 日，出发前往巴克的鱼河。"

到底发生了什么，导致探险队员的人数从一百二十九人骤减到一百零五人？为什么军官在死者中占这么大比例？"维多利角记录"非但没有解决问题，反而提出了更多的疑点。沿着威廉王岛西岸走了一半，霍布森在幽冥湾发现了一条 24 英尺长的雪橇小船，里面放着一堆非必需品，还有两具尸体。跟着霍布森向北行驶的麦克林托克也对这条头朝北方的小船十分迷惑。队员们是试图把这条小船拖回到维多利角附近的大船上么？那简直是疯了……这样的想法后来引发了关于头脑混乱和铅中毒的各种猜测。

不管怎么说，"维多利角记录"是一份书面文件，研究人员和纸上谈兵的专家们为它所吸引，抛弃了因纽特人的口述历史。其后数十年，谁也没有认真地思考过那一百零五人全部或至少有一部分曾经回到过船上。谁也未曾提出两艘船曾经载着船员被冰带往南方——一艘只到了恐怖湾，另一艘到了阿德莱德半岛附近。谁也未曾想过，两艘船中至少有一艘沿着海岸向南缓慢前行，幸存者们没必要拖着那条超载的雪橇小船走那么远的路。坚冰融化后，他们只需要把它拖回水中就能到达距离最近的大船了。哪用管它头朝哪里？

截止到 2017 年年初，"维多利角记录"一直是富兰克林探险队唯一被发现的书面文件。其上写着两艘船于 1848 年 4 月 22 日"被弃"。如今大多数分析家都认为，至少有一些探险队员回到了两艘船中的至少一艘上。

　　麦克林托克从这条小船上取回了一件残破的蓝色夹克和一件大衣、一把衣刷和一把牛角梳、一把牙刷、一块海绵、一些银饰和一本冻得硬邦邦的名为《基督颂歌》的祈祷书，还有一本《圣经》和一本《威克菲德的牧师》。回到布西亚的营地，他和一位因纽特老妇人聊了聊，后者对他说："他们走着走着就倒下去死了。"

　　6 月底，麦克林托克回到福克斯号上，在冰中等待着。他最后总算于 8 月10 日起航，六周后到达伦敦。他画出了 1 280 千米海岸线，完成了北美大陆北岸的地图绘制，还找到了迄今唯一一份富兰克林探险队的书面记录。他到达伦敦时，富兰克林夫人正在法国西南部旅行，他写了一封信给她，总结这次探险。他提到约翰爵士死于 1847 年 6 月 11 日："我忍不住想对您说说我读到那些记录时的第一反应。约翰·富兰克林爵士既不缺少成功的喜悦，也没有任何不祥的预感。"

　　这恰恰是简·富兰克林想听的话。她已故的丈夫本人没有参与同类相食。至于不"缺少成功的喜悦"，麦克林托克已经带回不少证据，足够她创造一个传世神话了。

第二十三章
谁发现了"富兰克林的命运"？

正如威廉·詹姆斯·米尔斯在《探索极地前沿》中所述，维多利亚时代的当权派立即裁定，利奥波德·麦克林托克 1857—1859 年的航行确认了"富兰克林的队员们在从维多利角到大鱼河的行程中，首次穿越了西北航道"。

当代读者大概会挠头不解。等等，什么？再说一遍？那条航道从巴芬湾一直延伸到波弗特海。富兰克林探险队的人差不多全都死在中途。他们陷进浮冰，被困在一条无法通航的海峡里。他们没有带回任何有用的地理信息。他们显然什么也没有完成啊。但那没关系。

麦克林托克本人以"维多利角记录"为依据，完全忽略他面谈过的因纽特人，就事件过程给出了一个过度简化的版本，导向了一种错误的"标准场景再现"。他写道，船员们饥饿难耐，于 1848 年 4 月放弃了幽冥号和恐怖号。"在克罗泽和菲茨詹姆斯的指挥下，剩下的一百零五名幸存者用雪橇拖着小船走到大鱼河。我们发现了其中一条没有被爱斯基摩人动过的船，还带回了那条船上发现的许多遗物，以及从布西亚半岛和威廉王岛东岸的当地人手中买下的遗物。"

如今，随着幽冥号和恐怖号重见天日，再联系因纽特人证词中的额外信息，我们知道，虽然有些队员沿着威廉王岛海岸向南向东跋涉，但还有几个人回到了两艘船中的至少一艘上，他们在船上随着浮冰向南漂流。

后来的搜寻人员还将发现更多的遗物、更多的尸体和更多冰冻的骸骨。他们会访问因纽特人目击者、挖掘墓地、进行法医鉴定。他们会得出推论和相互矛盾的猜想，提请人们注意富兰克林传说中那些未经细察的方面。但迄今还没有人拿出过第二份书面记录——尽管随着加拿大公园管理局的潜水员们对两艘船开展搜查，情况可能会在今后几年有所改观。关于他在富兰克林夫人到达伦敦时呈交给她的那一页纸的文件，麦克林托克宣称："从未有人用这么简略的几行字，讲述一个如此悲伤的故事。"

很少有人会对这句概述提出异议。但那个故事的真相到底是什么呢？十年后，美国人查尔斯·弗朗西斯·霍尔从北极归来，带回了他与包括目击者在内的很多因纽特人面谈的记录——令人痛心但令人信服的详细证词，表明富兰克林探险队中确实有几个活到最后的人诉诸同类相食。一个多世纪以后，法医鉴定将提供确凿的证据，表明比起谨慎圆滑的利奥波德·麦克林托克，心直口快的约翰·雷伊在他的首份报告中揭示了关于"富兰克林命运"的更加深刻的真相。

然而在 1859 年，关于探险队"命运"的复杂真相没有那么重要，盖因富兰克林夫人远比她的同时代人更懂得历史的精髓和如何创造历史。涉猎广泛的阅读、前所未有的冒险经历和对参观历史遗迹的巨大热衷，都让这位精明的维多利亚时代女性明白，与人们对事件的看法相比，在任何历史时刻真实发生的事件都是微不足道的。简·富兰克林知道，就历史和名垂青史而言，人们的看法是唯一有用的真相。而说到她操纵人们看法的能力，同时代人无出其右。

简·富兰克林直接略过约翰·雷伊那份令人难堪又麻烦重重的报告，盛赞麦克林托克才是富兰克林命运的发现者。她希望那些叱咤风云的朋友也如法炮制。最亲近的朋友们深知她的抱负，根本不需要任何引导。1859 年 10 月 11 日，麦克林托克回国还不到两周，约翰·理查森就背弃了旧日旅伴约翰·雷伊，转而赞美福克斯号的船长："雷伊医生带回的情报不大可信，因为它们来自一个既没有见过船骸也没有亲眼见过船员们（无论生死）的部落，而他只是通过某个中间方获得消息或从后者那里购买欧洲人的遗物。因此，他们提供的报告中有些内容只能被看作一个粗鲁的民族在重复故事的过程中惯用的夸大其辞。"事实上，麦克林托克的信源也是消息的间接传递者。

亨利·格林内尔从美国发来激动万分的贺信，指出麦克林托克"实至名归，他必将青史留名，永垂不朽"。提到富兰克林夫人本人，他说："我最好还是三缄其口，因为我无法用语言来形容我对您的品格是多么钦佩。在这一点上，我并不是一个人，在我的国家，人人都和我一样。我收到了来自全国各地的贺信，仿佛我参与了这一发现，然而事实上，他们是在通过我表达对您的祝贺。"

三个月后，在简·富兰克林的鼓励下，麦克林托克宣称他确切获知了富兰克林探险队的命运。首屈一指的制图大师威廉·阿罗史密斯在对他的回复中指出，约翰·雷伊不仅已经获知了探险队的命运，而且还因此得到了认可和奖励。1860 年 3 月，麦克林托克写信给雷伊，抱怨阿罗史密斯语气强硬。

雷伊从伦敦回信给他，两人开启了一段针锋相对的通信。雷伊指出，麦克林托克只是确认并阐明了他雷伊的调查结果，而且将来还会有其他搜寻者就富兰克林探险队的命运揭示更多的信息。他提出了一个从其后的历史看来完全站得住脚的论点。雷伊写道：

　　人们普遍承认，我于 1854 年带回的信息加上若干带有幽冥号和恐怖号

1854 年刊登在《伦敦新闻画报》上的约翰·雷伊肖像。虽然麦克林托克获得了荣誉，但雷伊才是带回关于富兰克林探险队命运的第一批真实消息的人。

上十四位军官印章和首字母缩写的遗物，已经足够证明富兰克林两艘船上的大部分队员都于 1850 年或那年以前在巴克河或威廉王地附近死于疾病或饥饿，而且这些人是全队残存的最后一批。我还得知，两艘船中至少有一艘被坚冰撞沉。

您的信息在重要事实上与我带回的信息并无冲突，也证明了爱斯基摩人提供的情报的正确性，就连那些不幸之人走向巴克河的具体路线，也毫无出入。您并没有解释一百二十九人中的一百零二人的下落，就此您所获得的信息与我的并无差异——我的翻译精通里帕尔斯贝爱斯基摩人的方言土语，那些人中有许多都是我在 1846—1847 年的旧相识，除少数例外，我一贯认为他们是诚实可信的。

还有一些更加微小的细节有待详查，但关于富兰克林团队的大部分人在某个特定的地点死于饥饿（其他人的命运也没有多少疑问）以及我正确地将时间标注为 1850 年或之前这些重大事实，都是我在 1854 年已经公布的……

W. 阿罗史密斯给我看了您写给他的短信，细读之后，我并不认为他写给您的短信应被称作言辞激烈。我写这封信时心境平和，我希望人们在提出相左的观点时也能平心静气，如果有新的探险队被派出并发现最后某些幸存者的日志，那么或许会出现两种乃至三种不同的立场。

利奥波德·麦克林托克从都柏林写来回信，称呼他为"我亲爱的雷伊"：

我非常同意您就您于［18］54 年带回国的信息和遗物所说的话，它们只是一个庞大团队的命运，很可能是富兰克林团队中最后几位残存者的命运的间接证据，我们强烈地感受到整个团队的命运大致同样悲惨。但确切的证据仍然缺失，因此［18］55 年政府派安德森前去寻找，但他除确认了您提出的蒙特利尔岛这一地点之外，未有其他建树。［18］59 年，我确认了您报告中的更多信息，并找到了能够澄清整个探险队命运的更多踪迹和记录。显然，这些踪迹是连当地人也不知道的，相关信息无法为您所知。因此，这些尸骨、记录、好几个堆石标和一条船，外加无数物品，都是我的发现。

此外，我通过见到的样本已能判断他们的装备情况、健康状况，以及他们到达的海岸没有猎物，并因此证明他们不可能到达比蒙特利尔岛更远的地方，一定全部遇难了……

这些不该与您获得的关于那些死在大陆上的人的情报相混淆。当地人提供的全部信息，无论是您还是我得到的，都仅限于威廉王岛西南岸，因为他们没有去过西北岸。但您会看到，我的发现完全没有用到他们的任何证词。

我驾驶福克斯号探险的目标是探察巴罗海峡沿岸这一大片未经探索的区域，我和安德森不负使命。如果您关于地点的信息是确定无疑的，那么完全没有必要派我去完成如此艰难的任务。如今阿罗史密斯无视这些重要的额外事实，把整个功劳归于您，而说我只是"充分证明"了您所知的一切，还用了"关于命运的第一份情报"的说法，仿佛世间之事能被发现两次似的，这对我不公平。

约翰·雷伊对此回应道："我必须承认，您的巧言善辩未能在任何重大方面改变我的观点，正如我的任何论调也不可能改变您的观点一样。您的信息当然要比我所获得的更加充分，但它们仍未能解释富兰克林探险队中的一百零二人，即探险队四分之三成员的下落，这方面您仅有的情报也是通过您声称'完全没有用到'的爱斯基摩人的证词获得的。"

两人的通信继续进行，逐渐走向了不大相关的细节。约翰·雷伊已经提出关键论点，即此事不可避免地还会出现更多分歧，特别是"如果有新的探险队被派出并发现最后某些幸存者的日志"。如今，我们当然非常希望海洋考古学家能在幽冥号或恐怖号上发现日志、信件等书面文件。

历史最终赋予麦克林托克的角色是，众多调查者中第一个为雷伊基于因纽特人叙述所写的原始报告增加细枝末节的人。但在 1859 年，真相无关紧要。富兰克林夫人给麦克林托克探险队的每一位水手赠送了一块银表，上面雕刻着福克斯号的图案。她在伦敦市中心的家中宴请麦克林托克，晚宴上送给他一个 3 英尺长的福克斯号银质模型，后来他一直将它保存在家中客厅的玻璃罩下面。

麦克林托克回国还不到三周，富兰克林夫人就通过富兰克林的老朋友、如今已经当上陆军少将的爱德华·萨拜因，把他带回国的遗物和记录转交给了维多利亚女王。君主从温莎城堡回复了一封感谢信，向"富兰克林夫人坚持不懈和值得赞美的努力"致敬，索菲恰当地形容说，那封长信"最为动人地表达了谢意……和同情"。

1860 年 7 月 1 日，女王与艾伯特亲王一起登上了福克斯号，亲王下到船舱里视察时，说"船舱空间之小，令他大为吃惊"。那年年底，利奥波德·麦克林托克被封爵——这是坦率直言的约翰·雷伊永远得不到的荣誉。此外，利奥波德爵士还在伦敦和都柏林获得了多个荣誉学位。

与此同时，富兰克林夫人还安排了另一项动议提交给下议院，这一次是要给麦克林托克颁发奖金。虽然官方奖金已经被支付给约翰·雷伊，首相帕默斯顿子爵仍同意"在当前这种情况下，应在已经批准的金额之外和之上，在适度限额内再支付一笔奖金"。

然后就是典型的"富兰克林夫人式转折"。激情四溢的帕默斯顿在下议院发表讲话，希望能为约翰·富兰克林爵士立一座纪念碑，彰显他的成就。颇有影响力的另一位世交本杰明·德斯雷利跳起来支持这一想法，宣称这样一座纪念碑将"令举国振奋，因为它显然已经让我们下议院群情激昂"。一部精心排演的交响乐在这里达到高潮，下议院全票同意奖励利奥波德·麦克林托克 5 000 英镑，另拨 2 000 英镑为约翰·富兰克林爵士立一座纪念碑。

授予麦克林托克的嘉奖回馈了富兰克林夫人，如果说她此前尚未实现目标，那么此刻，她终于获得了偶像的地位。《晨报》写她至死都将攥着约翰爵士的小画像，《每日电讯报》说她是"我们英格兰的佩涅洛佩①"。简的姐夫阿什赫斯特·马金迪曾写道："她如今是地位最高的英格兰女人了。"此话并非过分夸张。

富兰克林夫人珍视的另一个时刻，是1860年5月的一个下午皇家地理学会授予了她创立人金奖，她是有史以来第一位获此殊荣的女性。嘉奖令证明了"［富兰克林］探险队首次发现西北航道的事实"。它表彰富兰克林夫人"以高尚的品格和自我牺牲的坚毅，自费派遣好几支探险队，直到最终获知丈夫的命运"。简·富兰克林还将对此大做文章。

一百三十多年后，戴维·C.伍德曼在《揭秘富兰克林探险》一书中写道："在英国公众看来，［利奥波德·麦克林托克］收集的模棱两可的故事大体是相当乏味的。它们为雷伊的报告增加细节并证实了前者，却没有多少新的内容。"麦克林托克小心地避免明确证实雷伊的报告中那些最为重要的方面。他亲眼看到哈得孙湾公司的这位探险家被逐出教会，因此明智地没有提及任何英国人吃英国人的语词。

麦克林托克——更确切地说是他的副指挥官威廉·R.霍布森上尉——确实发现了迄今为止从该探险队抢救出的唯一一份书面文件。但如果没有雷伊带回的原始信息，他根本不可能有此成就。利奥波德爵士当然只能被公认为众多为雷伊的发现添加细节的调查者之一。

是雷伊在1854年正确地报告说，富兰克林探险队的全体队员都死了。他在报告中注明了很多人死于何处，还指出了其他人可能的死亡地点。最后，由于他明智地相信因纽特人，他揭示了所有真相中最不受欢迎然而却是意义最为重

___
① 佩涅洛佩（Penelope），古希腊神话中的英雄奥德修斯之妻。在荷马的《奥德赛》中，奥德修斯参加特洛伊战争失踪，她坚守未嫁十年并以计摆脱各种威逼利诱，又在奥德修斯归来后与其合作，将图谋不轨者清除。

大的一个：最后的残存者中，有人开始诉诸同类相食。

　　富兰克林探险队命运的具体细节永远埋在了北极的冰海中。海洋考古学家或许还会在幽冥号或恐怖号上的某个防水圆筒中发现另一份书面记录。住在约阿港的路易·卡穆卡克仍在威廉王岛上寻找约翰·富兰克林的墓地。更多的搜寻者还会在澄清富兰克林命运的不断延长的名单中加上自己的名字。然而那张名单上的第一个名字将永远是约翰·雷伊。是特立独行的雷伊，而非精明圆滑的麦克林托克，给世人带去了关于富兰克林探险队命运的第一个真实消息。

第六部分

富兰克林神话

第二十四章
富兰克林夫人创造了一位北极英雄

1866 年 11 月 5 日，一个衣着华丽、姿态优雅的女人坐在伦敦市中心雅典娜神庙俱乐部二楼的一张舒适的高背椅上，望着窗外滑铁卢广场上正在举行的揭幕仪式。还有三周，她就 75 岁了。富兰克林夫人简戴了一顶时髦的帽子，恰好遮住了那头日益稀疏的白发，她望着政客和海军高级军官们聚集在她已故丈夫的雕像周围，那雕像比富兰克林本人还要大。这座纪念碑由著名雕塑家马修·诺布尔创作，认定约翰·富兰克林爵士是西北航道的发现者——若是换作普通女人，大概会觉得这场揭幕盛况最终证明，她这些年的努力都是值得的。

据次日的《泰晤士报》报道，"［雕像］选择表现的时刻是富兰克林终于满意地通知手下的军官和船员西北航道已被发现的那一刻。他手里攥着望远镜、航海图和罗盘，身穿海军指挥官的全套军装，一看就是在宣布重要事项，还披着一件毛皮大衣"。

简·富兰克林本人创造了那个完美时刻，当然深知它是虚构的，经不起质疑和反驳。那正是她煞费苦心竖起这座纪念碑的原因。简用了二十年时间和一小部分财产创造了一个合乎情理的神话——发现者约翰·富兰克林爵士的传说——她不允许细节有一丝一毫的疏误。她亲自聘请雕塑家并对雕像做出巨细靡遗的规定。她还对雕像的位置进行了精准定位，在这家绅士俱乐部查看角度后，坚持把它从街道边缘后移 18 英寸。

简·富兰克林还监督创作了富兰克林雕像下面的浅浮雕，那块平板上雕刻的是他的副指挥官正对着一个装在雪橇上的棺材念诵悼词。背景是富兰克林的两艘船幽冥号和恐怖号的桅杆，前景则是起伏的冰丘。简曾要求改变国旗的样式，从而反映出寒冷气温的影响。在雕像底座上，她要求刻上两艘船的全体军官和船员的姓名，并用加大字体刻上她的朋友约翰·理查森爵士发明的那句煽情的话："他们用生命补足了最后一段航道。"

理查森根据利奥波德·麦克林托克的著作得出了自己的推论。"如果约翰·富兰克林爵士知道在威廉王地（这是约翰·罗斯命名的）以东有一条航道存在，"麦克林托克写道，"我觉得他不会冒着舰船陷入如此厚重坚冰的风险向西航行。如果他试图从东线进入西北航道，很可能会驾船到达白令海峡。但富兰克林携带的航海图上没有标出威廉王地以东的航道，他以为那是一个连接着北美大陆的半岛（雷伊已经发现那是一个岛），因此，他只有一条航道可走，［就是］他选择的那条航道。"

麦克林托克还说："或许未来会有某一位航海家得益于富兰克林探险队以如此可怕的经历和惨痛的代价获得的经验，以及雷伊、［理查德·］柯林森和我本人的结论，成功地驾驶航船从一个大洋到达另一个大洋。至少他能够集中精力朝着唯一正确的方向努力。"麦克林托克预言了罗阿尔·阿蒙森的探险，1903—1906 年后者成为第一个航行通过那条航道的人。

不过这位英国海军军官还是费心补上了一句："当前，最先发现西北航道的功劳必须归于富兰克林，虽然他并没有驾船实际通过那条航道。"麦克林托克遵循的是富兰克林夫人的思路。夫人的另一位好友弗朗西斯·波弗特总结过他们这个小集团的立场："请把应有的荣誉和奖励归于那些为破译令人困惑的北极迷宫而付出悲壮努力之人，他们每个人都做出了自己的卓越贡献。至于西北航道发现者的头衔，请让它永远属于约翰·富兰克林爵士吧。"

富兰克林的辩护者们直到 20 世纪还在捍卫这一观念。事实上，有些学者已经看出疑点，对它不屑一顾。例如，加拿大历史学家莱斯利·尼特比曾解释说，从帕里海峡向南行驶，"真正的西北航道位于穿过罗斯海峡和雷伊海峡的费利克斯岬左侧，因为一旦到达辛普森海峡，航海家就有望沿着大陆海岸顺利航行到阿拉斯加了。因此，可通航的西北航道的关键在于威廉王岛与布西亚半岛之间那一段隐蔽的水域"。尼特比还说，说约翰·富兰克林是西北航道的发现者，"不是逻辑判断，而是感情用事"。

事实上，富兰克林根本没有发现任何航道。此人在船陷入浮冰后几个月就去世了。他的队员们向南跋涉寻求帮助，也没有用生命补足任何一段航道。他们在一条永冻海峡上艰难前行，那也不是可通航的航道，根本不是。阿德里安娜·克拉丘恩在《撰写北极灾难》中提出的观点令人信服，那就是富兰克林探险"之所以会成为一个广受关注的争议事件，是因为那是一场原本可以避免的灾难。而在北极探索史上，富兰克林的作用微乎其微"。直到 1967 年，才有船只航行通过维多利亚海峡，约翰·A. 麦克唐纳号破冰船一路敲敲打打，从巴芬湾驶进波弗特海。

如今，由于全球气候变暖使得整个北极岛群全部解冻，常规的船只也常常能航行穿过那条海峡了。然而 2014 年，维多利亚海峡搜寻探险队仍然无法穿过浮冰，他们不得不继续南行穿过雷伊海峡，关注阿德莱德半岛附近的另一片区域，在那里他们发现了幽冥号。

在同时代人中，富兰克林夫人独树一帜，懂得雕像、纪念碑和纪念品不但是制造舆论的有力工具，甚至能够创造历史。1861 年，她鼓动林肯郡的斯皮尔斯比镇为当地诞生的最杰出人士、她已故的丈夫立一座雕像。当一份当地报纸提议将富兰克林的赞辞写成"在试图寻找西北航道的路上消失的英雄"时，她旋即否定这个提议，换了一个更具决断性的身份认定："约翰·富兰克林爵士/西北航道的发现者"。

富兰克林夫人创造了丈夫的传说，为给那个传说造势，她还付钱创作了这座雕像，并把它海运到霍巴特。

在伦敦，她试图在特拉法加广场上竖起一座富兰克林纪念碑，好与那座著名的高耸入云的海军上将纳尔逊子爵①纪念碑相媲美，未能如愿。她只好于 1866 年在雅典娜神庙俱乐部旁边的滑铁卢广场安顿那座夸张的雕像。题词由她拍板："致伟大的航海家/和他勇敢的同伴/他们牺牲了自己的生命/于公元 1847—1848 年完成了/西北航道的发现。"

富兰克林夫人让人把同一款雕像铸了两座，这使得富兰克林的传说拥有了国际影响。

---

① 纳尔逊子爵上将（Admiral Lord Nelson，1758—1805），英国 18 世纪末 19 世纪初的著名海军将领及军事家，在 1798 年尼罗河战役及 1801 年哥本哈根战役等重大战役中率领英国皇家海军胜出。他在 1805 年的特拉法加战役中击溃了法国和西班牙组成的联合舰队，但自己在战事进行期间中弹阵亡。

第一个是原型版本，可能会暴露设计缺陷，她把它送去了地球的那一端。她向驻塔斯马尼亚（"范迪门地"最终被改成了这个名字）的老朋友们提出了这一提议，他们答应在霍巴特竖起这座雕像。位于霍巴特市中心的富兰克林纪念碑及其周围装饰性的水池和喷泉，如今是富兰克林夫人建造的纪念碑中最引人注目的一处。

　　夫人的策划需要时间、精力和坚持不懈的努力，也需要关注细节。1866 年在雅典娜神庙俱乐部，简·富兰克林望着滑铁卢广场上那座雕像揭幕，总算品尝到了一点点胜利的滋味。这座雕像象征着北极探索与发现的高潮，至少官方版本宣称，富兰克林这位不屈不挠的探险家付出生命的代价，成功地解开了持续数世纪的探险难题。如果这个女人没有那么大的野心，望着窗外正在举行的典礼，看着她的诸位代言者摆出傲慢姿态争夺主位，她想必会颔首微笑，把窗外的典礼看作一个女人用智慧在男性主宰的世界里光荣凯旋的标志。但简·富兰克林觉得她还不能功成身退。西敏寺呢？西北航道发现者当然配得上那座教堂里的一场纪念活动，只有到了那里，他才能跻身英国历史上最伟大的人物之列。

第二十五章
图库里托与霍尔一起收集因纽特人的叙述

"那天，我正在船舱里专心写东西，这时听到一个温柔而甜美的声音说：'早上好，先生。'语调悦耳、生动而活泼，我立即明白这是一位优雅的夫人在问候我。我惊呆了。这是在做梦吗？不，我很清醒，正在写作。但我听到那个声音时的惊讶程度不亚于耳边突然响起一声惊雷，尽管当时窗外雪花飞舞。我抬起头，的确有一位夫人站在我面前，向我伸出一只脱掉手套的手。"

时间：1860 年 11 月 2 日。地点：巴芬岛东岸附近的乔治·亨利号上。写作者：美国探险家查尔斯·弗朗西斯·霍尔。霍尔起初因为光线的原因，未能看清这位来访者。"然而她一转脸，"他写道，"居然是一位爱斯基摩夫人！我心想，她的这种文明人的优雅气度是从哪里来的呢？"

霍尔见到的是图库里托，她的哥哥是伊努鲁阿匹克，后者曾于 1839 年到访苏格兰，并参与开发了巴芬岛的捕鲸业。"她能够流利使用我的母语，"霍尔写道，"那天在主舱里，她坐在我的右边，我们交谈了很长时间，很有意思。她把丈夫艾比尔宾引荐给我，他很有风度，看上去也很聪明，只不过英语说得没有妻子那么好，但还是可以顺畅相谈的。"

图库里托和艾比尔宾在英格兰住过两年，在那里，他们往往被称作汉娜和乔。他们将一起为后人了解约翰·富兰克林探险队失踪的真相做出贡献，而且是堪称至关重要的贡献，而那时，富兰克林的雕像还没有在滑铁卢广场竖起。他们将教霍尔如何在北极生活，并帮助他收集因纽特人的证词，最终，2014 年幽冥号被发现后，这些证词将被公认为至关重要。

图库里托于 1838 年出生于坎伯兰湾的瑟尔角。1853 年，她和丈夫艾比尔宾一起效仿她的哥哥伊努鲁阿匹克，和一位名叫约翰·鲍尔比的捕鲸船船长一起乘船前往英格兰。其后的二十个月中，他们出现在好几个公开场合，而且由于图库里托出色的语言能力，他们一时引起了轰动。这对因纽特夫妇在温莎城堡与维多利亚女王和艾伯特亲王一起用餐，图库里托说，那是个"好漂亮的地方，我向您保证，先生"。

鲍尔比信守承诺，把两名因纽特人送回了巴芬岛。1860 年，霍尔写到图库里托："我忍不住赞叹她优雅而谦逊的仪态。她单纯而温柔，却又有一种极其冷静的智慧的力量，越来越令我惊诧不已。"初次见面时，霍尔问图库里托住在英格兰有何感受，她回答说感觉好极了。"'那你们愿意和我一起到美国生活吗?'我说。她不假思索地回答道:'非常愿意，先生。'"

图库里托和丈夫一起把前途无望的霍尔变成了一位重要人物。19 世纪

站在查尔斯·弗朗西斯·霍尔两旁的图库里托和艾比尔宾为后人了解约翰·富兰克林探险队失踪的真相做出了至关重要的贡献。

50 年代后期，伊莱沙·肯特·凯恩记录自己第二次探险的两卷本著作《北极探险》出版后不久，霍尔就拜读了那套书。霍尔曾经是一名铁匠学徒，后来转行成为辛辛那提两家小报纸的印刷商，他坚信富兰克林探险队中有队员幸存，和因纽特人一起生活至今。他有一种强烈的使命感，认为上帝正在召唤他身赴北极救助那些幸存者。为此，他抛弃了自己怀孕的妻子和年幼的孩子。

此人年近四十，没有任何北极经验，也没有率领探险队的资质。但他决心在威廉王岛附近寻找，居然不可思议地从资助过凯恩的亨利·格林内尔那里获得了财务支持。霍尔买不起船，只好设法免费搭乘乔治·亨利号捕鲸船到巴芬岛。他带来一艘特别建造的小船，打算乘坐它尽可能向西航行，穿过他所谓的"弗罗比舍海峡"。然后他将依靠雇来的因纽特向导的帮助，继续乘雪橇西行。

霍尔抛家弃子，于 1860 年 5 月 29 日离开康涅狄格州的新伦敦向北出发。船先在格陵兰的荷尔斯泰因堡即如今的锡西米尤特靠岸，继而穿过戴维斯海峡到达巴芬岛，停泊在塞勒斯菲尔德湾，就在弗罗比舍湾稍靠北的东岸。然后探险史上最伟大的同步性时刻之一到来了。在巴芬岛的第一个冬天，霍尔见到了图库里托和她的丈夫艾比尔宾，两人开始以向导和翻译的身份与他合作。

1861 年冬，霍尔与两人以及其他人一起，有过一次四十二天的捕猎之旅，其间第一次尝试建造雪屋和驱狗。回到营地，艾比尔宾的祖母——了不起的百岁老人欧基约克希·尼努——给他们讲述了流传已久的白人曾连续三年造访其土地的故事。她讲到其中五人曾在附近度过一个冬天，然后造了一条小船，乘着它出发回家了。

第二年夏末，霍尔到她提及的地点科德鲁纳恩岛调查了一番。他发现了遗物和一座房子的地基，那座房子可以追溯到 16 世纪 70 年代和马丁·弗罗比舍。

1861 年，在一次长达四十二天的捕猎之旅中，查尔斯·弗朗西斯·霍尔第一次尝试建造雪屋和驱使雪橇犬。

接下来那年夏天，他又来到岛上，找到了更多遗物。他的首要目标没有任何实质性的进展，但如果因纽特人对近三个世纪前发生的事件尚可如此精准地记忆和转述的话，他们就一定有助于推进寻找富兰克林的进程。

1862 年秋，图库里托和艾比尔宾与霍尔一起南行到了美国，他们出现在他的讲座上，帮助他筹到了再一次发起探险去寻找富兰克林探险队幸存者的资金。位于纽约的巴纳姆美国博物馆这样宣传他们："从北极地区远道而来的非凡的爱斯基摩印第安人……是从那冰天雪地的地区到访这个国家的第一对也是迄今唯一一对。"

1863 年年初，在前往东海岸的一次旅行期间，图库里托新生的儿子——图克里埃塔，意为"小蝴蝶"——死于肺炎，这让她备受煎熬。她缓慢地恢复过来后，于 1864 年与霍尔和丈夫一起回到北极。他们乘坐另一条捕鲸船蒙蒂塞洛号向北行驶，决心从约翰·雷伊逗留过一段日子的里帕尔斯贝开始寻找。由于登陆地点太靠南，霍尔直到 1865 年 6 月才到达目的地。他在希望堡扎营，近二十年前，雷伊是第一个在那里过冬的人。

一行人度过了四处碰壁的三年，追逐着一条又一条错误的路线。1866 年，在试图航行到达威廉王岛而失败的路上，图库里托又失去了一个孩子——霍尔为那个男孩取名威廉王。最后，1869 年 4 月，霍尔与包括图库里托和她刚刚领养的女儿彭纳（也叫彭妮）在内的八个因纽特人一起，终于到达雷伊海峡和布西亚半岛西岸。在那里，他在图库里托的帮助下访问了一些因纽特人，他们亲眼见过富兰克林团队的幸存者们向南跋涉，还有一些人后来发现了尸体。他从他们手中买下好几件遗物，其中有一把刻着富兰克林首字母缩写的勺子，还有一张残缺不全的写字桌。

霍尔穿过雷伊海峡到达威廉王岛，在南部，托德群岛中的一个小岛上，他发现了一具完整的白骨。后来他把这具白骨寄到英格兰，那里首屈一指的生物学家们把它错认成亨利·勒韦康特上尉。最近的法医学研究表明，那具遗骨属于富兰克林探险队的医生和科学家哈里·古德瑟。1869 年，霍尔迫切希望在岛上待到夏天，那时冰雪融化，或许还会有一些未被发现的遗物显露出来。但因纽特猎人们有其他的急事要做。探险家于 6 月 20 日回到里帕尔斯贝，其后不久再度与图库里托和艾比尔宾一同向南行驶。

霍尔的重要贡献在于，他主要通过图库里托从因纽特人目击者那里收集了不少叙述。这些故事记录在他的笔记本上，后来还出现在他出版的《查尔斯·F. 霍尔第二次北极探险纪实》中，成为收集因纽特人有关富兰克林探险队证词的最全档案。霍尔的思路不甚清晰，文笔也不够优美，但在图库里托的帮助下，他的确收集到大量资料，并把它们整理编写成了一部百科全书，证实了约翰·雷伊关于同类相食的报告，也预言了幽冥号的被发现，澄清了这艘近年重见天日的船的来龙去脉。

这里讲述的这些恐怖故事，其细节之生动逼真令它们不容置疑，包括人肉被割成多大块才方便在锅和烧水壶里烹煮："因纽特人发现的一具尸体肉倒是都在，也没有被肢解，只是双手从手腕处被锯下了——其他许多尸体的肉都被割掉，仿佛有人切下那些肉，吃掉了。"

有些因纽特人说他们在威廉王岛西岸一个如今称为"恐怖湾"的地方见到过一座帐篷，里面堆着许多尸体。还有个人说，一个女人用一块又重又尖的石头掘开冰面，从尸体上拿走了一块手表："［那个女人］永远忘不了过程中从头到尾感到的恐怖，因为帐篷里满是冰冻的尸体，有些被饥饿的同伴整个肢解了，还有些被部分肢解，他们用刀和小斧头切下大部分的肉，吃掉了。这个戴手表的人在她看来是最后一个死去的，面色平静，像睡着了一样。"

霍尔还提到许多令人毛骨悚然的例子，

图库里托承担了大部分翻译工作，如果没有她的帮助，查尔斯·弗朗西斯·霍尔不可能收集到任何关于富兰克林探险队命运的消息。

285

记录说不少人骨被用锯切断，有些头骨上有洞，脑髓已被取出，用来"为活着的人续命"。霍尔还见到了约翰·雷伊最擅表达的信息源因努克普遮祖克。这位猎人同雷伊聊过之后，又听说麦克林托克曾到访这一地区，便亲自来到威廉王岛。霍尔说他是个"对事实很较真的人……因努克普遮祖克有种高贵的风度。他的整个面相都表明他有一颗追求真善美的心。我很喜欢与他相处"。后来，善变的霍尔又说"他的话里既有真话也有谎言"，但正如戴维·C. 伍德曼所说，因努克普遮祖克"很可能从未有意对霍尔说一句谎话"。

在幽冥湾，这位因纽特人不仅找到了那艘被劫掠的船——就是霍布森和麦克林托克翻找过遗物的那艘——还在大约 1 千米远的地方看到第二艘船，无人动过。同样是在这里，他发现了"一具衣衫齐整的完整尸骨，肉都在，但已经干了，生火处附近还有一大堆人骨，其中有头骨"。人骨被敲断，吸出骨髓，现场还有些及膝长靴，里面放着"熟人肉——那是人的肉，被烹煮过了"。

20 世纪末，在为《揭秘富兰克林探险》一书做研究的过程中，伍德曼细读了霍尔没有出版的现场记录。他在其中读到的证词详细说明了在麦克林托克称之为乌特鲁利克的地方发生的船难，霍尔把它写成了"乌克朱利克"。据一位名叫埃克基皮里阿的当地人说，那艘船"两侧挂着四条小船，其中一条在后甲板上。船周围是积了一个冬天的冰，全都融化了，一条木板伸出船身外，落入冰里。因纽特人确信白人一定曾在那里过冬，听说有人曾看到船附近的陆地上有四个陌生人的足迹，不是因纽特人"。

一个名叫库尼科的女人——身份标注为希乌提图阿的妻子——口述了在一艘船上发现一具白人尸体的故事。她说几个因纽特人"出门捕猎海豹时，看到一艘大船，他们都很害怕，只有努克基彻乌克走向了那艘船，其他人都回他们的雪屋去了。努克基彻乌克在船上四处看看，没看到任何人，然后偷了很少几样东西，也回雪屋了。后来因纽特人纷纷上船，偷走很多东西——

他们强行进入了一个上锁的地方，就在那里看到一具魁梧的白人尸体，那人很高。尸体上的肉没有被动过，也就是说他的尸体保存完好——得五个人才抬得动他。那地方恶臭难闻。他的衣服都在身上。死在地板上，而非睡觉的地方或仓位［原文如此］里。"

霍尔问库尼科是否知道"在乌克朱利克发现的陌生人的形迹"。其他因纽特人提到过他们"跟着三个白人和他们的狗的足迹走……她说她从未到过远于奥里阿利岛（O'Rialy，应为奥雷利岛［O'Reilly］）东北角即 C. 格兰特角以西或西南的地方，没去过那个具体的地点。她在雷伊的航海图上指出了那些地方，很容易认"。

在图库里托的帮助下，查尔斯·弗朗西斯·霍尔收集了大量新信息。但他缺乏必要的分析和想象力，无法在雷伊和麦克林托克的发现及那一页"维多利角记录"的基础上，形成一个连贯的"标准场景再现"修订版。

1869 年 9 月 28 日《泰晤士报》报道说，在北极寻找五年之后，探险家查尔斯·弗朗西斯·霍尔回到了马萨诸塞州的新贝德福德。他发现了约翰·富兰克林爵士好几位队员的尸骨，带回了失踪探险队的不少遗物。简·富兰克林立即给亨利·格林内尔发去一封电报，询问霍尔是否发现了任何文字、日志或信件——任何关于她丈夫的确已经完成西北航道航行的书面证据。船运大亨立即回复了她："什么也没有。"

格林内尔寄了一份霍尔的报告副本给富兰克林夫人。她觉得这份报告"杂乱无章，缺乏日期，看完后头脑中一片混乱，充满疑团"。她希望能与这位探险家面谈，如果能说服他来访英格兰的话，旅费将由她来出，实在不行在美国见面也可以。她写道："如果我丈夫的探险队的日志能够大白于天下，那就不该再出版任何其他褒贬其名誉的东西——不该再出版可能会让任何活着的人心痛的东西。"

利奥波德·麦克林托克认为富兰克林命运的发现应该永远归功于他，也害怕再出现任何轰动一时的新消息，他写信给索菲·克拉克罗夫特，知道她会向夫人转达他的意见："我觉得富兰克林夫人不该去见霍尔，因为……他的报告是他个人的事，我觉得最好不要理他。"

富兰克林夫人决不会知难而退。霍尔回到俄亥俄州的辛辛那提后，在家潜心撰写一部关于此次探险的书。她决定冒险造访北美，那大概是她此生的最后一次北美之行。1870 年 1 月，简·富兰克林和外甥女索菲·克拉克罗夫特一起乘船再度绕道南美洲最南端，目的地不是纽约，而是旧金山。除了通常都会随行的侍女，她们这次——以及其后的好几次——还带了一位名叫劳伦斯的干练男仆，这让旅行容易多了。

在旧金山，两个女人乘船向北航行到达阿拉斯加的锡特卡。这座位于北纬 58°的海边小村庄是简·富兰克林到过的距离西北航道最近的地方。她和索菲在村子里住了两个月——后来出版过一本 134 页的书，专门纪念这段短居的日子：《富兰克林夫人 1870 年造访阿拉斯加的锡特卡》，里面都是些索菲日记的引文、背景文章和附录。

最后，两个女人南行来到盐湖城，又向东到达辛辛那提。1870 年 8 月 13 日，富兰克林夫人在那里见到了查尔斯·弗朗西斯·霍尔。她和索菲都没有留下关于此次会面的任何永久记录——这样的缺失是意料之中。简已经公开表明立场，坚称任何人都不应该再说一句富兰克林探险队最后遇难者同类相食的话。

现在，在与发现场面最恐怖的营地的因纽特人面谈之后，霍尔记录了很多详细而不容辩驳的目击者叙述。富兰克林夫人到达时，他正在把这些素材整理编纂成他不久后将出版的书籍《与爱斯基摩人相处的日子：寻找约翰·富兰克林探险队幸存者的北极经历纪实》。探险家与富兰克林夫人分享了多少细节？霍尔的赞助人亨利·格林内尔曾劝说他要体恤他人的感受。他需要格林内尔支持他开启拟议中的一次北极探险。即便如此，霍尔大概还是透露了他认为富兰克林夫人可以承受的部分真相。真相是，约翰·雷伊从头到尾完全正确。富兰克林探险队最后的遇难者的确饥饿难耐，吃掉了死去同志们的肉。

后来，在致富兰克林夫人的一封署期为 1871 年 1 月 9 日的信中，霍尔只提到了一些无关宏旨的话题。探险家抱歉地解释说，他已经不再信仰"让我投入二十年生命的近乎神圣的使命……其中八年都待在天寒地冻的北极地区。自始至终让我的灵魂如火炙一般备受煎熬的是，我坚信自己应该找到约翰爵士非凡的探险队的某些幸存者，我应该是上帝派去解开这一谜题的使者，但当我从那些活着的目击者那里听到这些悲惨的故事……有多少幸存者被抛弃，于 1848 年秋惨死在那里，我此前一直十分坚定的信念破碎了，最终彻底消失"。

关于这所谓的"抛弃"：霍尔访问过两位因纽特猎人蒂基塔和欧沃尔，并严厉地批判了他们，他们看到过四十个饥饿的人在威廉王岛西岸的华盛顿湾附近向南跋涉。这两个人悄悄溜走了，没有设法救助那些跋涉者——仿佛在北极那片没有猎物的荒凉之地，两名猎人能神奇地拿出足够的食物支撑这么大一群人活下去似的。

至于寻找书面记录，霍尔仍心怀希望。他坚信富兰克林的军官们曾在弃船之前把记录埋在威廉王岛上："如果情况允许，我将再进行两次北极航行，第一次为北极地区的地理发现，第二次为找到约翰·富兰克林爵士探险队的记录，从而在我已经获得的相关信息的基础上，设法获知其他情况。"

在富兰克林夫人看来，这位行为怪异的美国探险家已经曝光了某种事实真相。78 岁高龄的她在一生不屈不挠地用意志操纵世界之后，迎头遭遇了一个她无法重塑的铁一般的现实。面对查尔斯·弗朗西斯·霍尔的详细记述，她再也无法否定真相。就连最虔诚的基督徒也会为了活命而抛弃一切宗教教义、跨越一切道德边界、诉诸一切恐怖行动。这就是人性的真相。

翌年元月，应她的要求，探险家把他用于写书的两本原始记录寄给了富兰克林夫人。早在那些笔记本寄到之前很久——事实上，几乎在她刚开口与霍尔交谈之时——简就已经知道它们证实了怎样的真相。然而她无所畏惧，敦促这位探险家再赴北极，继续寻找书面记录。

第二十六章
因纽特猎人帮助漂流者们活了下来

"外面刮着可怕的西北风，"因纽特人汉斯·亨德里克戏剧化地如此叙述，"傍晚 6 时左右，我们被冻在冰里。冰以巨大的力量朝我们碾压过来，要不是北极星号出奇地结实，它即刻就会沉没。"此事发生在 1872 年 10 月 15 日由查尔斯·弗朗西斯·霍尔指挥的北极探险中，霍尔这一次的目标，是要成为第一位到达北极点的探险家。

我们得知，北极星号的大部分船员当时都集中在船的中部，凭栏眺望着牢牢锁住他们的浮冰。由于冰的压力，船多少升高了一些。这时工程师从下层跑了上来，高喊着船尾已经开始漏了，水进入了水泵。

埃德温·贾尔·里奇在基于《北极旅人汉斯·亨德里克回忆录》所写的《爱斯基摩人汉斯》一书中写道，亨德里克后来说，船并没有漏水。但工程师"太害怕了，根本无心考察实情"。船长悉尼·巴丁顿一听说漏水，就"激动地挥舞着双手喊道：'把船上的东西全都扔到冰上去。'他一定以为北极星号要带着船上的人一起沉没了"。

在这部出版于 1878 年的回忆录中，二十五年前曾跟随伊莱沙·肯特·凯恩初次前往北极腹地的汉斯·亨德里克仅仅是说："浮冰在大风中流动，迫使船员们把小船和补给都放在冰上，做好了最坏的打算。第二天晚上，意外发生，把船员们分开了。"他继而一一列出被"留在冰上"的十九个人，还有十四人"和船一起漂走了"。

而在上文引用的1934年问世的那个文风夸饰的版本中，冰面开始出现裂缝，"就在我们脚下爆裂，许多地方都破碎了。黑暗中，船突然远去，旋即不见踪影"。当时漫天飘雪，猛烈的东南风吹来，"天上下着很大的雪和冻雨，风吹得人根本睁不开眼睛"。

除了汉斯·亨德里克及其家人外，随这块浮冰漂流的十九人中还有三名因纽特人——图库里托、艾比尔宾和他们领养的女儿彭纳。如果没有这些因纽特人，漂流者们几乎一定会葬身鱼腹。

1871年6月，图库里托和艾比尔宾陪同霍尔驾驶北极星号从纽约驶向北极，决心延长凯恩发现的路线。就在乌佩纳维克以南不远，格陵兰西岸的普罗芬，霍尔见到了汉斯·亨德里克。这位足智多谋的因纽特人过去十年一直在这个地区工作，是格陵兰贸易公司的雇员。应霍尔之邀，汉斯加入探险队，带着他的妻子默苏克（就是他与凯恩一同航行那次初遇的那位）和他们的三个孩子登上了北极星号。

船上的气氛很不和谐。两个素来担任船长职位的人，乔治·泰森和悉尼·O.巴丁顿，很快就开始看彼此不顺眼。霍尔和首席科学家埃米尔·贝斯尔斯医生也为谁来领导科学团队争执起来。船上的一大群人讨厌霍尔对他们束手束脚，都支持贝斯尔斯。在激烈的交锋中，北极星号朝北驶入史密斯海峡。9月，它到达了凯恩所到之处以北一段距离的北纬82°29′——这是"舰船到达的最北处"

新纪录。气氛再度紧张起来，人们争论是否应该继续冒险北行，以便缩短计划中狗拉雪橇的行程。但 1871 年 9 月 10 日，船停在了它当时的所在之处，格陵兰北部的"感谢上帝港"。

其后那个月，随着暗夜茫茫的寒冬降临，查尔斯·弗朗西斯·霍尔病了。埃米尔·贝斯尔斯不眠不休地守护在病榻边，表面看来是在为他治疗。霍尔指责医生给他下毒，拒绝继续治疗。1871 年 11 月 8 日，他死了，或许就是有意下毒所致。后来的一项官方调查裁决霍尔死于中风。1968 年，学者昌西·C. 卢米斯为了撰写霍尔的传记亲自前往格陵兰掘出探险家的尸体，尸体在永冻土中得到了很好的保存。法医鉴定显示，霍尔实际上死于砒霜中毒。也有可能只是巧合，但卢米斯十分怀疑。迄今无人提出过指控。图库里托强烈怀疑霍尔被下毒，曾提到贝斯尔斯拿给他的咖啡："他［霍尔］说咖啡让他恶心。太甜了。"她引述探险家的话，"它让我恶心想吐。"验尸官忽略了她的证词。有人指认贝斯尔斯，但乔治·泰森坚信巴丁顿才是有罪的一方。在 2001 年出版的《冰的考验》中，外科医生、作家理查德·帕里指出，巴丁顿是同谋，"他知道或怀疑的事远不止他说出的那么多"。在本书中，我们只能指出霍尔之死存在争议，点到为止。

回到当时的 1872 年 6 月，霍尔去世并下葬后，巴丁顿派遣一支小队尝试驾驶一条捕鲸小船前往北极。刚驶出几千米，冰就把这条船碾碎了。巴丁顿又尝试了一次，

坟墓中的查尔斯·弗朗西斯·霍尔。1968 年，这位探险家死后近一百年，传记作家昌西·C. 卢米斯掘出了他的尸体，确定他死于砒霜中毒。

派出一条可折叠的小船和第二条捕鲸小船。但北极星号不久又回到了流动的水面上，他便派艾比尔宾去把人叫回来。他们一到，巴丁顿就掉转船头向南出发，决心避免在北极再过一个寒冬。

10 月 15 日，在洪堡冰川对面，北极星号撞上一座浅层冰山，困在原地。看到另一座冰山有可能摧毁船只，人们开始把行李抛出船，以减轻船重，轻装上阵。就是在这时，那十九个被命令下船的人撤到一块冰上，而浮冰开始破裂。其中包括两个因纽特家庭。漂流者们眼睁睁地看着大船越漂越远，继而消失在远方。猎人们确定他们脚下的浮冰足够巨大，在上面建起了雪屋。

那些幸运地留在受损的北极星号上的人将于事故发生几周后在格陵兰的伊塔上岸。多亏住在附近的因纽特人的帮助，他们将得以在那里熬过一个难熬的寒冬，随后乘坐两条粗制滥造的船向南行驶，最终于次年 7 月被捕鲸船拉文斯克莱格号救起。

更为惊心动魄的生存战在那块浮冰上打响了。被扔下船的补给包括 1 900 磅食物，除此之外，漂流者们就要依靠因纽特猎人艾比尔宾和亨德里克们。接下来的六个月，浮冰的直径从原来的几千米缩小到不到 100 米，但他们设法让大家都活了下来。那块浮冰带着他们向南漂流逾 2 900 千米。浮冰上的高级船官乔治·泰森写道："我们能活下来，全靠上帝的仁慈和乔〔艾比尔宾〕的打猎本领。"

最终，1873 年 4 月 30 日在纽芬兰海岸附近，一艘名叫母虎号的船上的海豹猎手们看到漂流者，救了他们。他们能活下来全靠艾比尔宾、亨德里克和图库里托的求生技能，但官方报告和报纸上很少提及这一点。汉斯·亨德里克的确在好几个美国城市举办了小规模的巡回演讲。随后他回到乌佩纳维克，继续为格陵兰贸易公司工作。

1875 年，亨德里克参加了乔治·内尔斯指挥的一支英国探险队，乘着发现号航行到埃尔斯米尔岛的东北岸。内尔斯后来写道："人人都表扬汉斯……他不知疲倦地为我们驱赶狗拉雪橇、捕获猎物。"

北极星号探险遇险之后，图库里托和艾比尔宾回到康涅狄格州的格罗顿，此前在霍尔和巴丁顿的帮助下，他们已经在那里定居。艾比尔宾作为向导又数次重返北极，图库里托留在格罗顿，当上了裁缝，同时照顾女儿，自从浮冰上的数月挣扎后，女儿的身体一直很差。彭纳9岁就死了，自那以后图库里托的身体也每况愈下。她死于1876年12月31日，年仅38岁，死时有艾比尔宾陪在身边。她被葬在格罗顿。

她的死意味着，两年后当弗雷德里克·施瓦特卡中尉邀请艾比尔宾再度北行继续寻找失踪的富兰克林探险队的记录时，他是孤身一人。其后两年间，作为到那时为止世界最长雪橇旅行（4 360千米）的向导和主要翻译人员，他将发挥至关重要的作用，发掘出更多因纽特人的证词。1880年施瓦特卡回国后，艾比尔宾留在了北极。

第二十七章
艾比尔宾和图鲁加克为施瓦特卡大显神通

19 世纪中期以来，无数调查者——毛皮商、水手、科学家、难以释怀的业余爱好者——纷纷为约翰·雷伊关于富兰克林探险队命运的原始报告增加细节、纠正错误。在《揭秘富兰克林探险》一书中，加拿大历史学家戴维·C. 伍德曼的总结言简意赅："一百四十年来，雷伊从因努克普遮祖克和希乌提楚那里听到的有关悲剧的叙述早已得到广泛接受和证实。我们会看到，那是对事件极其精准的复述，但并非全部。"

1875 年后，为悼念去世的富兰克林夫人，美国地理学会决定再派一支探险队寻找与富兰克林探险队有关的遗物和文件。美国陆军第三骑兵团的一位雄心勃勃的中尉弗雷德里克·施瓦特卡主动要求担任指挥官。施瓦特卡出生于 1849 年，生不逢时，没能赶上在美国南北战争中建立功勋。他 1871 年从西点军校毕业时，又遇上大批裁军。

施瓦特卡在西部以作战军官的身份服役，花了大量时间研究原住民，从亚利桑那领地的阿帕切人①到北部平原的苏族人②。他于 1875 年成为内布拉斯加州律师协会的会员，并于第二年在纽约市获得了医学学位。

聪明务实的施瓦特卡虽然缺乏北极经验却得到了任命，于 1878 年 6 月 19 日从纽约启航。他的五人团队包括曾与查尔斯·弗朗西斯·霍尔等人一起航行的"乔"（艾比尔宾）、一个名叫弗兰克·梅尔姆斯的经验丰富的北极水手，还有两个后来为此次探险著书立说的人——《纽约先驱报》的威廉·亨利·吉尔德和 1871 年移居美国的德国艺术家兼土地测量员海因里希（亨利）·克卢茨恰克。

一行人在哈得孙湾沿岸切斯特菲尔德因莱特北部的戴利湾附近扎营过冬。1879 年 4 月 1 日，在当地十几名因纽特人的陪同下，施瓦特卡带着队员们用四十多条狗拉着三副雪橇向威廉王岛西岸出发了。其后一整年，依靠因纽特人的饮食和旅行方式，他们到达了原定的目的地，完成了史上最长的雪橇旅行：4 360 千米。

那个夏天，施瓦特卡在威廉王岛北端

图库里托死后，艾比尔宾与弗雷德里克·施瓦特卡一起从纽约市出发向北驶去。

---

① 阿帕切人，北美西南部印第安人，其统治范围跨越现今美国亚利桑那州的中东部及东南部、科罗拉多州东南部、新墨西哥州西南部及东部、得克萨斯州西部，以及墨西哥奇瓦瓦州及索诺拉州北部。

② 苏族是北美印第安人的一个民族。广义的苏族人可以指任何语言属于印第安语群苏语组的人。原居北美五大湖以东地区，务农，主要种玉米。有过图画文字，崇拜太阳。美国境内现有约 4.5 万人，另有约 2 000 人在加拿大。

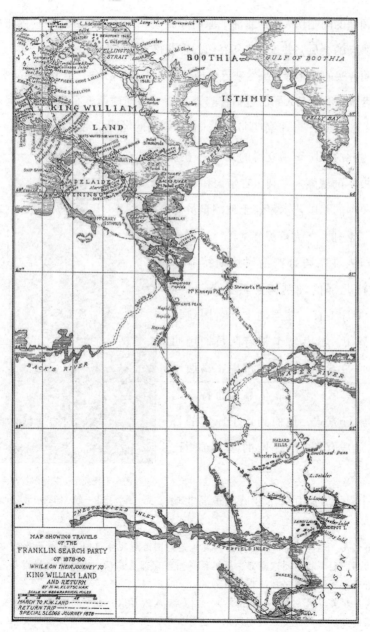

施瓦特卡探险队朝威廉王岛北岸跋涉的行程。

从巴克河入海口到费利克斯岬那一带寻找。他找到了一些曾在冬天被积雪覆盖的骸骨和遗物。小威廉·欧里格巴克也加入了探险队，吉尔德后来证实了雷伊的断言——欧里格巴克能够流利地使用每一种伊努克提图特方言，他"〔的英语〕像英国人一样地道——我是说像没受过教育的英国人"。他和艾比尔宾帮助施瓦特卡收集了大量至关重要的因纽特人证词。

然而真正为整个团队寻找食物、补充营养的，是一位在当地雇用的因纽特人，名叫图鲁加克，虽然鲜为人知，但他可是探险队的故事中不可或缺的非凡人物。图鲁加克对弗雷德里克·施瓦特卡的重要作用不亚于马托纳比之于塞缪尔·赫恩：有了他，整个探险才得以顺利进行。他不但是技术高超的雪橇驾驶员，还是无可匹敌的猎人。每当探险队发现附近有驯鹿群，出色的猎人艾比尔宾能射杀八头，而图鲁加克能猎获十二头。

在这长达一年的艰苦的北极之旅中，图鲁加克曾八次一枪射死两头驯鹿。克卢茨恰克写道，有一次图鲁加克被三十头狼包围，他纵身跳到一块很高的岩石上，深知狼群中如果有一头狼死了，其他的狼就会停止攻击，去吃同类的肉，因此"开始用连发枪让那三十头狼同类相食"。他就这样引开它们的注意力，趁机逃走了。

但最能表现图鲁加克的勇气和技能也最令人难忘的，还是他猎杀了北极熊。在威廉王岛最北端的费利克斯岬，图鲁加克用望远镜看到大约 9 千米外的冰上有一头北极熊。他把十二条狗拴在雪橇上，与弗兰克·梅尔姆斯和另一个年轻人一起朝那里疾驰。在他们距离北极熊只有不到五百步时，它转身向开放水域逃跑了。但图鲁加克解开了三条狗的绳索，然后又放出三条，最后熊不得不站住，抵挡六条狗的纠缠。

图鲁加克站在二十五步外开了一枪，接着又开了一枪，但那头熊站起来有十多英尺高，它挠了挠头，转身朝他狂奔过来。图鲁加克的第三枪射中了熊的心脏，熊倒下了，猎人从熊的头颅中取出第一颗子弹。克卢茨恰克写道，虽然

乘皮划艇穿过辛普森海峡。施瓦特卡与部分队员的这幅画像摘自 1881 年的《伦敦新闻画报》。

射程很短，但"它并没有击穿骨头，而是完全变成了扁平的一坨"。

那以后不久，探险队完成了恐怖湾的搜寻，此时他们已向南跋涉了八十多千米，图鲁加克带着一群狗回去取了一些留在营地的物品。旅途中他看到三头熊，便在它们逃往开放水域时展开了追逐。它们到达水边的那一刻，图鲁加克扣下扳机，用五颗子弹射杀了三头熊。为获取它们的毛皮，他带领自己的女性同伴把熊拖离海水，每一头都至少有 800 磅重。"除了不敢碰因纽特人的骷髅之外，"克卢茨恰克写道，"图鲁加克无所不能。"

另一次，图鲁加克看到水中有一大块浮木。他带上几条狗协助自己去取，却反常地没带步枪。在海滨，他偶然看见一头很大的母北极熊带着一头三四个月大的幼兽。他把带来的狗全都松了绑，让它们去把母熊和幼熊分开。被狗追赶的母熊朝海水跑去，图鲁加克用随身携带的刀结果了幼熊的性命。克卢茨恰克说："幼兽的肉不仅肉质鲜嫩，还有一种特别的辛香，我们都很遗憾母熊没有生一对双胞胎。"

图鲁加克温和可亲、意志坚定、不屈不挠，克卢茨恰克写到他们难过地与他道别时，毫无顾忌地承认"这一整年，我们的计划之所以能进行得如此顺利，全靠这个人"。探险队做出了什么成就？简言之，在威廉王岛西岸一个名叫克罗泽营地的地方，施瓦特卡发现了恐怖号的约翰·欧文上尉的遗体，是根据一枚数学银质奖章认定身份的。他在这个地点建了一座堆石标，最后把遗体运去了爱丁堡，死者在那里被重新安葬，人们还特别举办了一场隆重的葬礼。

在同一座岛上的恐怖湾，也就是后来人们偶然发现恐怖号的地方，以及钱特里湾附近大陆上的饥饿谷，施瓦特卡发现了更多遗体和同类相食的证据。他在艾比尔宾和小威廉·欧里格巴克的帮助下访问了很多因纽特人，得到了不少目击者的一手叙述，只有到了今天、2014 年幽冥号被发现之后，它们的重要意义才得以凸显。

施瓦特卡听说一群因纽特人进入一条弃船，在船侧身掏了一个洞，不慎把船凿沉了，还听说孩子们拿到了一些纸，他们把纸埋在沙里，被风吹走了。他从若干因纽特人那里收集了他们在恐怖湾、饥饿谷和乌克朱利克所见所闻的完整叙述。关于这次探险，吉尔德发表在报纸上的那些文章较为夸张，其中包括 1880 年 10 月 29 日刊登在《纽约先驱报》上的一篇文章，标题为《富兰克林的命运终被查明》——仿佛这次探险最终完成了这一任务。

鉴于 2014 年在乌克朱利克发现了幽冥号（具体位置是格兰特角和阿德莱德半岛附近的威尔莫特和克兰普顿湾），我们终于知道，施瓦特卡与普图拉克的面谈意义非凡，后者在这艘船沉没之前曾经上去过。关于那次面谈，有三个版本的叙述。

据吉尔德说，普图拉克——"如今 65 岁到 70 岁的样子"——一生中只见过一次活着的白人。他还是个孩子时,有一次在巴克河上捕鱼,"他们乘坐一条小船过来,和他握了手。共有十个白人,为首的名叫'图萨尔德伊罗阿克',乔〔艾比尔宾〕说从发音上判断,他说的大概是巴克上尉。他第二次见到的白人是一具尸体,死在一艘大船的铺位上,那艘船卡在阿德莱德半岛的格兰特角正西大约 8 千米处,一座岛附近的冰中。他们不得不在光滑的冰上步行 3 英里才登上那条船"。

那段时间——吉尔德估计是 1851 年或 1852 年——普图拉克在大陆上看见了白人的脚印。吉尔德写道,他初见时是四个人的脚印,后来就只剩下三个人了:

> 那是春雪飘落的季节。当他的同胞看到一艘那么长的船,周围一个人也没有时,他们往往会上船偷些木头和铁器。他们不知道如何从舱门进去,就用刀在船身上凿了一个洞,正好与冰平齐,因此当年夏天冰面破裂后,船就灌满水,沉没了。在海上的冰面和同样被雪覆盖的船上没有发现任何脚印,但他们看到了一些碎屑和垃圾,似乎是被曾经住在船上的人扫到一旁的。他们找到了一些红色的鲜肉罐头,其中不少看上去还混着油脂。很多都已经打开了,有四罐原封未动。他们没有看到面包,却在船上发现不少刀叉、勺子、平底锅和杯盘,后来船沉之后,他们还在岸上看到了些许这类东西。他们看到船上有书本,但没有动,只拿走了刀叉、勺子和平底锅,其他东西对他们没用。

克卢茨恰克重复了同一个故事。他写道,普图拉克"就在第一批登船的族人当中,那条船陷在冰里,被风和洋流推到阿德莱德半岛格兰特角以西的某个地点,被那里的一些岛屿挡住才没有继续漂流"。因此据普图拉克说,船并非是航行到最终地点的,而是陷在冰中被带到那里的。克卢茨恰克写道:"他们

[秋天]第一次到那里时，认为自己看到船上有白人出没；从雪地上的脚印来看，他们判断船上有四个人。"

他强调说，第二年春天，白人们不见了，因纽特人"在一个铺位上发现了一具尸体，还在船舱里看到了肉罐头"。他补充说"那具尸体位于船身后部的铺位上"。因纽特人还"在威尔莫特湾看到了一条小船，但它大概也是在船沉没后漂流到那个地方的"。那条小船大概也是被试图最后一次跨陆路逃命的水手们抛弃的。

在施瓦特卡的转述中，因纽特人先是发现了四个白人的脚印，后来只剩下三个人的。普图拉克"从没见过那些白人。他觉得白人在那年秋天以前一直住在船上，后来转移到了大陆上"。普图拉克上船时，"看到舱门一侧有一堆垃圾，表明最近有白人刚刚打扫了船舱。他在船上找到了四罐红色的肉罐头，还有很多罐头是打开的。肉很肥。这些本地人在船上四处走动，还看到了很多空酒桶。他们在甲板上看到了铁链和船锚，还有勺子、刀叉、锡盘、瓷盘，等等"。据施瓦特卡说，普图拉克"还在船上看到了书本，但本地人没有拿那些东西。他后来看到有些纸被海水卷到了岸上"。

显然，幽冥号被发现之后，这段因纽特人的证词引发了强烈的反响。幽冥号就是普图拉克上过的那条船，他说的这些就是那条船上发生的故事。弗雷德里克·施瓦特卡之所以能够收集到这段口述历史，是因为他能与自己的因纽特信源和睦相处。如果没有艾比尔宾为普图拉克做绝大多数的翻译，无论施瓦特卡、吉尔德还是克卢茨恰克，都不可能收集到关于幽冥号的任何信息。没有他们口口相传、指认大致地点，那条船恐怕至今还平静地躺在海底。除艾比尔宾外，图鲁加克也功劳不小。这两位了不起的因纽特人一起，帮助施瓦特卡把自己的名字镌刻在了那份详细描述富兰克林探险队命运之人的名单里。

第二十八章
富兰克林夫人圆梦西敏寺

1878 年，当弗雷德里克·施瓦特卡和艾比尔宾向北航行，前去收集因纽特人的更多证词时，简·富兰克林已经去世三年了。她一生精明，从未高调宣扬过自己前所未有的冒险旅行，却始终引以为傲。然而在她的航海家丈夫消失不见之后，她对一件事情的热爱甚至超过了环游世界的愿望，那就是用约翰·富兰克林爵士的悲剧故事创造一个北极传说。

澳大利亚人凯瑟琳·菲茨帕特里克在她写于 20 世纪 40 年代的著作中指出，富兰克林消失之前"就已经因为自己的非凡勇气和高尚人格而成为一代传奇"。且慢，并不尽然。从范迪门地回到英格兰时，富兰克林非但没有被捧上神坛，反而几近名声扫地，他正是因为担心一直受辱，再加上妻子纠缠不休，才开启最后一次探险航程的。

在《澳大利亚史》中，C. M. H. 克拉克论证说，由于对其后发生的灾难心存内疚，简·富兰克林才花了三十年时间重塑那个男人的声誉，"是她强迫他去从事力不从心之事"。当然，无论是出于内疚还是出于野心，简·富兰克林在查找丈夫探险队的下落这件事上显示出了非凡的毅力。创造出得体的叙事之后，她又以同样的热忱投入约翰爵士的纪念活动——在她看来，后一种追求是前一种的延续。

为把已逝的丈夫包装成一位北极英雄，简·富兰克林的初始素材不算有利。在第一次探险中，由于富兰克林的错误决策，他损失了一半以上的队员；在他以灾难告终的最后一次探险中，包括他自己在内，全体队员无一幸存。或许可以把画出逾 2 700 千米未知海岸线的功劳归于约翰爵士，但其中有 1 600 千米是副指挥官约翰·理查森的贡献。

富兰克林没有做出任何有意义的地理发现。维尔希奥米尔·斯蒂芬森在《亲善北极》一书中指出："北极探险史上的一个老生常谈是，我们了解加拿大北部广大地区过程中的最大进步并非源于约翰·富兰克林爵士生前的工作，而是源于他的神秘消失，以及其后长长一串为寻找他而扬帆起航的探险队。"

简·富兰克林是那一长串探险的推动者。她不仅向国会和海军部施压，而且筹资并组织了几次重要探险，还鼓励美国人亨利·格林内尔派出更多的探险队。但她知道北极的开发还需要数十年。当然，在维多利亚时代的英格兰那座父权制堡垒，没有哪个女人会做梦提出这样的要求，然而简·富兰克林把自己和丈夫合而为一，就能着手创造传奇，形塑后人对北极历史的理解。她的丈夫在北极献出了生命。她所创造的他既不是为了逃避羞辱，也不是为了满足永不餍足的妻子，而是为比生命重要得多的事业献出了生命——的的确确，他是为国家事业殉难的英雄。

这个热爱冒险旅行的女人一生花费无数时间参观历史古迹，没有谁比她更清楚公共纪念碑对历史观念的创造性影响。简·富兰克林知道纪念碑能够创造历史，所以才指导创作了滑铁卢广场、林肯郡和塔斯马尼亚的雕像。多数人可能会觉得有这些纪念碑就够了，但丈夫的荣誉就是她自己的荣誉，简·富兰克林梦想着成为英雄。她想跻身西敏寺，因此 19 世纪 60 年代末 70 年代初，她着手启动这件事。

由简·富兰克林创造、得到英国海军当局支持的北极英雄富兰克林的神话，成为探险史的正统。

她向西敏寺主任牧师提出，准备提供一尊大小合适的约翰爵士半身像，配上她的亲戚、桂冠诗人阿尔弗雷德·丁尼生勋爵的题词。主任牧师起初很犹豫。他提议在一块小小的彩色玻璃窗上做些什么。富兰克林夫人拒不让步，在高官显爵的友人支持下，最终完胜牧师。

她聘请滑铁卢广场那座雕像的创作者马修·诺布尔创作了一尊大小合适的

半身像。然后她又觉得半身像不够伟岸，就设法先后加上了遮篷和底座，这样就把半身像变成了一个独立完整的纪念碑，最终还添上了浅浮雕，高度轻松超过 6 英尺。她聘请著名建筑师乔治·吉尔伯特·斯科特爵士来创作遮篷和底座，并密切跟进创作过程。

1874 年 12 月底，纪念碑的制作接近尾声，简·富兰克林惊讶地意识到，在底座前的浅浮雕上，雕塑家雕了一个降半旗的图案。这与她精心修订的神话不符，她声称富兰克林发现了西北航道，而且生前就对此心知肚明。在简的急切要求下，索菲"去找诺布尔先生，解释说降半旗的图案不符合这座雕像旨在阐明的事实，即西北航道的发现，这是根据我姨父的去世日期作出的真实判断，他派出的格雷厄姆·戈尔［上尉］小分队当时已经归来，毫无疑问向他确认了那是一条通向海岸的连续航道"。

简·富兰克林知道富兰克林的船所困的地方在威廉王岛的错误一侧，因而她对她设想中由他发现航道的官方版本做了最后一次修订。她如今在毫无根据的前提下宣称，富兰克林的队员们发现了那条航道的最后一段——事实上，是约翰·雷伊在 1854 年发现了那条海峡。简·富兰克林默认了雷伊海峡是西北航道关键航段这一事实。雕塑家马修·诺布尔让步了，升起了旗。

还有一些小问题。怀疑论者们会问，一个无生还者报告的地理发现也可以堂而皇之地被冠以发现之名么？简·富兰克林肯定地回答，是的，当然可以。如果有任何人不以为然，她会要求成立一个国会委员会调查此事。谁敢怀疑这样一个委员会的结论？

✦

1875 年 6 月，英国报纸报道称，83 岁的富兰克林夫人健康每况愈下。威尔士亲王和王妃对她的健康状况致以关切。整个英语世界的教堂都开始为她祈祷。

病弱的夫人有所好转，但只持续了三周。1875 年 7 月 18 日，简·富兰克林在索菲·克拉克罗夫特的身旁闭上了眼睛。

第二天，《泰晤士报》登出一篇双栏讣告，称她是"她的时代最有天赋的女人之一"。它继而指出："虽然她一生在很多方面都有出色表现，但最为人所知的，还是在北极探索事业中所做的卓越贡献。整整一个世代以前，她的丈夫率领着一小群英国海军精英，为完成西北航道的发现而开启了一次伟大的探险。"

1875 年 7 月 29 日的送葬队伍包括十辆送葬车和几乎同等数量的私人马车。维多利亚时代的无数名人、政要、爵士和海军将领前来送殡。两天后，忠心耿耿的索菲·克拉克罗夫特在西敏寺主持了一个活动。就在这座世界著名圣殿的入口左手边，朋友和亲戚们聚集在拥挤的福音书著者圣约翰礼拜堂，见证简·富兰克林最终遗愿的揭幕。根据一位在场亲属的回忆，富兰克林的老对手乔治·巴克爵士走上前，沉默地"揭开了覆盖在纪念碑上的一块白布，露出了一尊最最精美的浅浮雕半身像"。

凡是认识富兰克林的人都忍不住评价它不像本人——大理石下巴看上去太过坚毅——乔治·巴克宣称它是"一座精致的半身像，但不怎么像"。揭幕后不久，西敏寺主任牧师加了一句题词，赞美富兰克林"完成了西北航道的发现"，还说"这座纪念碑是他的遗孀简竖起的，经历了漫长的等待，派了很多人去寻找他之后，她本人也于 1875 年 7 月 18 日启程去往生命的彼岸与他团聚，享年 83 岁"。

然而即便到了那时，简·富兰克林的影响仍然没有终结。死后数十年，简·富兰克林仍然通过索菲·克拉克罗夫特贯彻着她坚定的意志。她仿佛远在坟墓中操控着一切，为防有人胆敢肆无忌惮地替约翰·雷伊发声，她通过索菲为西敏寺的那座纪念碑加上了最后一句题词："谨以此同时纪念于 1859 年发现富兰克林命运的人，利奥波德·麦克林托克，1819—1907 年。"

在外甥女的帮助下，简·富兰克林为一段探险传说画龙点睛，这一由她想象出来的叙事将作为"历史真相"一直流传到 20 世纪。时至今日，到了 21 世纪，这个女人作为无与伦比的神话作者的光芒才凸显出来；时至今日，她那个精心虚构的故事全部出自主观想象的事实才昭然若揭。

第七部分

澄清真相

第二十九章
约阿港最后的维京人

位于西北航道中部的约阿港村落如今居住着一千三百名因纽特人。1903 年 9 月，当罗阿尔·阿蒙森驾着一艘小型单桅帆船约阿号停靠在这里时，他觉得自己驶入了"世界上最美的小海港"。挪威人决心成为第一个通过西北航道从一个大洋驶入另一个大洋的人。他还希望确定磁北极的位置。1831 年，也就是他到达这里的七十多年前，詹姆斯·克拉克·罗斯曾经在布西亚半岛西岸找到过那个不断移动的磁极，就在约阿港西北大约 160 千米处。阿蒙森想确定磁极自那时以来的移动距离，以供地球物理学家进行比较。

为此，阿蒙森在俯瞰这个海湾的高地上先后建起一连串站点，步步深入开展磁观测。他与出现在附近并住下的因纽特人建立了友好关系。他在北极度过了不止一个而是两个暗无天日的寒冬，为"磁十字军计划"推迟了自己划时代的航行。

站在阿蒙森纪念碑旁看到的约阿港（乌克萨科图克）。罗阿尔·阿蒙森在这处高地上先后建起了一连串站点，步步深入开展磁观测。

1872 年 7 月，罗阿尔·阿蒙森出生于萨尔普斯堡附近一个从事航海事业的大家族，此地位于奥斯陆以南约 95 千米。奥斯陆那时还叫克里斯蒂安尼亚，他就在那座城市的郊区长大。少年时代，他迷上了挪威同胞弗里乔夫·南森，后者先是穿越了格陵兰冰冠，后来又借助浮冰的流动横渡北冰洋。阿蒙森开始认真地学习滑雪，在野心勃勃（又危险重重）的越野探险中锻炼自己的本领。

　　在此期间，他又迷上了失踪的富兰克林探险队。母亲希望他成为一名医生，但 1893 年母亲去世后，阿蒙森从大学辍学，从普通水手做起，开始了自己的航海生涯。他在两年内获得了大副资格，并于 1900 年取得了船长执照。在那以前他曾有两年在阿德里安·德·杰拉许率领的比利时号南极探险船上担任大副，其间与美国医生弗雷德里克·A. 库克建立了长久的友谊。

　　在南森的影响下，阿蒙森对北极探险的科学层面越来越感兴趣，尤其是不断变化的磁极之谜。他前去咨询克里斯蒂安尼亚气象研究所的一位科学家，后者鼓励他学习必要的技能，并为他写了一封介绍信。阿蒙森南下来到汉堡跟随地球物理学家格奥尔格·冯·诺伊迈尔学习，诺伊迈尔是德国海洋观测站主任，也是全世界首屈一指的地磁学专家。

　　三十多年来，诺伊迈尔一直在研究不断变化的磁极。1857 年，他潜心研究亚历山大·冯·洪堡的科学并在英国海军机构的鼓励下航行到达澳大利亚的墨尔本，在那里建起弗拉格斯塔夫观测站，进行广泛的磁研究。回到德国后，他成为国际极地委员会的主席，并于 19 世纪 80 年代初创办了第一个国际极地年。

　　阿蒙森后来写道，他来到汉堡，"在那个城市的贫民区租了一间便宜的房间"。第二天，他"心怦怦跳着"把介绍信交给诺伊迈尔的助手，被引入房间，见到了那位 70 岁上下，"白发、和善，脸刮得很干净、眼睛很温柔"的老人。年轻人支支吾吾地说他想出海航行，收集科学数据。诺伊迈尔让他有话直说，最终阿蒙森脱口说出他想要征服西北航道，还想对磁北极进行精确的观测，解开它的谜题。白发苍苍的老人站起身，走上前来拥抱他。"小伙子，如果你能成功，"他说，"你将造福后人。这是伟大的冒险。"

　　阿蒙森跟随诺伊迈尔学习了三个月。老人免费为他提供晚餐，还把他介绍给科学家和知识分子。回到挪威后，他得到大人物南森的支持，开始准备旨在完成双重目标的探险。他用一小笔遗产买了一艘 47 吨级的小型单桅帆船，那是一艘渔船（70 英尺长、20 英尺宽），名为约阿号。然后他花了两年时间训练和整修，在格陵兰以东的海面上航行，应南森的要求进行海洋观测。

阿蒙森很难筹到足够的资金来开启自己的探险。他借了一大笔钱。债主们开始威胁要把约阿号留作抵押。1903 年 6 月 16 日，他带着六名精心挑选的队员，趁着夜色驾船驶出奥斯陆，悄悄溜走了。

在格陵兰西岸，迪斯科湾的戈德港（凯凯塔苏瓦克），阿蒙森设法弄到了二十条"爱斯基摩"狗带上船。补充补给并从苏格兰捕鲸者那里购买了煤油之后，他航行穿过戴维斯海峡，进入兰开斯特海峡。他继续航行路过比奇岛，转头向南进入皮尔海峡。他一路抵御着海上风暴，从一场轮机舱起火事故中逃生，在雷伊海峡还曾因离海岸过近，差点撞上一块水中岩石而搁浅。

9 月初，隆冬将至，阿蒙森进入约阿港躲避风雪。他在这里度过了其后的十九个月，一直观测着磁读数。到达后不久，看到海面结冰，阿蒙森用他在挪威制作的板条箱建起一个磁观测站，为了避免磁干扰，板条箱上用的都是铜钉。为防光源影响相纸，他用草皮覆盖自己的观测站，用油灯取暖。阿蒙森和他的助手古斯塔夫·维克大概吸入了太多的一氧化碳毒气，以致两人心脏受损。维克用四台不同的仪器进行了三百六十次磁观测，因而在这座临时小屋里度过的时间最长，他在驶出航道向西航行的路上去世了。

阿拉斯加大学费尔班克斯分校地球物理学院的太空物理学家查尔斯·蒂尔说，阿蒙森和维克收集的数据近似于他如今从卫星上收集的所谓"太阳风"（即引发极光的太阳辐射的流动）数据。蒂尔说，那些测量读数"揭示了大量关于太阳风特质的信息，而在那以后五十年，人们才知道太阳风的存在"。记者内德·罗泽尔在《阿拉斯加科学论坛》上的报道引用蒂尔的话说："阿蒙森毫无疑问地证明了磁北（极）没有一个固定位置，而是相当经常性地发生变化。他是第一人。"

根据 1929 年的分析，阿蒙森的观测结果表明，在 1831—1904 年间磁北极移动了50千米。1905年夏阿蒙森准备驶出约阿港时，在一座堆石标下埋了几件物品，其中包括诺伊迈尔的一张签名照，如今保存在耶洛奈夫的威尔士亲王文化博物馆。

＊

在《最后的维京人：罗阿尔·阿蒙森生平》中，加拿大作家斯蒂芬·R. 鲍恩说，大多数书籍写到阿蒙森，都会以1911年前往南极点的竞赛为背景。那场竞赛的结果是阿蒙森成为第一个到达地球最南端的探险家，而英国探险家罗伯特·福尔肯·斯科特却死在探险途中——显然是一个扣人心弦的故事。然而作家和读者们往往忽略了一个重要事实：阿蒙森之所以成功，除了挪威的训练之外，他还从奈特斯利克因纽特人那里收集了非常实用的知识。1903年11月他到达约阿港后不久，一队猎人偶遇这些挪威来客。阿蒙森与他们建立起友谊，后来因纽特人在附近住下，他还多次与他们一起出行打猎。和他之前的约翰·雷伊一样，阿蒙森也采纳因纽特人的着装和鞋履，还从专家那里学会了如何驱使狗拉着雪橇穿越冰面，以及如何用坚硬的雪块建起温暖的小屋。

因纽特人对阿蒙森的帮助数不胜数。他进入北极后的第二个长夜季节，知道捕鲸船习惯在哈得孙湾北部的富勒顿港过冬，阿蒙森写了一张纸条，表示想再买八条狗。1904年11月底，一位名叫阿唐格勒的猎人起程替他传信。他带着一位同伴和四条狗出发，一路极为艰险，三条狗都死在了途中。这名因纽特人在1905年3月初到达富勒顿港时，还擦枪走火，右手严重受伤。他包扎好伤口，从一个美国捕鲸人以及随加拿大政府派出的北极号轮船航行的两个加拿大人J. D. 穆迪和约瑟夫-埃尔泽阿·贝尼耶那里买到了十条狗。阿唐格勒于3月底前出发，5月20日回到了阿蒙森的住处，还从贝尼耶那里带回了一些备受欢迎的剪报。

阿蒙森把他从因纽特人那里学到的知识，尤其是关于狗的知识，融入了自己的南极探险。相比之下，罗伯特·福尔肯·斯科特几乎不会滑雪，而且由于从来没有见过因纽特人，他带到南极去的是小型马而非狗。一种古怪的英国人心理曾经把呆板肥胖的约翰·富兰克林变成了伟岸的探险家，现在又把罗伯特·福尔肯·斯科特变成了一位浪漫人物。正如鲍恩所写的那样，他成为英勇无畏的徒劳挣扎的化身："与死亡的魔爪争胜的人。"在斯科特之前的半个世纪，英国人也曾坚信在一条无法通行的海峡悲惨地全军覆没的富兰克林和他的队员们"用生命补足了最后一段航道"。

至于在迷宫一般的西北航道上，挪威人到底是如何确定往哪一条水道航行的，阿蒙森把功劳归于约翰·雷伊："他的工作成果对于约阿号探险有着不可估量的价值。他发现了威廉王地与大陆之间的雷伊海峡。这条海峡大概是唯一可以通航的路线……这是唯一一条没有毁灭性浮冰的航道。"

历史证明阿蒙森说的没错。晚至 1940—1942 年加拿大单桅帆船圣罗奇号成为（继约阿号之后）第二条完成西北航道通行（也是第一条从西向东通行）的轮船时，亨利·拉森上尉同样取道雷伊海峡。而 1944 年拉森设法西行返航，穿过兰开斯特海峡和最北边的帕里海峡时，他大大依赖于 20 世纪的技术，使用了一台 300 马力的柴油机。

阿蒙森看重雷伊海峡不可忽视的重要作用，这让人想起了利奥波德·麦克林托克的话，很久以前他就说过，如果富兰克林选择那条路线，他"很可能会驾船到达白令海峡"。的确，麦克林托克其后所说的话预言了阿蒙森的成功："或许未来会有某一位航海家得益于富兰克林探险队以如此可怕的经历和惨痛的代价获得的经验，以及雷伊、[理查德·]柯林森和我本人的结论，成功地驾驶航船从一个大洋到达另一个大洋。至少他能够集中精力朝着唯一正确的方向努力。"

住在约阿港那两年，罗阿尔·阿蒙森采纳因纽特人的穿衣方式，还跟着专家们学会了如何建造雪屋，使用狗和狗拉的雪橇。

✦

1905 年 8 月 17 日，罗阿尔·阿蒙森到达了剑桥湾附近的科尔伯恩角，那是从西而东的船只所到达的最东纪录。他驾船到达那里——富兰克林的恐怖号最终被发现之处以西近 300 千米——最终确定了西北航道的可行性。几天后，他遇到从旧金山出发的查尔斯·汉松号。他希望继续驶入白令海峡，却在赫舍尔岛附近的金角遭遇了冰的阻隔。他在那里进行磁观测，还在那年冬天越过冰面跋涉到阿拉斯加的伊格尔发电报宣布自己的成就。他于 1906 年 8 月中旬再度扬帆起航，31 日到达阿拉斯加的诺姆。

罗阿尔·阿蒙森在北极达到的成就比在南极更加卓著。他率先走通了西北航道，后来又沿俄国海岸穿过了东北航道。1926 年 5 月，他驾驶着一架飞艇飞越北极，成为第一位毫无争议地到达北极点的探险领袖。1928 年，阿蒙森住在乌拉尼恩伯格，正准备成家之际，55 岁的他启程飞往北方去营救意大利探险家翁贝托·诺比莱，却消失在北极，再也没有回来。

第三十章
"把父亲的尸体还给我"

　　如今，游人可以从格陵兰西岸约克角的一个山脊上望到新月形的梅尔维尔湾，它一路向南绵延 240 千米。就在这个巨大海湾的正西方，整个 19 世纪的捕鲸者和探险家都惧怕挑战那条中冰。如今那一带的中冰已经成为历史：每年夏天那几个月，巴芬湾海面通畅。从约克角转身看向内陆，可以看到一座 28 米高的纪念碑，这座纪念美国探险家罗伯特·E. 皮里的纪念碑大致上是一块样式古怪、直耸入云的方尖碑，顶上刻有一个巨大的字母"P"。

　　1897 年 8 月，皮里肩负使命来到这个海角。在三年前的一次探险中，他了解到三块万年陨石的具体所在。1818 年以前，极地因纽特人就开始从那些陨石上刮取金属了，这就是那年约翰·罗斯发现他们使用的金属用具的来源。1895年，皮里拿走了较小的两块，称之为"女人"和"狗"，带到纽约。如今他雇用了当地所有健壮的因纽特人，驾船六个小时南行到达布什南岛。在那里，因纽特人帮他把最大的那块陨石——也就是所谓的"阿尼吉托陨石"，或称"帐篷"，重量近 35 吨——搬到了船上。皮里随后回到约克角，"把我忠诚的爱斯基摩人送上了岸，"他后来写道，"还给了他们几桶饼干，枪、刀、弹药以及无数我为奖励他们的忠心服务而带来的其他物品。"

然而肯·哈珀在《把父亲的尸体还给我》中写到，还有六名因纽特人留在了他的希望号上，其中包括一个名叫齐萨克的猎人兼向导，以及他的幼子米尼克或叫米尼（1890 年前后出生于伊塔）。希望号于 1897 年 10 月 2 日到达纽约市的布鲁克林海军造船厂，两千名观众每人支付 25 美分来参观这艘船和《波士顿邮报》所谓的"奇怪的船货"。

因纽特人被带到自然历史博物馆，据米尼克说，在那里"我们被圈在一个潮湿的小营房里，住宿环境极不利于我们这些来自干燥北方的人"。两名人类学家开始研究这些新来客，但随后热浪就席卷了纽约。六名因纽特人因为对当地疾病缺乏免疫力，全都染上了肺结核。

第一个死去的就是米尼克的父亲。"他是我在这个世界上最亲的人，我们被带到人生地疏的纽约后，更是如此。你能想象我们因此而变得多么亲近。我们的疾病和痛苦，以及对周围一切陌生事物的不解……让我们浑身颤抖地在那里等待着归期……我们日益依赖彼此，培养了一般情况下根本不可能养成的浓厚的父子之情。"

罗伯特·皮里把这些因纽特人带到南方后就撒手不管了。八个月内，又有三人死去。一个名叫乌伊萨卡萨克的年轻人随后被送回格陵兰，只留下米尼克一个人生活在异乡。男孩恳求他们按照因纽特人的习俗安葬父亲。博物馆工作人员决意研究这具死尸，就上演了一场弄虚作假的葬礼。如哈珀所写，"他们找来一段和人体一样长的老木桩，上面盖一块白布，一端固定着一张面具"。米尼克按礼节跟父亲告别之后，他们在灯光下埋葬了那套赝品。

博物馆的主要管理人威廉·华莱士把米尼克带回家和他的家人一起在纽约生活，夏天全家会搬去纽约州北部。男孩上了学，学会了读书写字，改名为"米尼克·华莱士"。在此期间，他父亲的尸体被剥去皮肉，骨架被固定在一副模架上，在博物馆里展出。正如威廉·华莱士后来写到的，米尼克以最痛苦的方式获知了真相。纽约的报纸报道了那次展览，他在学校从别的孩子们那里听说了此事。

一家人注意到男孩变了，华莱士后来写道："一个飘雪的下午，他和我儿子威利一起放学回到家，他突然哭了起来。'我爸爸没有下葬，'他说，'他的骨头还在博物馆里。'"米尼克知道了真相。"但那以后，"华莱士写道，"他变得与从前判若两人……我们常常会看到他哭泣，有时好几天都不说一句话。我们尽力让他开心，却无济于事。他的心碎了。他对自己生活在其中的这个新族群失去了信任。"

威廉·华莱士对发生的一切懊悔不已。他支持米尼克敦促美国自然历史博物馆取下那具骨骼，妥善安葬。1907 年 1 月 6 日，《纽约世界》的一期杂志增刊发表了第一篇为他辩护的文章，标题就是肯·哈珀后来用作书名的"把父亲的尸体还给我"。

那场争夺战后来变得无人问津，年轻的米尼克也不再纠结，一心让罗伯特·皮里送他回故乡。1909 年 5 月 9 日，《旧金山观察家报》刊出一篇耸人听闻的报道，标题是"被北极探险家皮里忽略的爱斯基摩男孩为何想开枪杀了他"。这篇报道描写了在亲人死后变得孤苦无依的"小米尼·华莱士……看到父亲的骸骨在纽约自然历史博物馆的玻璃柜里冲他咧嘴笑"。

最终，皮里一派决定止损。后来他们声称送米尼克回北方时给他带了很多礼物，但哈珀研究证明，年轻人到达格陵兰北部时，背包里只有自己的衣服。1909 年 8 月，他在北斯塔湾的因纽特营地乌马纳克登陆，就在如今的图勒。他穿着一件轻薄的毛衣、一件薄大衣、一双短裤，以及适合纽约气候的鞋子。他还随身携带着医药箱和牙具，除此之外一无所有。

米尼克基本上忘记了自己的母语，但很快就重新掌握了。他还成了著名的猎人。克努兹·拉斯穆森和彼得·弗洛伊肯在附近建起图勒贸易站后，他曾为两人做勤杂工。他还结过婚。但即便在当地安顿下来，他仍是个外乡人，是个

听说父亲的骸骨在美国自然历史博物馆展览，米尼克·华莱士对自己生活在其中的这个新族群失去了信任。

吹牛大王，他最开心的时候是有"卡布隆纳人"从南方来访，他可以为这些白人做向导和翻译。1913 年，23 岁的他加入了美国克罗克陆地探险队，该探险队的目标是确认在埃尔斯米尔岛以北有一座巨大的岛，罗伯特·皮里宣称他1906 年从遥远的北方看到过那座大岛。

皮里虚构了这座岛，想从富裕的银行家乔治·克罗克那里得到财务资助。1909 年后，关于那座岛存在与否的疑虑日益加深，因为皮里的对手弗雷德里克·库克医生宣称自己已经在前往北极点的路上无碍横穿了那片区域。皮里的支持者们组织探险本想证明库克是个骗子，但他们最后却证明他们支持的人才是个诈骗高手。

1909 年 4 月，在据说总算实现了二十三年的夙愿到达北极点之后，罗伯特·E. 皮里却拒绝了得力助手马修·汉森上前与他握手表示祝贺。4 月6 日，在大雾条件下进行了一次天文观测之后，皮里插上一面美国国旗，命令汉森带领他们的四个因纽特同伴一起欢呼三声。然后他按下快门，拍了几张照片。

然而当汉森脱下手套、伸出手时，皮里却转身走开了——大度的汉森后来写道，也许是因为"一阵大风把什么东西吹到了他的眼睛里"。几天前的 3 月31 日，皮里不顾汉森的反对，把一流的领航员、纽芬兰人鲍勃·巴特利特派回了埃尔斯米尔岛北岸的大本营。出发前，巴特利特经过测量确定，探险队当时所在的位置是北纬 87°46′，距离北极点 134 英里（约 215 千米）——他是全队除了皮里之外唯一能进行天文学测量的人。

其后五天，汉森驾着两条狗拉的雪橇打头阵，皮里由于多年前失去了八根脚趾，乘坐第二副雪橇在后。4 月 5 日，皮里测量了读数，宣布探险队距离地极只有不到 35 英里（约 56 千米）。第二天早晨，汉森"很早就出发了"，一路狂奔，最后才停下来建了两座雪屋。

皮里到达时，汉森说："我们现在就位于北极点，对吗？"皮里说："我不敢说我们可以发誓说自己就站在北极点上了。"然而第二天，正如毫不知情的汉森所说："就在我们的雪屋后面，国旗在地球的地理中心冉冉升起。"

回程中，汉森写道，头晕目眩的皮里"简直就是个沉重的负担"。4 月 27 日，一行人到达罗斯福号时，巴特利特冲出来欢迎他："长官，祝贺您发现了北极点。"皮里面无表情地答道："你怎么知道？"

然后他回了自己的船舱，再也没有出来。没有欢呼，没有祝贺。"从我们在北极点的时候起，"汉森后来写道，"皮里指挥官就很少对我说话。他在回船的一路上跟我说话的次数大概不到四次……在船上，他很少叫我……〔他对〕北极点或相关的事也只字不提。"皮里表现出的似乎是严重的抑郁症——看上去很不像个经过多年努力终于成功的人。

四年后的 1913 年，米尼克·华莱士加入了美国克罗克陆地探险队，这次探险意在确认罗伯特·皮里声称自己从埃尔斯米尔岛北部看到的那座大岛是否存在。1914 年 3 月 11 日，华莱士、三名美国人和其他六名因纽特人终于从伊塔出发，踏上前往"克罗克地"的 1 900 千米行程。在极寒条件下，他们抵达 4 700 英尺高的比尔施塔特冰川并爬了上去。一名美国人生了冻疮，不得不撤退。4 月 11 日，只有两名美国人和两名因纽特人还在继续前进。

然后发生了又一起海市蜃楼事件，这种逼真的幻象在近一个世纪之前曾毁了约翰·罗斯上尉的航海事业。组织者唐纳德·巴克斯特·麦克米伦后来说，他看到"山丘、谷地、冰雪覆盖的山峰，至少占据了地平线以上 120°的空间"。因纽特猎人皮尤加托克在该地区已有二十年经验，他对他说那只是幻象。麦克米伦坚持朝着幻象走了五天，艰难地穿过 200 千米几近致命的海冰，才最终承认因纽特人说得对，掉转船头返航了。罗伯特·皮里捏造了"克罗克地"。1906 年旧金山地震之后，乔治·克罗克转而把资金投入重建被地震蹂躏的家乡，皮里可鄙的骗局最终宣告失败。

1916 年，好几次试图重返南方的米尼克·华莱士搭乘乔治·B. 克卢特号驶向纽约。他一度成为报纸争相报道的奇观。米尼克说自己在格陵兰的七年生活十分平和，但也承认自己像个无家可归之人："我仍然觉得，要是我从来没有去过文明世界、受过教育就好了。它把我变成了在两个极端之间摇摆的人，到哪里都没有归属感。如果我从来没有受过教育就好了……在文明国度住过一段时间之后再回去，感觉就像回到了散发着腐烂气息的地窖。"

米尼克在新罕布什尔州的一家木材厂找到了工作，与一个名叫阿夫顿·霍尔的本地工友成为好友。冬季到来，木材厂关闭，米尼克接受霍尔的邀请，与他一家人住在附近的农庄里，他会帮忙干点杂活。但随后的 1918 年秋，一场流感席卷当地。霍尔的家人以及很多在木材厂工作的季节性迁徙工都死于流感，其中就包括死于支气管肺炎的米尼克，他死时只有 28 岁，被葬在新罕布什尔州匹兹堡的印第安河公墓。

数十年后，作家肯·哈珀重新开始争取要回米尼克的父亲齐萨克及其他三位死于纽约的因纽特人的遗体，将他们妥善安葬。1993 年，由于他的倡议，也因为得到了约克角因纽特人和威廉·华莱士曾孙女的支持，美国自然历史博物馆把遗体送回了卡安纳克（旧称图勒），他们在那里遵循正式的仪式得到安葬。被罗伯特·皮里带去南方的约克角陨石仍然陈列在纽约的博物馆中。

至于弗雷德里克·库克，他和皮里代表着对待因纽特人的两种截然不同的态度。库克是慈悲为怀的绅士，而残忍粗暴的皮里曾收养两个因纽特人为子，却又把两人都抛弃了。1911 年，皮里声称库克是骗子，让他名誉扫地，又说服国会授予他自己首位到达北极点之人的荣誉。

20 世纪下半叶，多数北极历史学家的结论是，皮里和库克都不曾到达北极点。然而随着我们进入 21 世纪，有人开始提出疑问：也许弗雷德里克·库克真的到达了北极点？也许正如他所说，他曾指着脚下低低的云层让惊恐的旅伴们放心，他们始终能够轻松回到陆地？后来，这两位年轻猎人回忆，库克看着自己的"太阳玻璃",意识到他们距离"大钉子"① 只有一天的行程时,他"跳起来,像个巫医一样手舞足蹈"。在 2005 年出版的《正北》一书中,作家布鲁斯·亨德森认为,库克的故事听起来像是真的。库克熟练掌握因纽特人的出行方式,有过好几次出色的雪橇旅行。他那些前所未有的报告,包括一次在冰上漂流向西的报告,都得到了证实。

亨德森还反驳了对手们针对这位医生探险家的不实指控,一一驳斥了那些说库克谎称自己登上阿拉斯加的麦金利山的指责——这大概会让有些人大吃一惊。他提供了强有力的证据证明一位同行的登山者收取贿赂,提供虚假证词。他指出第一个真正登上那座山峰的人也证实了库克对那座山峰的描述,并指出库克从未声称麦金利山上的一张照片是在山顶拍摄的。如果亨德森的推断正确,那么皮里不仅虐待了格陵兰因纽特人、背叛了米尼克·华莱士,而且从未到达北极点,还毁掉了首位成功到达之人的声誉。

---

① 大钉子,因纽特人对北极点的称呼。

第三十一章
拉斯穆森建立了因纽特文化共同体

　　格陵兰色彩缤纷的伊卢利萨特镇旧称雅各布港，东面正对着迪斯科湾，1845 年约翰·富兰克林曾在那里补充淡水和补给。在寄往英格兰的家信中富兰克林写道，他在迪斯科湾禁止队员们说脏话和酗酒。他遣散了五名队员，让他们乘坐补给船回国，从而把探险队人数减少到一百二十九人（包括他自己在内）。

　　伊卢利萨特有四千五百位居民、六千条雪橇犬，很多狗在通向壮观冰景的沿海步道上活跃地喧闹着。从步道尽头的山顶制高点，游人可以望到伊卢利萨特冰峡湾，这条冰河是北半球最大的冰山制造者。它孕育的冰山曾经撞沉了泰坦尼克号，在那以前的 19 世纪，它还制造了让捕鲸者和探险家们谈之色变的中冰。

　　伊卢利萨特是格陵兰的第三大城镇，也是对游客最友好的城镇，有很多商铺。城里的主要景点是三层楼的拉斯穆森博物馆，这本是一所牧师住宅，拉斯穆森 1879 年出生在这里，12 岁以前的时光都在这里度过。拉斯穆森人称"爱斯基摩学之父"，其人勇敢、大胆、聪明、能力拔群，充满个人魅力和坚定意

出生于1879年的克努兹·拉斯穆森就在格陵兰伊卢利萨特的这所房子（当时是牧师住宅）里长大。如今这所房子已成为一座博物馆，纪念史上最伟大的极地人种学家拉斯穆森。

志。在极地探险史上，他是个十分出众的人物：有史以来最伟大的人种学家。在伊卢利萨特，无数展览都在赞美这个人，他既是探险家，又是文化人类学家，还是一个说故事的人，在他的第五次图勒探险中，他证明了因纽特文化影响的范围从格陵兰东部一直延伸到阿拉斯加，还把西伯利亚囊括其中。

　　拉斯穆森的父亲是一名传教士，母亲是因纽特和丹麦混血，他从小就和卡拉利特人（即格陵兰因纽特人）生活在一起。孩提时代，他学会了与大多数加拿大因纽特人说的伊努克提图特语有亲缘关系的卡拉亚苏语，这使他最终为因纽特人讲述的富兰克林探险队的故事增加了不少素材。但在那以前，他 7 岁就开始驾驭狗拉雪橇了。"我的玩伴们都是格陵兰当地人，"他后来写道，"我从小就与猎人们一起玩耍干活，因此即便最艰苦的雪橇旅行对我来说也是快乐的日常。"

少年时代的拉斯穆森和比他年长一些的同代人罗阿尔·阿蒙森一样，崇拜探险家弗里乔夫·南森，后者的某一次探险就是从伊卢利萨特出发的。后来，拉斯穆森前往丹麦接受教育，在哥本哈根以北 30 千米的灵厄镇上学。他 20 岁上下开始尝试表演和演唱歌剧，却没有成功，但其后开始对人种学和野外活动感兴趣。1902 年，23 岁的他和三个丹麦同伴一起组织了所谓的"丹麦文学远征"，环游格陵兰，研究因纽特文化。

他先是前往克里斯蒂安尼亚（奥斯陆）请弗里乔夫·南森帮忙简化那些繁文缛节。那位备受尊崇的探险家看到了拉斯穆森的潜力，对他说："当然，你的工作不会止于描述西格陵兰和史密斯海峡的爱斯基摩人——你必须继续前行到达坎伯兰和阿拉斯加，你有着以前的其他研究人员所没有的优势。"

由于拉斯穆森有因纽特人血统，说卡拉亚苏语，他采得的因纽特故事和传统之多，前所未有。传记作家斯蒂芬·鲍恩写道，在整个北极地区，拉斯穆森收集了无数登月幻想故事——关于"高大如山的食肉巨人、邪恶的风暴鸟和贪婪的食人狗的故事"。鲍恩写道，作为一位"综合人种学家"，拉斯穆森唤醒了居住在整个加拿大北极广袤地区的那个民族"丰富的内在世界"。

他还详细记录了一次非凡的迁徙。1903 年，拉斯穆森第一次访问默库萨克，后者是半个世纪前从巴芬岛迁徙到格陵兰的因纽特人中的一个，那时这批人还在世的已经不多了。失去一只眼睛的默库萨克于 1850 年前后出生在巴芬岛北端的庞德因莱特。他的大家族有四十多人，他们在他出生的十年前从德努迪

年轻的拉斯穆森组织了"丹麦文学远征"。他和三位丹麦同伴一起环游格陵兰，研究因纽特文化。

阿克比克（即坎伯兰湾）到达那里，就是伊努鲁阿匹克和图库里托出生的那个处处是鲸鱼的地区。在他叔叔契特拉克的带领下，族人们躲避着敌人追击，于1851年向北越过了兰开斯特海峡。

两年后，在德文岛南岸的邓达斯港，他们遇到了正在寻找约翰·富兰克林的爱德华·英格尔菲尔德。英格尔菲尔德对他们说，他在格陵兰海岸见到过因纽特人。默库萨克说，从那以后契特拉克"就再也无法静下心做任何事了"。到麦克林托克路过这里的 1858 年，这位魅力非凡的萨满巫师已带领族人继续跋涉至更北的地区。虽然有人中途退出，但契特拉克随后带领他的家人穿过了史密斯海峡到达格陵兰，19 世纪 60 年代初在伊塔附近定居。他们在这里遇到了曾经救过伊莱沙·肯特·凯恩的因纽特人，这些人教他们如何使用皮划艇，他们很快就驾轻就熟了。

契特拉克在带领二十人返回巴芬岛的路上去世了。回到如今是戴维斯海峡的加拿大一侧后，他的追随者全都饥饿难耐，其中两人行为失常，企图同类相食，那时已经结婚的年轻人默库萨克突遭袭击，其中一人剜出他的右眼后，把他赶走了。默库萨克和他的四位近亲害怕再次受袭，就掉头逃跑，最终回到格陵兰，在那里定居下来，和极地因纽特人住在一起。默库萨克的孙女纳瓦拉娜嫁给了拉斯穆森的朋友和旅伴彼得·弗洛伊肯。

默库萨克晚年就和这两位一起生活，拉斯穆森报告说："如今他虽然老迈，偶尔会受风湿之苦，但仍然每年跋涉好几百英里，参加艰苦的打鱼和狩猎。"这位人种学家引用著名猎人默库萨克自己的话说："看看我的身体：到处是深深的疤痕，那些都是熊爪的痕迹。死亡无数次与我擦肩……但只要我还能抓住一只海象，杀死一头熊，我就觉得活着很开心。"默库萨克死于 1916 年。

第一次探险之后回到丹麦，拉斯穆森四处讲演，还写了《生活在北极的人》，该书既是游记，也是因纽特民俗研究。1910 年，拉斯穆森和弗洛伊肯在格陵兰的约克角（即乌马纳克）建立图勒贸易站。1912—1933 年，拉斯穆森在这个毛皮贸易站组织发起了一系列探险，总计七次，统称为图勒探险。

第一次图勒探险中，拉斯穆森和弗洛伊肯的目标是证实罗伯特·皮里声称的"皮里地"与格陵兰之间有一条海峡。他们在冰上穿行了 1 000 千米，证明这条传说中的航道根本不存在。英国皇家地理学会会长克莱门茨·马卡姆①赞美这次探险是"（人类用）狗进行的最出色"探险。弗洛伊肯后来在《流浪的维京人》（1953）和《我与拉斯穆森同行》（1958）中写到了那次经历。

从 1916 年开始，拉斯穆森用两年时间带领七名队员进行了第二次图勒探险，绘制了格陵兰北岸的部分海岸线，并为他的书《极海之滨的格陵兰》（1921）收集素材。1919 年，他领导了第三次探险，旨在为阿蒙森驾驶毛德号开展极地漂流之旅建立补给仓。在第四次探险中，他用几个月时间收集了格陵兰东岸的人种学数据。所有这一切都为划时代的第五次图勒探险（1921—1924）铺平了道路。

1923 年 3 月 10 日，拉斯穆森从哈得孙湾北部出发，开启了北极历史上路程最长的狗拉雪橇探险。这位格陵兰丹麦人和两个因纽特同伴一起，带着二十四条狗和两副窄雪橇（每副雪橇上都高高地堆着 1 000 磅重的装备）开启了 32 000千米漫漫征程的最后一段，用他的话说，"就为解决爱斯基摩人种起源这个巨大的基本问题"。

此前，拉斯穆森刚刚用十八个月探索了哈得孙湾以西的加拿大领土。从这时起，他还将用十六个月前往西伯利亚的东岸，在那里俄国人拒绝让他们继续前行。不过没关系。在这次探险中，拉斯穆森成为第一个用狗拉雪橇走完西北航道的探险家。这次探险产生了整整十卷的人种学、考古学和生物学资料，并成为 2006 年的电影《克努兹·拉斯穆森的旅行日志》的灵感来源。拉斯穆森证明，因纽特人如今广泛分布在从格陵兰到加拿大西部甚至远至西伯利亚的大地上，是一个独立的种族。

---

① 克莱门茨·马卡姆（1830—1916），英国地理学家、探险家和作家，1888 年至 1900 年任英国皇家地理学会会长，著有《未知区域的入口》等。

　　带领七人探险队在巴芬岛进行面访和挖掘后，拉斯穆森用十六个月与两名因纽特猎人一起横穿北极地区，来到阿拉斯加的诺姆。他在自己的经典著作《穿越美洲极地》（1927）中讲述了这个故事。拉斯穆森还发表了无数关于历次探险的文章，恐怖号 2016 年被发现之后，其中一篇尤其引发了人们的广泛兴趣。

　　在 1931 年的一本书《奈特斯利克爱斯基摩人：社会生活与精神文化》中，拉斯穆森写到自己访问过"一个名叫伊吉阿拉祖克的老人"。老人来自佩利贝，跟他说起自己曾经见过富兰克林的几名探险队员，大概就在约阿港西北的恐怖湾附近。

　　　　我父亲曼加克和泰特加茨雅克、加布卢特一起，在威廉王地西岸捕猎海豹，他们听到有人叫喊，看到三个白人正在岸上冲他们招手。那是春天，沿岸的海水已经化冻了，不可能在退潮之前到他们跟前去。那些白人很瘦，脸颊凹陷，看上去病恹恹的。他们穿着白人的衣服，没有狗，自己拉着雪橇前行。

　　　　他们买了海豹肉和油脂，用一把刀作为报酬。两方对此交易都很满意，白人立即用油脂煎肉，吃掉了。后来，其中一个陌生人回他们的小帐篷之前还来到了我父亲的帐篷营地。他们那个帐篷不是用兽皮做的，而是一种雪白的东西。那时威廉王地上已经有驯鹿了，但陌生人似乎只打野禽，特别是那时有很多绒鸭和雷鸟。

　　　　大地尚未复苏，天鹅还没有到来。父亲和同伴们很愿意帮助白人，但听不懂他们的话。他们试图用手势交流，事实上也靠这一手段得知了很多情况。他们说他们原本有很多人，现在只剩下几个了，他们把船留在了浮冰里。他们指向南方，似乎在说他们想穿越陆地回家。他们再也没有相遇，谁也不知道他们去了哪里。

拉斯穆森采访了其他几位老人，又听到不少他称之为"关于失踪探险队的有趣细节"的内容。面对路易·卡穆卡克所谓的"七零八落的故事"，拉斯穆森把不同的叙述结合在一起，借其中一个名叫加乔廷奈克的人之口重述出来。他引导他们讲出的故事似乎主要源于富兰克林的第二条船，恐怖号。2016年，根据约阿港居民萨米·考格维克的提示——他曾在冬季偶然看到恐怖湾里有桅杆伸出冰面——人们找到了那艘船，但仍未彻底搜查。拉斯穆森写到有兄弟两个曾到那一带捕猎海豹。"那是个春天，海豹透气的洞口周围冰雪融化了。他们看见远方的冰上有个黑色的东西，那团巨大的黑色不大可能是动物。他们走近了看，发现是一条大船。他们立即跑回家把此事告诉了同村的人，第二天村民们全体出动。他们没有看见人，船被抛弃了，因此他们决定到里面去，看见什么拿什么。但他们没有一个人见过白人，因而不知道自己看到的那些东西都是做什么用的。"

比方说，他们在船上看到了枪，"由于他们根本不晓得那是什么，就把钢管敲掉，把它锤薄做鱼叉。事实上他们对枪一无所知，以至于说自己看到的大量雷帽是'小顶针'，还真以为白人中有侏儒会用那么小的东西呢"。

"起初他们不敢下到船舱里，"拉斯穆森讲道，"但不久胆子就大了起来，甚至走进了甲板下面的房间。他们看到许多死人躺在床上。最后他们还冒险进入船中部的那个大房间，里面一片漆黑。"这里，探险家讲到的内容有时被认为发生在另一条船——幽冥号——上。拉斯穆森写道，因纽特人"找来工具，在船上钻了一个洞，让光照进来。愚蠢的他们不懂白人的东西，因而在和水位齐平处挖了洞，结果船就进水沉没了。它带着一切值钱的东西沉到海底，他们几乎什么也没有打捞上来"。

根据拉斯穆森的说法，加乔廷奈克还说有因纽特人看到了尸体，说有三个人"从威廉王地到阿德莱德半岛去猎捕小驯鹿，途中看到一条小船，里面有六具尸体。那条船上有枪、刀，还有些补给，表明他们都死于疾病"。

拉斯穆森还描述自己来到望向威尔莫特和克兰普顿湾的那一带大陆，2014
年搜查者们就是在那里找到了幽冥号：

"秋末的一天，"他写道，"结冰之前，我与彼得·诺伯格和加乔廷
奈克一起，沿阿德莱德半岛东岸航行到了卡夫德卢纳尔西奥菲克。在那
里，就在爱斯基摩人提到的地方，我们看到了很多尸骨，无疑是富兰克
林探险队成员的遗骸；我们在同一个地方找到的一些衣物和残存兽皮表
明，它们属于白人。如今，近八十年过去了，野兽已经把那些饱经风吹
日晒的白骨叼得四散在半岛上，因而曾发生在这里的最后挣扎的痕迹也
消失了。

"我们是第一批到访此地的友人。于是我们把他们的尸骨拢到一处，在
上面建了一座堆石标，半升起一面英国国旗和一面丹麦国旗，无声地向他
们致以最后的敬意。那些疲惫的人们深深的足迹中断在这片低海拔多沙岬
角的细雪中，远离家园，远离同胞。但那些脚印并没有被忘却。其他人来
了，继续着他们未竟的事业。因此，这些富兰克林探险队队员的努力一直
延续到今天，只要有人还在为探险、为征服我们的地球而奋斗，他们就永
远不会被遗忘。"

1931 年，在格陵兰和丹麦之间来回奔波了七年，同时还四处讲演、潜心写
作的克努兹·拉斯穆森开启了第六次图勒探险，旨在驳斥一个挪威小分队的领
土主张，后者占领了东格陵兰海岸的一个地区，称之为"红胡子埃里克之地"。
这次探险还证明，长期无法进入的格陵兰东海岸在 7 月初到 9 月中旬已经可以
通航了。1933 年，常设国际法院支持拉斯穆森和丹麦人的观点，挪威人撤回了
领土主张。

同年，拉斯穆森继续启动第七次图勒探险——这支雄心勃勃的探险队有六

十二名队员，其中二十五位是驾驶皮划艇的格陵兰人。1933 年年底，拉斯穆森在东格陵兰吃了发酵不当的肉，食物中毒，继而发展为病毒性流感和肺炎。一艘丹麦船特意绕道接上拉斯穆森，把他送到哥本哈根。他被诊断为一种罕见的肉毒杆菌中毒，加上肺炎，他只坚持了几周时间。随后的 12 月，54 岁的拉斯穆森去世了。丹麦为他举行了国葬，世界各地的人们悼念致哀。

第三十二章
幽冥号和恐怖号的发现证实了因纽特人的叙述

2014 年夏，在从耶洛奈夫飞往约阿港的飞机上，路易·卡穆卡克注意到坐在旁边的年轻人正在读关于约翰·富兰克林爵士的书籍。他自我介绍后，跟那个小伙子聊起来，对方是加拿大公园管理局的资深考古学家兼潜水员瑞安·哈里斯。哈里斯和他的团队正飞往北极开启又一轮寻找富兰克林的探险，他们准备从威廉王岛西北岸出发。两人分手前，卡穆卡克建议他们到较远的南边去找一找。

当加拿大公园管理局的维多利亚海峡探险队被冰阻隔，无法到达拟定区域时，团队把注意力转移到了他们起初认为是次要的区域——卡穆卡克提到的那一带。大致说来，那片南部区域就是搜寻者们 2014 年 9 月发现幽冥号的地方，船就藏在海平面以下 11 米处。

两年零一天后的 2016 年 9 月 3 日，北极研究基金会的一个团队根据一名因纽特队员的提示，在威廉王岛西南部不远处发现了恐怖号。和来自约阿港的卡穆卡克一样，萨米·考格维克对行动队队长阿德里安·希姆诺斯基说，几个冬天以前——"大约六七年或八年前吧"——他在恐怖湾的冰上打猎时，偶然看

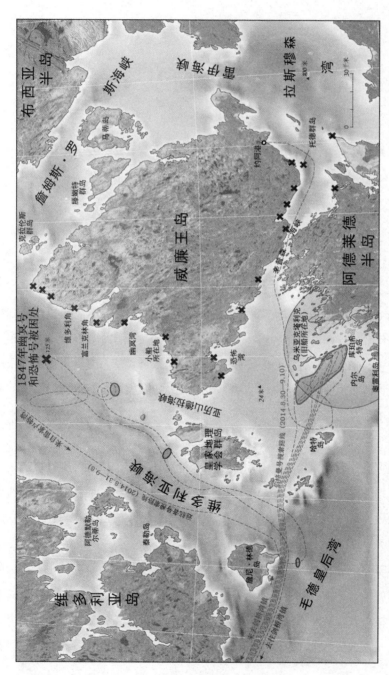

2014年，加拿大公园管理局在阿德莱德半岛附近找到了英国皇家海军舰艇幽冥号。两年后，潜水员们又在恐怖湾找到了恐怖号。根据"维多利角记录"，这两条船自1846年9月12日起就被困在水中，动弹不得。克里斯·布莱克利供图。

到一个东西，似乎是伸出冰面的桅杆。他拍下了照片，但因为丢了相机缺乏证据，就没对外人说起过自己的发现。

该团队进入恐怖湾，不久就确定恐怖号躺在海平面以下 24 米的洋底。希姆诺斯基发送了一个遥控潜水器（ROV），通过一个打开的舱盖进入船体。"我们成功地进入餐厅，探进几个船舱，找到了食物储藏室，架子上有些盘子和一个罐头，"希姆诺斯基在发给《卫报》的电子邮件中说，"我们看到了两只红酒瓶、桌子和空架子。找到一张书桌，抽屉打开了，抽屉后角里有东西。"

利用遥控潜水器，队员们确定船的三条桅杆还支撑着，大多数舱口紧闭，因而一切都井然有序。希姆诺斯基还说："沉船不是一沉到底——而是缓慢地沉落海底的。"现场还有一条粗绳子，表明有人用上了船锚。"这条船的样子表明，它被系好准备过冬，后来就沉没了，"希姆诺斯基对《卫报》说，"全都关好了。就连窗户也完好无损。如果能把这条船拉出水面，抽干里面的水，它很可能还能浮在水面上。"

行动研究公司（黑莓手机的制造商）前协同负责人、北极研究基金会的联合创始人吉姆·巴尔西里对《卫报》说："鉴于沉船被发现的位置和现状，几乎可以肯定当时皇家海军舰艇恐怖号被幸存的海员们关闭，停止运作，随后他们登上皇家海军舰艇幽冥号向南行驶，最终在那里以悲剧收场。"

这些发现指向了 19 世纪北极探险史上的两大疑案之一：约翰·富兰克林和他的两艘船到底经历了什么？这两艘船的发现表明，探险队的殒命过程远比人们起初以为的更加复杂和漫长，也证实了因纽特人和转述其故事的那些人的说法。

让我们从头说起吧。约翰·雷伊转达了威廉·欧里格巴克翻译过来的因纽特人证词，说富兰克林的许多队员在向南跋涉的路上饿死了，活到最后的人当中有几人被迫同类相食。维多利亚时代的英格兰拒绝相信这一说法，通过查尔斯·狄更斯的文章提出，一定是因纽特人谋杀了无力反抗的白人水手。富兰克林夫人宣布探险队的残部完成了西北航道的航行。他们以某种方式"用生命补足了最后一段航道"。这样的论断引出了第二个谜题：谁发现了西北航道？

雷伊关于同类相食的报告像一枚炸弹，在英国本土炸开了。五年后，从威廉王岛回来的利奥波德·麦克林托克找到了遗骨和探险队军官们留在堆石标下的一页纸的记录。如今，大多数的严肃分析都倾向于认为这份"维多利角记录"被过度解读了。

它的确揭示出富兰克林在比奇岛度过了1845—1846年冬天（他在那里埋葬了三位队员）。第二年春，意外地看到皮尔海峡的冰已经融化，富兰克林便开始向南航行。1846年9月12日，在威廉王岛西北角的费利克斯岬附近，他的两艘船在浮冰上卡住了。1847年6月11日，富兰克林本人去世。其后几个月，其他人也死了不少。被报告的死亡总数：九名军官，十五名船员。到此为止，不存在真正的争议。

如第二十三章所述，麦克林托克本人看过"维多利角记录"之后，进行了"标准场景再现"。他写道，饥饿的船员们于1848年4月放弃了幽冥号和恐怖号。"在克罗泽和菲茨詹姆斯的指挥下，剩下的一百零五名幸存者用雪橇拖着小船走到大鱼河。我们发现了其中一条没有被爱斯基摩人动过的船，还带回了那条船上发现的许多遗物，以及从布西亚半岛和威廉王岛东岸的当地人手中买下的遗物。"

如今，基于幽冥号和恐怖号的发现，我们知道，这样的场景再现需要彻底修正。我们知道，虽然有些队员在1848年沿着威廉王岛海岸向南跋涉，但还有人回到了两艘船上，它们如今都被找到了，但都还有待彻底搜查。未来几年，

　　加拿大公园管理局的一位潜水员在英国皇家海军舰艇幽冥号上发现了一个 19 世纪的盘子。沉船上有很多遗物。

考古学家们一定会揭示大量的新证据——甚或还能找到一些书面记录。这样的证据将能使学者们筛查查尔斯·弗朗西斯·霍尔、弗雷德里克·施瓦特卡等人收集的大量因纽特人证词，去芜存菁。这些工作还需花费几年时间。

　　1923 年，人种学家兼探险家克努兹·拉斯穆森收集对往事的口述，并根据当地因纽特人提供的信息，在加拿大大陆上的饥饿角找到了零碎人骨和骷髅。后续的发现，诸如 1926 年和 1936 年在饥饿谷以西 25 千米处发现的遗骨，表明后来的幸存者们不是整队向南跋涉，而是分成了若干小队。1931 年，哈得孙湾公司贸易商、路易·卡穆卡克的外祖父威廉·"帕迪"·吉布森在约阿港西南方托德群岛的一个小岛上找到了四具骸骨。此外在威廉王岛南岸附近道格拉斯湾中的一个小岛上，吉布森还发现了七具尸体，并把它们埋在了一个巨大的堆石标下。

半个世纪后，法医人类学家欧文·贝蒂发现并分析了大陆上的那些遗存骸骨。结果显示它们得过坏血病，含铅量也较高，似乎表明发生过铅中毒。1984 年和 1986 年，贝蒂掘开了比奇岛冻土中最早死去的三位探险队队员的坟冢。最有意义的发现是，三人血液中的含铅量确实很高，但那并不是导致他们死亡的原因，他把这一发现写入了他与约翰·盖格合撰的《凝固的时间》一书中。

贝蒂分析，用于封住腌制食物罐头的焊锡中所含的铅让整支探险队中了毒。其症状包括厌食、虚弱、全身疲惫、贫血、妄想和易怒，这与某些因纽特人所说的水手们迷失方向的故事相吻合。但有些研究人员怀疑铅中毒对探险队命运的影响没有那么大。还有人指出，如果真是铅中毒，那些铅很可能来自船上的输水管。

2016 年，对埋葬在比奇岛的三位船员之一约翰·哈特内尔有着一百七十年历史的拇指指甲进行研究之后，有些加拿大科学家提出，初期去世的队员与其说死于铅中毒，不如说是死于营养不良导致的缺锌。由特里奇分析公司牵头，来自萨斯喀彻温大学、维多利亚大学和渥太华大学的科学家们使用最新技术分析了指甲组织，以测试其金属含量并推测其人的饮食状况。那块指甲组织是由因纽特人遗产信托和加拿大历史博物馆提供的，分析表明哈特内尔死前的最后几周，体内的含铅量都正常。探险过程中并没有发生严重的铅中毒。相反，严重缺锌导致他免疫力低下并继而患上了肺结核，于是此前存在于身体中的铅释放到了血液中。

这也不是令历史学家耿耿于怀的唯一问题。两艘船陷在威廉王岛西北岸的那段时间，有九名军官和十五名队员去世，为何军官的死亡比例如此之高，占了全体军官人数的 37%，而去世的船员只占船员总数的 14%？有人猜测是事故和受伤，还有人提出，去世的军官可能摄食了大多数水手没有吃的某种东西。但奇怪的是，竟然没有人联想到 17 世纪初延斯·芒克探险队的那场灾祸，六十四名队员死了六十一个，几乎可以肯定是因为吃了未煮熟的北极熊肉，感染了毛线虫病。本书第二章中讲述的芒克灾难指向了一个新的猜测。如今的航海家们来到比奇岛，有时会被北极熊驱赶，他们面对这种不可一世的动物会选择撤退而不是射杀，但在同样的情况下，富兰克林的队员们会作何反应？未煮熟的北极熊肉没有平均分配给军官和船员，很可能是导致死亡率统计数字失衡的原因。

20 世纪 90 年代中期，考古学家玛格利特·贝尔图利和体质人类学家安妮·金利赛德考察了威廉王岛西岸幽冥湾的一个可怕发现。她们登记了两百多件可识别的人工制品——钉子、扣子、梳子、陶制烟管、雪镜上的钢丝网——分析了至少八具遗体上的逾四百块骨头。她们发现遗体含铅量较高，这能支持贝蒂关于铅中毒的假设。另外，她们用电子显微镜看到了九十二块骨头上的刀痕——很容易与动物牙齿或石头工具所致的痕迹相区分。它们出现的"规律指向了故意的关节截肢"。简言之，苟活下来的人肢解了尸体，割去了尸体上的肉。

正如英国作家罗兰·亨特福德在《纽约时报书评》上的一篇文章中指出的，这一法医鉴定毫无疑问地证实了富兰克林探险队的确曾经由于饥饿而诉诸同类相食，"证实了哈得孙湾公司约翰·雷伊医生的话，1854 年他通过与爱斯基摩人接触，发现了探险队的第一批遗迹，包括报告了关于同类相食的情况。从那以后，因为触怒了富兰克林的辩护者们，他一直遭到诋毁和忽视"。

如今以历史学家安德鲁·兰伯特为代言人的英国皇家海军已经最终承认了同类相食的大量证据。在兰伯特出版于 2009 年的富兰克林传记的开篇序言中，他生动地描述了幽冥号和恐怖号的水手们"开始屠宰和吃掉他们的同志"。

　　然而逝者已逝。幽冥号出现在传说中富兰克林探险队弃船之地以南相隔了一段距离的地方。这让我们想到了戴维·C. 伍德曼，1991 年他在《揭秘富兰克林之谜：因纽特人的证词》一书中对标准场景再现提出了质疑。伍德曼通过筛查探险家们收集的因纽特人证词，提出了一种替代场景，如今它的很多细节都已被证实。

　　伍德曼主要依靠其中五个人的工作成果。1854 年，约翰·雷伊访问了很多因纽特人，包括因努克普遮祖克。他报告了自己听说的事，其中就有同类相食，还指出了灾难发生的地点。19 世纪 50 年代末，被富兰克林夫人派到威廉王岛的利奥波德·麦克林托克发现了尸骨、遗物和那份"维多利角记录"。

　　19 世纪 60 年代末，在出色的因纽特翻译艾比尔宾和图库里托的帮助下，查尔斯·弗朗西斯·霍尔收集了详细的叙述，包括一条船在阿德莱德半岛西边海上的一座岛附近沉没的说法。（就是幽冥号。）1878 年至 1880 年，在同一个半岛上，弗雷德里克·施瓦特卡访问了因纽特人，在一个他命名为"饥饿谷"的地方发现了骸骨。1921 年至 1924 年乘狗拉雪橇行走西北航道时，拉斯穆森之所以能够增加更多的细节，是因为他说一口流利的卡拉亚苏语，它与伊努克提图特语有亲缘关系。

　　由于缺乏文件、日志和探险家们出版的书籍，关键的叙述细节不可能生动而十分可信地保留下来。伍德曼分析了因纽特人的证词之后指出，麦克林托克在探险过程中发现的"维多利角记录"只能说明幸存水手们的计划，而非他们的实际行动。

　　由于幽冥号和恐怖号的发现，我们知道伍德曼的推理基本准确。他指出在富兰克林死后的 1848 年，弗朗西斯·克罗泽带着大批幸存队员出发，前往近 1 500 千米外的巴克的大鱼河入海口附近打猎。然而这些人几乎全都回到了两艘困在冰中的船上。一条船——只可能是恐怖号——或许很快便沉没了，有许多水手被困在船上，无法逃生。关于这一点，我们很快就能获知更多。

另一条船（幽冥号）被冰带到南边的威尔莫特和克兰普顿湾，因纽特人称那一带为乌特朱利克。伍德曼认为，一大群水手于 1851 年弃船而去，任它随冰向南漂流。有些因纽特猎人遇到过这群人，他们饥饿而虚弱，沿着威廉王岛西岸向南跋涉。这就是因努克普遮祖克向约翰·雷伊说起的那些人。少数水手——根据普图拉克的说法，大概是四个——留在冰封的船上，很可能一直待到 1852 年初。

我无法在此用四十页的篇幅分析因纽特人的口述历史。但两艘船的发现的确启发我们把焦点转向几个关键的段落，它们能够解释为什么富兰克林迷大都相信考古学家将会在幽冥号上发现至少一具尸体。距离加拿大搜寻者们发现该船处不远的地方，查尔斯·弗朗西斯·霍尔和图库里托曾经面访过一个名叫库尼科的当地女人，就是她曾说起看到"一个魁梧的白人"死在船舱内的地板上。在写给赞助人亨利·格林内尔的信中，霍尔还增加了一些细节："那群上船的人想看看船上有没有人，他们没有看到或听到任何人，就开始打劫船只。为了进入这间屋子（船舱），他们在船身上凿了一个洞，因为它上了锁。他们在那里看到一个死人，尸体又大又重，牙齿很长。五个人才能抬起这个体型巨大的'卡布隆纳人'［即白人］。他们没有移动他。船上有个地方有很多东西，那里很黑，他们不得不摸索着找。那里有枪，还有很多上佳的桶和箱子。我问他们有没有看到船上有吃的，他们回答说有肉和驯鹿油脂的罐头，肉很肥，像是肉糜饼。船上的每一样东西，包括船帆、索具和小船，都完好无损。"

1879 年，在艾比尔宾的帮助下，弗雷德里克·施瓦特卡访问了曾经冒险上过幽冥号的普图拉克，后者又讲了同样的故事。普图拉克说他在距离格兰特角（就在幽冥号被发现的地点附近）8 英里（约 13 千米）的大船上看到了一个死人。他说因纽特人在大陆上发现了一条小船，而大船上有很多空酒桶。"他还看到船上有书本，但他没拿。"

普图拉克还说，看到那艘船之前，在与朋友沿海岸打猎时他看到过四个白人的足迹，"判断他们在那里猎鹿"。后来他又看到三个人的脚印，指出"白人在这艘船上待到秋天，然后就朝大陆出发了"。他这句话确证了库尼科早先的叙述，后者告诉霍尔说，因纽特人看到"三个白人的脚印，以及和他们一起的一条狗的脚印"。霍尔还说："他们如果说自己看到了陌生的脚印并宣布那不是因纽特人的脚印，那么是绝对不会有错的。"

这些叙述和其他证据拼在一起，表明有四个人住在幽冥号上，随冰漂流——也有人说他们驾着船——进入了威尔莫特和克兰普顿湾。其中一人——那个魁梧汉子？——或许死在船上。其他三人为了生存离开了船，但从此消失在茫茫冰原。因纽特猎人们上了船。他们找到了几件"宝贝"，但还有很多宝贝他们根本没动。

未来几年，加拿大公园管理局的考古学家们几乎一定能够找出人工制品，或许还能找出文件，进一步澄清富兰克林探险队到底遭遇了什么。因纽特人的证词表明，他们将在幽冥号上发现至少一具尸体，或许能在恐怖号上找到若干具。如以过去为鉴，这些发现将引来矛盾的解读。但有一点是肯定的：专家们反复研讨并提出全面更正的过程，必将大大依赖于因纽特人的证词。

后记
西北航道上的航位推算

　　几位经验丰富的北极老手说出了他们的担心：我们有可能找不到那块纪念牌。但我知道我们一定会找到它：我们有确切的坐标，而且当时已经航行在布西亚半岛西岸附近的雷伊海峡。这是我在序章中提到的加拿大探险旅行社的若干次航行之一。时间是 2012 年 8 月。我们刚刚像往常一样从北进入这条 22 千米宽的海峡，船长就指派两个人坐一条充气船去手动测水深，以强化快捷探险号（后更名为海洋探险号）的电子测量。随后他蜿蜒行驶，带我们到了离海岸不到 2 千米的地方。

　　这时，正当我们三个男人和一个女人乘侦察充气船向岸边飞驰时，我却隐隐有些担忧了。万一有巨石或巨浪让我们无法登陆怎么办？万一暴风雪或北极熊毁了那块纪念牌呢？万一有哪个恶意满满的无知者把它弄走了呢？这些偶然事件发生任何一个，都可能打乱我的计划。我希望把约翰·雷伊纪念牌建成一个持存的旅游胜地。

　　多年来，我一直敦促人们不要再执着于不幸的英国人约翰·富兰克林爵士的命运，我们应该赞美刚毅的原住民支持者约翰·雷伊。1999 年，我与两位

上图：路易·卡穆卡克 1999 年来到约翰·雷伊 1854 年建起的堆石标遗址。

下图：也是 1999 年，三位冒险者———卡梅伦·特里莱文、路易·卡穆卡克和肯·麦古根———共同举杯，向约翰·雷伊、威廉·欧里格巴克和托马斯·米斯特甘致敬。

冒险旅伴古文物研究者卡梅伦·特里莱文和因纽特历史学家路易·卡穆卡克一起在这个地点竖起了一块纪念牌。乘坐卡穆卡克那条 20 英尺长的小船穿越雷伊海峡后，我们在泥土地面的帐篷里扎营过夜。第二天，我们在沼泽和冻土上步行了几个小时才找到它：约翰·雷伊 1854 年建起的那座堆石标的遗址。

第二天，我们拖着那块笨重的纪念牌回到那一圈高低不平的岩石的所在地，把金属基座插在附近，在它四周堆上石头。我们举杯向雷伊、向同他一起到达这里的两个人——因纽特人威廉·欧里格巴克和欧及布威人托马斯·米斯特甘——致敬。这些我都已经在我的书《致命航道》的后记中写过了。如今，十三年后再度乘坐充气船到达这里，我们四个人望向地平线，我们中间那位眼尖的鸟类学家说："我看到了。正北方向。"果然，它就矗立在地平线上：雷伊海峡纪念牌。我们驾驶着充气船冲上沙滩。

要不是探险旅游的批评者大行其道，我们大概根本不会去那里。那些批评者忘记了，很多跟随加拿大探险旅行社航行进入北极的人关注的重点并非历史、考古或野生动物，而是与那里的人相遇。因纽特人显然远非富裕，但他们极其热情好客。在北极地区的任何店铺匆匆逛上一圈，就能看出他们急需旅游业带来的收入。否则他们如何承担得起物价？因纽特人希望也需要前来旅游的"卡布隆纳人"购买他们的艺术和工艺品。就此而言，气候变化让北极更易到达倒是有其积极意义：它促进了探险旅游热，其中很多都以探访遗迹为目的。

这一发展引起了严肃的反思，但也激起了过于夸张的批评。2015 年乘船只去了北极一次之后，罗伊·斯克兰顿就在《国家》杂志上写道："富兰克林探险队赞美人类——白人——对自然发起的战争。富兰克林的确是一位悲剧人物，他所代表的悲剧人格缺陷就是无止境的权力欲。他注定失败，因为事实证明，'自然'终究是不可战胜的，但我们纪念他却无疑是在赞美乃至继续他所发起的战争。"

是啊，那些跟自然作对的糟糕白人。但正是同样的战争，让我们拥有了蒸汽机、飞机、潜水艇、破冰船、中央供暖系统、空调、智能电话和互联网。斯克兰顿在问心无愧地接受包括机票在内费用全免的北极体验之后，宣称这类旅行是"道德可疑的做法"。他接着说："探险旅游业建立在残忍的种族化殖民统治基础上并常常赞美那种统治，以一种精心管控的消费者与'原始野性'和'本土文化'的邂逅，重新开启了白人优越论者对'自然'和'原住民'的征服。"

又从自然转到了原住民。然而当斯克兰顿写下"残忍的种族化殖民统治"时，他想到的一定是西班牙人对阿兹特克、玛雅和印加文明的征服。他把可怜的老约翰·富兰克林与埃尔南·科尔特斯①、弗朗西斯科·皮萨罗②等征服者混为一谈了，前者在急需本土居民帮助时苦于找不到他们，后两者的确发起了"残忍的种族化战争"——虽然他们的某些受害者也并非无罪过。尽管如此，我们还是得承认富兰克林不是约翰·雷伊，雷伊始终在向原住民学习，他支持因纽特人，反对他那个时代某些最有权势的人。

我认为探险旅游不但不成其为问题，反而可能是一种解决方案。无论我们

---

① 埃尔南·科尔特斯（Hernán Cortés，1485—1547）是殖民时代活跃在中南美洲的西班牙殖民者，以摧毁阿兹特克古文明并在墨西哥建立西班牙殖民地而闻名，埃尔南·科尔特斯和同时代的西班牙殖民者开启了西班牙美洲殖民时代的第一阶段。

② 弗朗西斯科·皮萨罗（Francisco Pizarro，1478—1541）是西班牙早期殖民者，开启了西班牙征服南美洲的时代，也是现代秘鲁首都利马的建立者，以其征服活动与墨西哥的征服者埃尔南·科尔特斯齐名。

是否喜欢，气候变化都要求我们调整和适应。在原油泄漏可能导致环境灾难的加拿大北极圈，最大的威胁是可以随意驶过该航道的原油轮。我认为与其如此，还不如让那海面上充塞着驾驶小船带着友好乘客（每条船上最多也就两百人）航行的探险旅游业者。这样的调整不仅有助于当地经济繁荣，还能强化加拿大环境控制的理论依据——而且可以让不知其然的新手们了解到，约翰·富兰克林不是唯一一位深入北极的探险者。

✦

2012 年 8 月，在俯瞰雷伊海峡的约翰·雷伊遗址，我们那块纪念牌周围聚集了八九十位游客。我们拍了几张照片，我简单介绍了一下雷伊和他的旅伴们。他们发现的这条海峡改变了探险史，为人们寻找西北航道入口的长达数世纪的努力画上了句号。我把从家里带来的三面小旗插在那块纪念牌的基座周围——分别代表努纳武特地区、加拿大和苏格兰。

与此同时，在苏格兰，以及整个英国，为雷伊——乃至为他支持的原住民——争取官方认可的运动已经如火如荼地开展了多年。2004 年 7 月，代表奥克尼的苏格兰议员阿利斯泰尔·卡迈克尔提出动议，敦促英国国会宣布下议院"为雷伊医生从未得到他应得的公众认可表示遗憾"。该动议未获通过。

五年后，卡迈克尔又一次尝试敦促国会正式宣布它"对坐落于海军部大楼外和西敏寺内的两座约翰·富兰克林爵士纪念碑仍然不准确地将富兰克林描述为发现［西北］航道的第一人而表示遗憾，并呼吁国防部和西敏寺官方采取必要的措施，阐明正确观点"。还是没有成功。

然而又过了四年，当奥克尼人于 2013 年发起一次纪念约翰·雷伊诞辰两百周年的国际会议时，他们还在斯特罗姆内斯揭幕了一座全新的雕塑以纪念这位探险家。雕塑上的题词由文人汤姆·缪尔创作，恰如其分地赞美雷伊是"可通航的西北航道最后一段航程的第一个发现者"。在揭幕式上，卡迈克尔说，他相信西敏寺不久将安置一块纪念牌，牌子上会出现同样的措辞。

但此事并未发生。在一本名为《寻找富兰克林》的书中，美国学者拉塞尔·波特详细叙述了一位退休地理学家密谋破坏卡迈克尔为雷伊在西敏寺争取适当地位的努力。曾经，威廉·巴尔是一位颇有成就的编辑和翻译家，但近年来，他持一种愚蠢的论点，试图阻止给予约翰·雷伊应得的荣誉。巴尔指出，当探险家发现那条以他的名字命名的海峡时，"那条路线还有［雷伊海峡以北的］一大段尚未绘制地图，亦尚未被航行通过"——而雷伊毕竟没有找到那最后、最后、最后的一段航道。事实上，约翰·富兰克林本人在陷于威廉王岛附近的冰面之前，曾直接航行通过那一段海岸线。我刊登在《极地记录》上的一篇题为《北极正统论捍卫者背弃了约翰·富兰克林爵士》的文章反驳了巴尔的论点。简言之，他们暗示既然富兰克林航行的区域那么靠南，他什么也未曾发现。

但巴尔固执己见。那也是可以理解的：他没有别的话好说了。他在英格兰的同盟、坚定捍卫维多利亚时代正统的辩护者们，为推翻卡迈克尔的提议在伦敦四处奔走。这种冗长乏味的抵赖传统可以追溯到狄更斯的时代，但如今这段插曲尤显无耻。由于这些阴谋诡计，奥克尼人为约翰·雷伊争取他应得的 8 英尺高雕塑的努力失败了，就连一块宣扬其非凡贡献的纪念牌也未能如约竖起。2014 年 9 月 30 日，一块小小的盖墓石板在西敏寺那座夸张的富兰克林纪念碑基座上揭幕，上面只是写着："约翰·雷伊，北极探险家。"

数十名奥克尼人来到伦敦参加揭幕式，几名加拿大人也出席了。我有幸在那个场合"声援"，讲述雷伊完成了富兰克林等人的任务。随后，奥克尼音乐家珍妮弗·里格利表演了一段动听的原创小提琴曲《献给约翰·雷伊医生》，

上图：本书作者在西敏寺"声援"，讲述约翰·雷伊如何完成了约翰·富兰克林的任务。

下图：盖墓石板：约翰·雷伊/1813—1893 年/北极探险家。

两位与探险家有亲缘关系的加拿大后辈表亲在新建的盖墓石板旁摆放了花环和鲜花。

仪式结束之后就是西敏寺的晚祷时间，然后我们在附近多佛宫中的苏格兰办事处举办招待会，那是阿利斯泰尔·卡迈克尔在伦敦的大本营。如一位女士所说，环顾招待会，"这是我们永生难忘的场景"。它让我想起两年前的2012年我们在北极举行的致敬活动，游客们聚集在俯瞰雷伊海峡的那块纪念牌周围，我在加拿大探险旅行社的一位同事、因纽特文化论者米卡萨克·贝尔纳黛特·迪恩领着两位来自巴芬岛的因纽特女性唱了一首赞美歌，然后她站到一旁，让她们用传统的喉歌来纪念当天的活动。另一位因纽特职员，来自拉布拉多的詹娜·安德森有史以来第一次在那个地方来了一个倒立。

来自拉布拉多的因纽特人詹娜·安德森 2012 年在约翰·雷伊纪念遗址倒立以示庆祝。雷伊于 1854 年建起的堆石标遗址就在照片上纪念牌的右边。

拍完这张照片，我插上三面旗帜，还在基部的石头下面埋了一个小小的锡罐，里面放着一张纸条。我们为什么不把那一刻铭记在心呢？我们已经证明了探险旅游者可以随时到达那个地点，我们已经在约翰·雷伊及其同伴实现划时代成就的地点赞美了他们。游客们回到充气船上后，我留在纪念牌那里不想离去，呆呆地望着雷伊海峡。那是个神奇的时刻。

我想起了那些为了这一时刻的到来而献出生命的人——早先跟着亨利·哈得孙、延斯·芒克和詹姆斯·奈特探险而殉难的数十人，以及在血腥瀑布的屠杀中丧命的无辜者。我想起约翰·富兰克林第一次陆路探险中失去了一多半的探险队员，想起了更多死在罗伯特·麦克卢尔和伊莱沙·肯特·凯恩的探险路上，以及富兰克林最后一次北极灾祸中的人。我想起了马托纳比上吊自杀，玛丽·诺顿饥饿而死，想起了消失在科珀曼河漩涡中的独眼艾伯特。

我继而又想起了那些不顾艰险继续探索的人，想起了雷伊、欧里格巴克和米斯特甘等没有被写入"正史"的英雄人物。我想起了被忽略、基本上已被遗忘的塔纳德奇尔、萨克鲁斯和达丹努克，想起了通常只被当作脚注的伊努鲁阿匹克、图库里托、艾比尔宾和米尼克。我眺望着没有浮冰的海峡，忽然觉得自己有必要撰写第五部关于北极的书——这一次不再是传记，而是一部能够囊括所有被遗忘的英雄的内容广泛的作品，尤其是原住民。我在粗略的提纲中构想了一种中立的历史叙事，从当代的视角来讲述探险历史，把我们近几十年得知的情况纳入其中，阐述一种比"正史"更具包容性的观点——简言之，一种21世纪的地理探索叙事。我希望讲述一个不为人所知的西北航道的故事。有人在叫我。最后一条充气船准备出发了，要上吗？那一刻，我头脑中的设想暂时褪去。我带着激动的心情，几近狂喜地奔下沙坡、钻进充气船，满怀期待地再次驶入西北航道的最后一段。

致　谢

　　若干年前，在一场闹哄哄的圣诞新年晚会上，玛格丽特·阿特伍德不知从哪里冒出来，攥住我的衣袖。"跟我来，"她说，"我带你见一个人。"她拽着我从一个拥挤的房间到了另一个，在那里把我介绍给了加拿大探险旅行社的首席执行官马修·斯万。她说"你们俩好好聊聊"，然后就消失了。几周后，马修打来电话说，既然我已经出版了三部关于北极探险的书，不知是否愿意以专家身份乘船穿越西北航道。因此，我要对阿特伍德和斯万两人表示由衷的感谢。自 2007 年以来，希娜·弗雷泽·麦古根和我每年要与加拿大探险旅行社一起航行至少一次，有时两次。我因此遇到了很多杰出人物，像拉托尼亚·哈特里、约翰尼·伊萨鲁克、约翰·休斯敦、马克·圣翁奇、苏茜·叶维亚格泰尔拉克、马克·马洛里、塔珈克·柯利、皮埃尔·理查德和苏珊·阿格鲁卡克等，并从他们身上学到了很多。正因为有了那样的经历，才有了这部作品的诞生。

　　《寻找西北航道》是我在哈珀科林斯出版集团出版的第八本书，为此我要对我的福星们表示感谢。我可以证明编辑帕特里克·克林在业界名声响亮是理所当然的：他有着极其敏锐的目光，会毫不犹豫地指着你神圣的文本说，"嗯，这是你的书没错……但这么做可不行"。我要向团队的其他人公开道谢，包括利奥·麦克唐纳、罗布·法尔林、科琳·辛普森、艾伦·琼斯、诺埃尔·齐泽、迈克尔·盖伊-哈多克、科里·贝蒂、斯蒂芬妮·努涅斯和玛丽亚·戈利科娃。文字编辑安格莉卡·格洛弗为这本书进行了出色的编辑工作（偶尔会无视《芝加哥格式手册》规则的是我，而不是她）。我的经纪人、传奇人物贝弗利·斯洛普恩早已成为我信任的朋友和顾问。

过去几年我在为本书做研究的过程中，得到了加拿大艺术委员会、安大略省艺术委员会和埃克塞斯版权基金会的资助。请相信我对此心存感激。在奥克尼，我从历史学家汤姆·缪尔那里学到很多知识，还得到了凯瑟琳·爱尔兰和约翰·雷伊学会主席安德鲁·阿普尔比的善意帮助。说到为本书的问世做出贡献，有时甚至是无意间提供帮助的人，我想到了约翰·盖格、卡梅伦·特里莱文和路易·卡穆卡克，还必须对肯·哈珀、兰德尔·奥斯泽夫斯基、安德烈·帕雷德斯、唐·哈克、弗雷德·麦科伊和李·普雷斯顿——表示感谢。我想向脸书上的"铭记富兰克林探险"小组的成员致意，他们掌握的那些晦涩难懂的知识常常让我目瞪口呆。在家里，我要对卡林、凯里安、瑟尔维亚、特拉维斯、詹姆斯和维罗妮卡表示真诚的谢意。最重要的是，我特此宣布，如果没有我一生的伴侣、第一读者、有时兼任摄影师和旅伴的希娜·弗雷泽·麦古根，这本书绝不可能问世，真的。

部分参考书目

《寻找西北航道》的写作是建立在我此前关于北极探险的四本著作的基础上的。这些书籍的参考文献包括逾两百种，全是标准的参考文献。寻求进一步阅读的读者可以在其中找到书目：

Ancient Mariner: The Amazing Adventures of Samuel Hearne, the Sailor Who Walked to the Arctic Ocean. Toronto: Harper Perennial, 2003.

Fatal Passage: The Untold Story of John Rae, the Arctic Adventurer Who Discovered the Fate of Franklin. Toronto: Harper Perennial, 2001.

Lady Franklin's Revenge: A True Story of Ambition, Obsession and the Remaking of Arctic History. Toronto: HarperCollins Publishers Ltd, 2005.

Race to the Polar Sea: The Heroic Adventures and Romantic Obsessions of Elisha Kent Kane. Toronto: HarperCollins Publishers Ltd, 2008.

此外，我还把自己为以下三本书撰写前言时所做的研究工作融入了此书：

A Journey to the Northern Ocean: The Adventures of Samuel Hearne. Victoria: Touchwood Editions, 2007.

John Rae's Arctic Correspondence, 1844－1855. Victoria: Touchstone Editions, 2014.

The Arctic Journals of John Rae. Victoria: Touchstone Editions, 2012.

本书还引用了我在《加拿大历史》（*Canada's History*）、《加拿大地理》（*Canadian Geographic*）、《麦克林》（*Maclean's*）、《极地记录》（*Polar Record*）、《北极》（*Arctic*）、《加拿大文学评论》（*Literary Review of Canada*）、《北上》（*Up Here*）、《艾伯塔观察》（*Alberta Views*）、《环球邮报》（*Globe and Mail*）、《国家邮报》（*National Post*）、《蒙特利尔宪报》（*Montreal Gazette*）和《卡尔加里先驱报》（*Calgary Herald*）等报刊发表的多篇文章和评论，以及我在与加拿大探险旅行社一同出航期间所写的游记。

由于关联不彰或者尚未发表而在我的早期作品中未曾提及的一些出版物，现罗列于下，以供读者进一步阅读：

Barr, William, ed. *From Barrow to Boothia: The Arctic Journal of Chief Factor Peter Warren Dease, 1836－1839*. Kingston and Montreal: McGill-Queen's University Press, 2002.

—— ed. *Overland to Starvation Cove: With the Inuit in Search of Franklin, 1878－1880*. Toronto: University of Toronto Press, 1987.

Botting, Douglas. *Humboldt and the Cosmos*. New York: Harper & Row, 1973.

Bown, Stephen. *The Life of Roald Amundsen*. Vancouver: Douglas & McIntyre, 2012.

—— *White Eskimo: Knud Rasmussen's Fearless Journey into the Heart of the*

Arctic. Vancouver: Douglas & McIntyre, 2015.

Burwash, L. T. "The Franklin Search." *Canadian Geographical Journal*, vol. 1, no. 7 (November 1930): 593.

Byers, Michael. *Who Owns the Arctic? Understanding Sovereignty Disputes in the North.* Vancouver: Douglas & McIntyre, 2009.

Craciun, Adriana. *Writing Arctic Disaster: Authorship and Exploration.* Cambridge: Cambridge University Press, 2016.

Cyriax, R. J. *Sir John Franklin's Last Arctic Expedition.* London: Methuen, 1939.

Davis, Richard, ed. *Sir John Franklin's Journals and Correspondence: The First Arctic Land Expedition, 1819 – 1822.* Toronto: The Champlain Society, 1995.

—— ed. *Sir John Franklin's Journals and Correspondence: The Second Arctic Land Expedition, 1825 – 1827.* Toronto: The Champlain Society, 1998.

Dodge, Ernest S. *The Polar Rosses: John and James Clark Ross and Their Explorations.* London: Faber & Faber, 1973.

Eber, Dorothy Harley. *Encounters on the Passage.* Toronto: University of Toronto Press, 2008.

Fleming, Fergus. *Barrow's Boys: The Original Extreme Adventurers.* London: Granta Books, 1998.

Geiger, John, and Alanna Mitchell. *Franklin's Lost Ship: The Historic Discovery of HMS Erebus.* Toronto: HarperCollins Canada, 2015.

Grant, Shelagh D. *Polar Imperative: A History of Arctic Sovereignty in North America.* Vancouver: Douglas & McIntyre, 2010.

Hansen, Thorkild. *The Way to Hudson Bay: The Life and Times of Jens Munk.* Translated by James McFarlane and John Lynch. New York: Harcourt Brace, 1970.

Harper, Kenn. *Give Me My Father's Body: The Life of Minik the New York Eskimo.*

Vermont: Steerforth Press, 2000.

Henderson, Bruce. *True North: Peary, Cook, and the Race to the Pole*. New York: W. W. Norton, 2005.

Holland, Clive. *Arctic Exploration and Development, c. 500 BC to 1915: An Encyclopedia*. New York and London: Garland Publishing, 1994.

Houston, C. Stuart, ed. *Arctic Artist: The Journal and Paintings of George Back, Midshipman with Franklin, 1819 - 1822*. Kingston and Montreal: McGill-Queen's University Press, 1994.

—— ed. *Arctic Ordeal: The Journal of John Richardson, Surgeon-Naturalist with Franklin, 1820 - 1822*. Kingston and Montreal: McGill-Queen's University Press, 1984.

Hunter, Douglas. *God's Mercies: Rivalry, Betrayal and the Dream of Discovery*. Toronto: Doubleday Canada, 2007.

Kenyon, W. A. *The Journal of Jens Munk, 1619 - 1620*. Toronto: Royal Ontario Museum, 1980.

Krupnik, Igor, ed. *Early Inuit Studies: Themes and Transitions, 1850s - 1980s*. Washington, D. C. : Smithsonian Institution, 2016.

Lambert, Andrew. *Franklin: Tragic Hero of Polar Navigation*. London: Faber & Faber, 2009.

Mancall, Peter C. *Fatal Journey: The Final Expedition of Henry Hudson*. New York: Basic Books, 2009.

McDermott, James. *Martin Frobisher: Elizabethan Privateer*. New Haven, C. T. : Yale University Press, 2001.

McGhee, Robert. *The Arctic Voyages of Martin Frobisher: An Elizabethan Adventure*. Kingston and Montreal: McGill-Queen's University Press, 2001.

McGoogan, Ken. "Defenders of Arctic Orthodoxy Turn Their Backs on Sir John Franklin." *Polar Record*, vol. 51, no. 2, (March 2015): 220 – 221. (Published online October 2, 2014.)

Mills, William James. *Exploring Polar Frontiers: A Historical Encyclopedia*. Santa Barbara, C. A. : ABC-CLIO, 2003.

Neatby, Leslie H. *In Quest of the Northwest Passage*. Toronto: Longmans, Green, 1958.

Newman, Peter C. *Company of Adventurers: The Story of the Hudson's Bay Company*. Toronto: Viking, 1985.

Nickerson, Sheila. *Midnight to the North: The Untold Story of the Inuit Woman Who Saved the Polaris Expedition*. New York: Tarcher-Putnam, 2002.

Osborne, S. L. *In the Shadow of the Pole: An Early History of Arctic Expeditions, 1871 – 1912*. Toronto: Dundurn, 2013.

Parry, Ann. *Parry of the Arctic: The Life Story of Admiral Sir Edward Parry*. London: Chatto & Windus, 1963.

Parry, Edward. *Memoirs of Rear Admiral Sir William Edward Parry, by His Son*. London: Longman, Brown, 1857.

Parry, Richard. *Trial by Ice: The True Story of Murder and Survival on the 1871 Polaris Expedition*. New York: Ballantine Books, 2001.

Parry, William Edward. *Journal of a Voyage for the Discovery of a North-West Passage . . . in the Years 1819 – 20*. London: John Murray, 1821.

Potter, Russell. *Finding Franklin: The Untold Story of a 165-Year Search*. Kingston and Montreal: McGill-Queen's University Press, 2016.

Rasky, Frank. *The Polar Voyagers*. Toronto: McGraw Hill Ryerson, 1976.

—— *The North Pole or Bust: Explorers of the North*. Toronto: McGraw Hill

Ryerson, 1977.

Rich, Edwin Gile. *Hans the Eskimo*. Cambridge, M. A. : Riverside Press, 1934.

Ross, John. *Journal of a Voyage for the Discovery of a North-west Passage*. London: John Murray, 1819.

Ross, M. J. *Polar Pioneers: John Ross and James Clark Ross*. Kingston and Montreal: McGill-Queen's University Press, 1994.

Ruby, Robert. *Unknown Shore: The Lost History of England's Arctic Colony*. New York: Henry Holt, 2001.

Scranton, Roy. "What I Learned on a Luxury Cruise Through the Global-Warming Apocalypse. " *The Nation*, November. 9, 2015.

Smith, D. Murray. *Arctic Expeditions from British and Foreign Shores*. Southampton: Charles H. Calvert, 1877.

Steele, Peter. *The Man Who Mapped the Arctic: The Intrepid Life of George Back, Franklin's Lieutenant*. Vancouver: Raincoast Books, 2003.

Stein, Glenn M. *Discovering the North-West Passage: The Four-Year Arctic Odyssey of* H. M. S. *Investigator and the McClure Expedition*. Jefferson, N. C. : McFarland & Company, 2015.

Woodman, David C. *Unravelling the Franklin Mystery: Inuit Testimony*, 2nd ed. Montreal: McGill-Queen's University Press, 2015.

Young, Delbert A. "Killer on the ' Unicorn. ' " *The Beaver*, Winter 1973, 9 – 15.

插图版权说明

如非另有说明，图片均来自本书作者的私人收藏。

唐·哈克的原创地图：第 046 页 ［最初出现在《古代水手》第 132 页］，第 185 页 ［最初出现在《致命航道》第 87 页］，第 205 页 ［最初出现在《极海竞赛》第 130 页］，第 224 页 ［最初出现在《致命航道》第 60 页］。

希娜·弗雷泽·麦古根拍摄的照片：第 003、004、161、218、278、314、330、355（下图）、356 页。

大英图书馆委员会供图：第 137 页。

《加拿大地理》杂志供图：第 340 页。

格伦堡博物馆供图：第 190 页（55.17.1）。

肯·哈珀供图：第 129、221 页。

哈得孙湾公司档案：第 039 页（32－28026）［最初出现在《古代水手》第 124 页］、第 048 页（24－2806）、第 184 页。

哈得孙湾公司收藏：第 033 页（ART－00036）、第 165 页（ART－00032）、

第 229 页（ART－00029）。

加拿大国家图书馆暨档案馆供图：第 067 页（出版物馆藏计划/C－025238）、第 091、105、116（nlc 000 707）、202 页（C－016105）。

罗杰·麦科伊供图：第 099 页。

苏格兰国家画廊供图：第 062 页（PG 2488）。

挪威国家图书馆供图：第 319 页。

纽约公共图书馆供图：第 143 页。

兰德尔·奥斯泽夫斯基供图：第 081 页。

加拿大公园管理局供图：第 343 页。

李·普雷斯顿供图：第 126、293、298 页。

《瑞普克冒险杂志》供图：第 163 页。

多伦多公共图书馆特藏部供图：第 079、118、123 页。

卡梅伦·特里莱文供图：第 240、267、350 页。

西敏寺主任牧师和全体教士供图：第 355 页（上图）。

维基共享资源公开公版图片：第 010、018、024、051、059、074、075、084、115、138、243、246、256、262、281、285、297、300、324、332 页。

译名对照表

地名

C. 格兰特角　Point C. Grant

阿德莱德半岛　Adelaide Peninsula

阿德默勒尔蒂湾　Admiralty Inlet

阿萨巴斯卡湖　Lake Athabasca

埃代岛　Eday

埃尔斯米尔岛　Ellesmere Island

埃普沃思港　Port Epworth

艾伯特·爱德华湾　Albert Edward Bay

艾伯特亲王湾　Prince Albert Sound

艾西角　Icy Cape

安克雷奇　Anchorage

安诺阿托克　Anoatok

昂加瓦　Ungava

奥格尔角　Ogle Point

奥克尼群岛　Orkney Islands

奥雷利岛　O'Reilly Island

巴芬岛　Baffin Island

巴芬湾　Baffin Bay

巴克角　Cape Back

巴灵角　Cape Baring

巴伦支海　Barents Sea

巴罗海峡　Barrow Strait

巴罗角　Cape Barrow

巴罗角　Point Barrow

巴瑟斯特因莱特　Bathurst Inlet

and Hecla

弗林德斯角　Cape Flinders

弗罗比舍湾　Frobisher Bay

弗罗曾海峡　Frozen Strait

福克斯群岛　Fox Islands

富兰克林堡　Fort Franklin

富兰克林夫人角　Cape Lady Franklin

富兰克林角　Cape Franklin

富勒顿港　Fullerton Harbour

戈德港（凯凯塔苏瓦克）　Godhavn
　（Qeqertarsuaq）

格兰特角　Grant Point

格雷夫森德　Gravesend

格林海斯　Greenhithe

格罗顿　Groton

哈得孙海峡　Hudson Strait

哈得孙湾　Hudson Bay

海军委员会湾　Navy Board Inlet

海斯河　Hayes River

汉斯岛　Hans Island

荷尔斯泰因堡（锡西米尤特）
　Holsteinborg（Sisimiut）

赫舍尔岛　Herschel Island

赫舍尔角　Cape Herschel

红河殖民地　Red River Settlement

红胡子埃里克之地　Erik the Red's Land

洪堡冰川　Humboldt Glacier

胡德河　Hood River

惠灵顿海峡　Wellington Channel

惠灵顿山　Mount Wellington

霍巴特　Hobart

饥饿谷　Starvation Cove

饥饿角　Starvation Point

加里堡　Fort Garry

加里岛　Garry Island

剑桥湾镇　Cambridge Bay

劫掠角　Pillage Point

金角　King Point

卡安纳克（旧称图勒）　Qaanaaq
　（Thule）

卡夫德卢纳尔西奥菲克　Qavdlunârsiorfik

卡纳瓦加（卡纳沃克）　Caughnawaga
　（Kahnawake）

卡斯托尔和波鲁克斯河　Castor and
　Pollux River

凯斯内斯　Caithness

坎伯兰豪斯　Cumberland House

坎伯兰湾（德努迪阿克比克）
　Cumberland Gulf（Tenudiakbeek）

坎伯兰湾　Cumberland Sound

麦金利山　Mount McKinley

麦克林托克海峡　McClintock Channel

麦克卢尔海峡　McClure Strait

毛德皇后湾　Queen Maud Gulf

梅厄勋爵湾　Lord Mayor Bay

梅尔维尔岛　Melville Island

梅尔维尔湾　Melville Bay

梅塞尔波蒂奇　Methye Portage

梅塔因科格尼塔　Meta Incognita

梅伊城堡　Castle of Mey

蒙特利尔岛　Montreal Island

墨尔本岛　Melbourne Island

默西湾　Mercy Bay

穆斯法克特里　Moose Factory

纳尔逊河　Nelson River

奴河　Slave River

努纳武特　Nunavut

挪威豪斯　Norway House

诺曼堡　Fort Norman

诺姆　Nome

诺森伯兰豪斯　Northumberland House

帕克湾　Parker Bay

帕里岩　Parry's Rock

庞德因莱特　Pond Inlet

佩利贝　Pelly Bay

佩内坦吉申　Penetanguishene

皮尔海峡　Peel Sound

普罗芬　Proven

普罗维登斯堡　Fort Providence

奇普怀恩堡　Fort Chipewyan

钱特里湾　Chantrey Inlet

乔治堡　Fort George

乔治亚湾　Georgian Bay

切斯特菲尔德因莱特　Chesterfield Inlet

琼斯海峡　Jones Sound

丘吉尔　Churchill

丘吉尔堡　Fort Churchill

丘吉尔河（旧称英格兰河）　Churchill
　River（English River）

萨尔普斯堡　Sarpsborg

萨默塞特岛　Somerset Island

萨斯喀彻温河　Saskatchewan River

塞勒斯菲尔德湾　Cyrus Field Bay

塞珀雷申角　Point Separation

桑德贝　Thunder Bay

桑德森角　Sanderson's Hope

瑟尔角　Cape Searle

上加里堡　Upper Fort Garry

摄政王湾　Prince Regent Inlet

圣约翰河　Rivière-à-Jean

伊斯特梅恩　Eastmain

伊塔　Etah

幽冥湾　Erebus Bay

育空　Yukon

约阿港（乌克萨科图克）　Gjoa Haven（Uqsuqtuuq）

约翰·赫舍尔角　Cape John Herschel

约翰奥格罗茨　John o' Groats

约克法克托里（旧称约克堡）　York Factory（York Fort）

约克角（乌马纳克）　Cape York（Uummannaq）

詹姆斯·罗斯海峡　James Ross Strait

詹姆斯湾　James Bay

障碍激流　Obstruction Rapids

族名

阿帕切人　Apache

阿西尼博因人　Assiniboine

甸尼人　Dene

多尔塞特人　Dorset

多格里布人　Dogrib

黑尔印第安人　Hare Indian

黄铜印第安人　Copper Indian

卡拉利特人　Kalaallit

克里人　Cree

莫霍克人　Mohawk

奈特斯利克因纽特人　Netsilik

欧及布威人　Ojibway

奇普怀恩人　Chipewyan

斯拉维人　Slavey

苏族人　Sioux

图勒人　Thule

西格里特因纽特人　Siglit Innuit

耶洛奈夫印第安人　Yellowknife

易洛魁人　Iroquois

因纽维吕雅特人　Inuvialuit

沼泽克里人　Swampy Cree

语言名

阿尔冈昆语　Algonquian

阿萨巴斯加语　Athapaskan

胡穆克语　Humooke

卡拉亚苏语　Kalaallisut

伊努克提图特语　Inuktitut

尤皮克语　Yup'ik

人名

C. M. H. 克拉克　C. M. H. Clark

C. 斯图尔特·休斯敦　C. Stuart Houston

J. D. 穆迪　J. D. Moodie

L. H. 尼特比　L. H. Neatby

L. T. 伯沃什　L. T. Burwash

R. J. 西里亚克斯　R. J. Cyriax

W. H. 威利斯　W. H. Willis

W. 布雷恩　W. Braine

阿巴库克·普里克特　Abacuk Pricket

阿德里安·德·杰拉许　Adrien de Gerlache

阿德里安·希姆诺斯基　Adrian Schimnowski

阿德里安娜·克拉丘恩　Adriana Craciun

阿夫顿·霍尔　Afton Hall

阿凯丘　Akaitcho

阿克沙克　Arkshuk

阿利斯泰尔·卡迈克尔　Alistair Carmichael

阿沛拉格留　Apelagliu

阿什赫斯特·马金迪　Ashurst Majendie

阿唐格勒　Artungelar

阿尤·彼得　Aaju Peter

埃德温·德·黑文　Edwin De Haven

埃德温·贾尔·里奇　Edwin Gile Rich

埃克基皮里阿　Ek-kee-pee-ree-a

埃莉诺·博尔登　Eleanor Porden

埃米尔·贝斯尔斯　Emil Bessels

艾比尔宾（乔）　Ebierbing（Joe）

艾伦·扬　Allen Young

爱德华·贝尔彻　Edward Belcher

爱德华·肯德尔　Edward Kendall

爱德华·萨拜因　Edward Sabine

爱德华·威尔逊　Edward Wilson

爱德华·英格尔菲尔德　Edward Inglefield

安妮·金利赛德　Anne Keenleyside

安德鲁·格雷厄姆　Andrew Graham

安德鲁·兰伯特　Andrew Lambert

奥蒙　Omond

巴塞洛缪·德·丰特　Bartholomew de Fonte

鲍勃·巴特利特　Bob Bartlett

本杰明·德斯雷利　Benjamin Disraeli

彼得·C. 纽曼　Peter C. Newman

彼得·弗洛伊肯　Peter Freuchen

彼得·林克莱特　Peter Linklater

彼得·庞德　Peter Pond

彼得·斯蒂尔　Peter Steele

彼得·沃伦·迪斯　Peter Warren Dease

查尔斯·蒂尔　Charles Deehr

查尔斯·弗朗西斯·霍尔　Charles
　Francis Hall

查尔斯·弗雷泽·康福特　Charles
　Fraser Comfort

查尔斯·伍德　Charles Wood

查韦纳霍　Chawhinahaw

昌西·C. 卢米斯　Chauncey C. Loomis

达丹努克（奥古斯塔斯）　Tattannoeuck
　（Augustus）

戴维·C. 伍德曼　David C. Woodman

戴维·蔡平　David Chapin

戴维·默里·史密斯　David Murray
　Smith

戴维·汤普森　David Thompson

道格拉斯·亨特　Douglas Hunter

德尔伯特·扬　Delbert Young

蒂基塔　Teekeeta

独眼艾伯特　Albert One-Eye

菲利普·斯塔夫　Philip Staffe

费利克斯·布思　Felix Booth

弗兰克·梅尔姆斯　Frank Melms

弗朗西斯·阿巴克尔　Francis Arbuckle

弗朗西斯·波弗特　Francis Beaufort

弗朗西斯·德雷克爵士　Sir Francis
　Drake

弗朗西斯·克罗泽　Francis Crozier

弗朗西斯·利奥波德·麦克林托克
　Francis Leopold McClintock

弗朗西斯·斯普福德　Francis Spufford

弗雷德里克·A. 库克　Frederick A.
　Cook

弗雷德里克·施瓦特卡　Frederick
　Schwatka

弗雷德里克·威廉·比奇　Frederick
　William Beechey

弗里乔夫·南森　Fridtjof Nansen

格奥尔格·冯·诺伊迈尔　Georg von
　Neumayer

古斯塔夫·维克　Gustav Wiik

哈里·古德瑟　Harry Goodsir

哈里·斯特恩　Harry Stern

哈姆匹　Humpy

海因里希（亨利）·克卢茨恰克
　Heinrich（Henry）Klutschak

汉斯·察霍伊斯 Hans Zachaeus

赫克托·麦肯齐 Hector Mackenzie

亨利·格林 Henry Greene

亨利·格林内尔 Henry Grinnell

亨利·哈得孙 Henry Hudson

亨利·凯利特 Henry Kellett

亨利·拉森 Henry Larsen

亨利·勒韦康特 Henry Le Vesconte

亨利·林克 Henry Rink

胡安·德·富卡 Juan de Fuca

胡乌图厄洛克（朱尼厄斯）
　　Hoeootoerock（Junius）

霍拉肖·奥斯丁 Horatio Austin

吉姆·巴尔西里 Jim Balsillie

加布卢特 Qablut

加乔廷奈克 Qaqortingneq

简·富兰克林（简·格里芬） Jane
　　Franklin（Jane Griffin）

卡尔·彼得森 Carl Petersen

卡尔·弗里德里希·高斯 Carl
　　Friedrich Gauss

卡罗莱娜·博伊尔 Carolina Boyle

卡梅伦·特里莱文 Cameron Treleaven

凯瑟琳·菲茨帕特里克 Kathleen
　　Fitzpatrick

凯斯卡拉 Keskarrah

康尼齐斯 Conneequese

科尔内留斯·克特尔 Cornelis Ketel

科林·罗伯逊 Colin Robertson

科依克图乌 Kei-ik-too-oo

克莱门茨·马卡姆 Clements Markham

克里斯蒂安·欧尔森 Christian Ohlsen

克努兹·拉斯穆森 Knud Rasmussen

肯·哈珀 Kenn Harper

库尼科 Koo-nik

拉塞尔·波特 Russell Potter

莱斯利·H. 尼特比 Leslie H. Neatby

理查德·C. 戴维斯 Richard C. Davis

理查德·赫顿 Richard Hutton

理查德·金 Richard King

理查德·柯林森 Richard Collinson

理查德·帕里 Richard Parry

路易·卡穆卡克 Louie Kamookak

露丝·杰普森 Ruth Jepson

罗阿尔·阿蒙森 Roald Amundsen

罗伯特·E. 皮里 Robert E. Peary

罗伯特·拜洛特 Robert Bylot

罗伯特·福尔肯·斯科特 Robert
　　Falcon Scott

罗伯特·胡德 Robert Hood

罗伯特·鲁比　Robert Ruby

罗伯特·伦道夫·卡特　Robert Randolph Carter

罗伯特·麦克卢尔　Robert McClure

罗伯特·诺曼　Robert Norman

罗伯特·沃尔·福克斯　Robert Were Fox

罗伯特·朱特　Robert Juet

罗兰·亨特福德　Roland Huntford

罗伊·斯克兰顿　Roy Scranton

洛伦索·费雷·马尔多纳多　Lorenzo Ferrer Maldonado

马丁·弗罗比舍　Martin Frobisher

马托纳比　Matonabbee

马修·方丹·莫里　Matthew Fontaine Maury

马修·弗林德斯　Matthew Flinders

马修·汉森　Matthew Henson

马修·诺布尔　Matthew Noble

玛格利特·贝尔图利　Margaret Bertulli

玛丽·诺顿　Mary Norton

迈克尔·洛克　Michael Lok

曼加克　Mangaq

芒罗　Munro

米卡萨克·贝尔纳黛特·迪恩　Miqqusaaq Bernadette Dean

米尼克（米尼）　Minik（Mene）

摩西·诺顿　Moses Norton

莫里斯·伯克利　Maurice Berkeley

默多克·麦克伦南　Murdoch McLennan

默库萨克　Merqusaq

默苏克　Mersuk

纳瓦拉娜　Navarana

奈萨克　Nessark

内德·罗泽尔　Ned Rozell

尼毕塔伯　Nibitabo

努克基彻乌克　Nuk-kee-che-uk

欧基约克希·尼努　Ookijoxy Ninoo

欧里格巴克　Ouligbuck

欧纳里　Oo-na-lee

欧文·贝蒂　Owen Beattie

欧沃尔　Ow-wer

帕默斯顿子爵　Viscount Lord Palmerston

佩德罗·德·梅迪纳　Pedro de Medina

皮埃尔·伯顿　Pierre Berton

皮埃尔·圣日耳曼　Pierre St. Germain

皮尤加托克　Piugaattoq

普图拉克　Puhtoorak

齐萨克　Qisuk

契特拉克　Qitlaq

乔治·阿瑟　George Arthur

乔治·巴克　George Back

乔治·克罗克　George Crocker

乔治·里弗斯　George Rivers

乔治·内尔斯　George Nares

乔治·皮科克·格林　George Pycock Green

乔治·泰森　George Tyson

乔治·威尔逊　George Wilson

乔治·辛普森　George Simpson

乔治·辛普森·麦克塔维什　George Simpson McTavish

让·巴蒂斯特·亚当　Jean Baptiste Adam

让·马洛里　Jean Malaurie

瑞安·哈里斯　Ryan Harris

若昂·德·卡斯特罗　João de Castro

萨米·考格维克　Sammy Kogvik

塞缪尔·格尼·克雷斯韦尔　Samuel Gurney Cresswell

塞缪尔·赫恩　Samuel Hearne

塞缪尔·胡德　Samuel Hood

塞缪尔·克雷斯韦尔　Samuel Cresswell

什沙克　Shishak

斯蒂芬·R. 鲍恩　Stephen R. Bown

苏厄萨克（汉斯·克里斯蒂安·亨德里克）　Suersaq（Hans Christian Hendrik）

苏珊·阿格鲁卡克　Susan Aglukark

苏珊·罗利　Susan Rowley

索菲·克拉克罗夫特　Sophy Cracroft

塔珈克·柯利　Tagak Curley

塔纳德奇尔　Thanadelthur

泰雷加努乌克　Terreganoeuck

泰特加茨雅克　Tetqatsaq

汤姆·缪尔　Tom Muir

唐纳德·巴克斯特·麦克米伦　Donald Baxter MacMillan

特雷弗·莱弗尔　Trevor Levere

图库里托（汉娜）　Tookoolito（Hannah）

图鲁加克　Tulugaq

托马斯·巴顿　Thomas Button

托马斯·哈丁顿勋爵　Thomas Lord Haddington

托马斯·劳伦斯　Thomas Lawrence

托马斯·米斯特甘　Thomas Mistegan

托马斯·摩根　Thomas Morgan

托马斯·辛普森　Thomas Simpson

威拉德·费迪南德·温策尔　Willard Ferdinand Wentzel

威廉·"帕迪"·吉布森　William "Paddy" Gibson

威廉·阿罗史密斯　William Arrowsmith

威廉·爱德华·帕里　William Edward Parry

威廉·巴尔　William Barr

威廉·巴芬　William Baffin

威廉·德比　William Derby

威廉·哈斯韦尔　William Haswell

威廉·亨利·吉尔德　William Henry Gilder

威廉·华莱士　William Wallace

威廉·霍布森　William Hobson

威廉·吉尔伯特　William Gilbert

威廉·欧里格巴克　William Ouligbuck

威廉·彭尼　William Penny

威廉·斯图尔特　William Stuart

威廉·辛普森　William Simpson

威廉·詹姆斯·米尔斯　William James Mills

维尔加尔默·斯蒂凡森　Vilhjalmur Stefansson

维尔希奥米尔·斯蒂芬森　Vilhjalmur Stefansso

翁贝托·诺比莱　Umberto Nobile

翁曼尼　Ommanney

沃尔特·凯尼恩　Walter Kenyon

乌伊萨卡萨克　Uisaakassak

希乌提楚　See-u-ti-chu

希乌提图阿　Seeuteetuar

悉尼·巴丁顿　Sidney Budington (Buddington)

亚历山大·冯·洪堡　Alexander von Humboldt

亚历山大·马更些　Alexander Mackenzie

亚历山大·麦克唐纳　Alexander McDonald

亚历山大·内史密斯　Alexander Nasmyth

延斯·芒克　Jens Munk

伊吉阿拉祖克　Iggiararjuk

伊克玛利克　Ikmalick

伊莱沙·肯特·凯恩　Elisha Kent Kane

伊丽莎白·乔伊纳德　Elizabeth Chouinard

伊努鲁阿匹克（波比）　Eenoolooapik (Bobbie)

因努克普遮祖克　In-nook-poo-zhe-jook

约翰·R. 怀尔德曼　John R. Wildman

约翰·巴罗　John Barrow

约翰·鲍尔比　John Bowlby

约翰·贝兹　John Beads

约翰·戴维斯　John Davis

约翰·杜格尔·卡梅伦　John Dugald
　　Cameron

约翰·富兰克林　John Franklin

约翰·盖格　John Geiger

约翰·哈特内尔　John Hartnell

约翰·赫伯恩　John Hepburn

约翰·亨利·勒弗罗伊　John Henry
　　Lefroy

约翰·科利尔　John Collier

约翰·雷伊　John Rae

约翰·理查森　John Richardson

约翰·罗斯　John Ross

约翰·蒙塔古　John Montagu

约翰·米尔兹钦　Johann Miertsching

约翰·萨克鲁斯（汉斯·察霍伊斯）
　　John Sakeouse（Hans Zachaeus）

约翰·斯克罗格斯　John Scroggs

约翰·斯潘塞　John Spencer

约翰·托林顿　John Torrington

约翰·威尔逊·克罗克　John Wilson
　　Croker

约翰·韦斯特　John West

约瑟夫-埃尔泽阿·贝尼耶　Joseph-
　　Elzéar Bernier

扎卡里·泰勒　Zachary Taylor

詹姆斯·安德森　James Anderson

詹姆斯·巴丁顿　James Buddington

詹姆斯·菲茨詹姆斯　James Fitzjames

詹姆斯·哈格雷夫　James Hargrave

詹姆斯·汉密尔顿　James Hamilton

詹姆斯·华莱士　James Wallace

詹姆斯·基思　James Keith

詹姆斯·克拉克·罗斯　James Clark
　　Ross

詹姆斯·库克　James Cook

詹姆斯·麦克德莫特　James McDermott

詹姆斯·奈特　James Knight

詹娜·安德森　Jenna Anderson

珍妮弗·里格利　Jennifer Wrigley